国家出版基金项目
NATIONAL PUBLICATION FOUNDATION

"十三五"国家重点出版物
出版规划项目

天津市自然科学学术著作资助项目

废物资源综合利用技术丛书

CANCHU LAJI FEIWU ZIYUAN ZONGHE LIYONG

餐厨垃圾废物资源综合利用

陈冠益　主编　　　马文超　钟　磊　副主编

U0243815

化学工业出版社
·北京·

本书共 10 章，重点阐述了餐厨垃圾的预处理技术及方法，厌氧发酵技术制备沼气，天然气和燃料电池，制备生物柴油等内容；同时对目前国内外餐厨垃圾的发展趋势进行了详细的介绍，并从中凝练了目前餐厨垃圾资源化利用技术的前沿趋势，对国内外餐厨垃圾处理的新型技术如提取蛋白饲料技术、制备可降解塑料技术等进行了详细阐述，有利于读者把握目前国内外关于餐厨垃圾处理技术研究的科研动态。

　　本书可供从事餐厨垃圾处理等领域的科研人员、工程技术人员和管理人员参考，也供高等学校资源循环科学与工程、环境科学与环境工程及相关专业师生参考。

图书在版编目（CIP）数据

餐厨垃圾废物资源综合利用/陈冠益主编. —北京：
化学工业出版社，2018.1（2022.4 重印）
（废物资源综合利用技术丛书）
ISBN 978-7-122-30596-1

Ⅰ.①餐… Ⅱ.①陈… Ⅲ.①生活废物-废物综合利
用 Ⅳ.①X799.305

中国版本图书馆 CIP 数据核字（2017）第 221218 号

责任编辑：刘兴春　卢萌萌　　　　　　　　　文字编辑：陈　雨
责任校对：王　静　　　　　　　　　　　　　装帧设计：王晓宇

出版发行：化学工业出版社（北京市东城区青年湖南街 13 号　邮政编码 100011）
印　　装：天津盛通数码科技有限公司
787mm×1092mm　1/16　印张 16½　字数 373 千字　2022 年 4 月北京第 1 版第 4 次印刷

购书咨询：010-64518888　　　　　　　　　售后服务：010-64518899
网　　址：http://www.cip.com.cn
凡购买本书，如有缺损质量问题，本社销售中心负责调换。

定　　价：98.00 元　　　　　　　　　　　　　版权所有　违者必究

FOREWORD
前　言

　　随着经济发展和人民生活水平的提高以及生活方式的转变，城市餐饮业日益繁荣，餐厨垃圾的产生量也快速增长。统计数据显示，我国餐厨垃圾产量年增长速度达到了15%，到2015年我国餐厨垃圾的总量达到了9500万吨。数量庞大及快速增长的餐厨垃圾如何选择处理技术，形成可靠、经济、有效的餐厨垃圾处理模式并实现可持续发展，是每一个城市所面临的紧迫问题。

　　餐厨垃圾又被称为泔脚或泔水，具有含水量高、含油量高和有机质含量高的特点，处理不当易造成环境污染，同时其又被称为"放错了的资源"。过去因未引起重视，大部分餐厨垃圾被直接丢弃或者贩运往城郊直接喂猪和制备地沟油，带来了严重的环境污染和食品安全隐患。通过适当的技术处理，餐厨垃圾能实现无害化、减量化消除污染，还能进行资源再生利用，变废为宝。目前我国政府十分重视餐厨垃圾的处理，"十二五"期间国家发改委、住建部开展了一系列的餐厨垃圾资源化利用的城市试点工作，餐厨垃圾的日处理能力达到了3万吨，效果显著。"十三五"规划到2020年我国餐厨垃圾日处理能力要达到7.5万吨/天，任务依然艰巨。学者和技术人员对餐厨垃圾处理技术的研究与应用在不断地推进并取得显著进展，但目前专门针对餐厨垃圾资源化利用技术和原理进行阐述的书籍还非常欠缺，相关工程案例介绍的书籍更是缺乏。

　　本书系统地阐述了餐厨垃圾的分布和特点、预处理技术、餐厨垃圾资源化综合利用的技术原理和技术现状、工艺路线、关键设备及发展趋势；并详细介绍了餐厨垃圾利用技术相关的工程案例。全书内容系统、全面，既有一定的理论深度，为广大科技工作者提供了理论指导；又包含实际应用和工程案例介绍，为专业技术人员和管理人员提供参考。

　　本书由陈冠益（西藏大学、天津大学）任主编，马文超和钟磊任副主编；另外，颜蓓蓓、程占军、刘刚（南开大学滨海学院）、王媛、朱哲（天津科技大学）、闵海华（中国市政工程华北设计研究总院有限公司）、杨伟（中新生态城环保公司）、李如莹、赵迎新、吕学斌（西藏大学、天津大学）、旦增（西藏大学）、杜桂月、李薇、李丽萍也参与了编写。中新生态城环保公司、中国市政工程华北设计研究总院有限公司也对本书编写工作给予了大力的支持，在此一并表示感谢。在本书编写过程中参考引用了相关手册、书籍和文献，在此对原作者表示深深的感谢。

　　由于作者知识水平有限，书中不足和疏漏之处在所难免，恳请读者批评指正。

编　者

2017年4月于天津大学北洋园

CONTENTS
目 录

第4章 餐厨垃圾厌氧发酵技术与原理

第5章 餐厨垃圾回收制备生物柴油技术与原理

第6章 餐厨垃圾水热处理技术与原理

附录：我国各地方餐厨垃圾管理办法和条例摘要

索引

第1章

绪论

1.1 餐厨垃圾定义

餐厨垃圾又称泔脚或泔水，是家庭、学校、餐饮业等抛弃的剩饭剩菜及在食物加工、饮食服务等活动中产生的厨余垃圾和废弃食用油脂的统称，是人们在生活消费过程中形成的一种固体废物，也是城市生活垃圾的重要组成部分[1]。餐厨垃圾主要来自家庭日常生活和非家庭日常生活两大类，其中厨余垃圾是指抛弃的食物残渣和食品加工废料，废弃食用油脂是指不可再使用的动植物油和各类油水的混合物。与其他垃圾相比，餐厨垃圾具有含水量、有机物含量、油脂含量及盐分含量高，营养元素丰富等特点，具有良好的回收再利用价值。

1.2 餐厨垃圾产生量的影响因素

餐厨垃圾产生量受多种因素的影响，如地域不同饮食特色也不同，相应餐厨垃圾的产量及成分也不相同。因此，了解和掌握具有代表性城市餐厨垃圾的产量及成分，为后续餐厨垃圾处理技术的研究提供理论支撑十分必要。总体研究表明，餐厨垃圾的产生量主要与城市人口、居民收入和消费水平、季节等因素有关[2]。

1.2.1 人口的影响

研究表明，对餐厨垃圾产生量影响最主要的两个因素为城市人口数量和人口性别比例，城市餐厨垃圾产生量与人口数量呈显著正相关。多年来，我国的城市化进程推进加快，城市数量大幅增加，城市规模不断扩大，城市非农业人口迅速增长。目前，我国城市数量大约 800 个，小城镇 2 万余个，城市人口约 7.0 亿。城市规模、数量和人口的迅速增长导致城市餐厨垃圾量的大幅增加，尤其是在大中城市。我国城市餐厨垃圾产生量的 60% 集中在 100 余座人口在 100 万以上的大中城市，其中北京、上海和广州 3 个城市的餐厨垃圾产量之和约占全国餐厨垃圾产生总量的 10%。此外，城市男女的性别比例及年龄结构也会影响到餐厨垃圾的产生量及组分特征。男性人口比例高的城市，往往餐厨垃圾产生量更大，主要是因为男性外出就餐的次数往往显著高于女性。总之，城市餐厨垃圾产生量随着城市人口的增加呈直线增长态势。随着我国未来城市发展进程的加快，这一趋势在今后若干年内还将持续下去。可以说，城市人口的增加是影响城市餐厨垃圾产生量的最主要因素。

1.2.2 经济发展水平和居民收入的影响

经济发展水平在一定程度上决定了城市居民的生活水平，而生活水平提高会使人均日产生餐厨垃圾量增加，并使餐厨垃圾中有机物平均含量相应增加。

居民收入是一个城市或地区居民消费水平的直接反映。经济越发达，人均收入越高，则消费水平越高，使人均日产生餐厨垃圾量增加，并使餐厨垃圾中有机物平均含量相应增加。发达地区居民的生活水平较高，产生的餐厨垃圾量也要高于居民生活水平较低的地区。从表 1-1 可以看出，我国的发达地区如北京、上海、广州等地的人均垃圾产生量明显高于其他欠发达地区，表明餐厨垃圾的产生量受城市居民收入的直接影响。

表 1-1 我国主要城市城区餐厨垃圾产生情况

城市	城市居民人口/千人	餐厨垃圾产量/(t/d)	人均日产量/[kg/(人·d)]
北京	11716	2000	0.171
天津	4343	700	0.161
沈阳	4040	600	0.149
宁波	2082	300	0.144
上海	12031	2000	0.166
太原	3360	500	0.149
广州	7727	1310	0.170
兰州	2628	300	0.114
武汉	5725	940	0.164
银川	1993	150	0.075
济南	4336	250	0.058
石家庄	3638	450	0.124
乌鲁木齐	2430	300	0.123
贵阳	3037	250	0.082

1.2.3 食品人均消费支出的影响

食品消费支出包括主食、副食、其他食品、在外饮食和食品加工费支出。食品人均消费支出增长可能是居民在饭店就餐次数增加所致，因此餐厨垃圾产生量也与食品人均消费支出存在一定关系。

有研究通过对 4 座城市餐厨垃圾产生的影响因素分析表明，餐厨垃圾总产生量中贵阳＞西宁＞青岛＞嘉兴；但从人均产生量看，则为西宁＞贵阳＞嘉兴＞青岛。贵阳市辖区人口最多，每天产生的餐厨垃圾总量也最多，西宁市辖区人口数少于青岛，但餐厨垃圾产生量远高于青岛。嘉兴和青岛的经济发展水平较高，但是其餐厨垃圾产生量低于经济发展水平相对落后的西宁和贵阳。这表明餐厨垃圾产生量不只与人口数量、经济发展水平有关，还受食品人均消费支出等因素的影响[3]。

1.2.4 季节的影响

季节对餐厨垃圾人均产生量的影响涉及地理环境、生活习俗等相关因素。对于一个特定城市而言，季节对餐厨垃圾人均产生量的影响主要表现为以下几个方面。

① 季节性时令蔬菜、瓜果上市，使植物性垃圾增加，导致餐厨垃圾人均产生量升高。

② 节假日居民改善生活，也会导致餐厨垃圾人均产生量升高。

③ 如冬季温度较低，人们偏爱吃肉类等热量较高的食物，以抵御寒冷；而在夏天则偏爱较为清淡的饮食，这直接导致了冬、夏季的餐厨垃圾组分和产生量的巨大差异。

④ 季节的变化还会影响到人口的迁徙，由于不同地区的气候不同，往往会在特别的季节吸引大量的游客以及度假的人群，如夏季沿海城市人口数量会激增，在某些旅游城市一到特定的旅游季节，人口数量会暴涨，餐厨垃圾的产生量也随之显著增加，从而给当地政府处理餐厨垃圾造成了一定的压力，例如三亚市。

1.2.5 文化、民族习性的影响

在不同的国家、地区由于文化、民族习性的差异，同样会对餐厨垃圾的产生量和组成产生影响，主要体现在以下几个方面。

① 宗教文化的影响，如佛教信徒只吃素食等，这都会影响到当地餐厨垃圾的产生量和组成特点。

② 饮食文化的影响，如南方人喜米饭、喜欢吃清淡的食物，北方人则喜欢吃面食、饮食口重，喜欢吃肉食，这也导致了北方部分城市餐厨垃圾蛋白质和油脂含量偏高；而在沿海地区的人们吃海鲜比较多，餐厨垃圾中贝壳类等垃圾成分偏多。

③ 民族习性的影响，不同的民族有不同的节日，其庆祝形式也各异，这直接导致了不同民族在不同的时间点，餐厨垃圾产生量不同，组成成分也各异。

总之，餐厨垃圾的产生量受诸多因素的影响，通过对我国北京、上海、青岛等主要城市餐厨垃圾产生量影响因素的研究表明，将各因素对餐厨垃圾产量影响的大小进行量化后，得出对餐厨垃圾产生量影响的大小顺序为：城市人口数量和人口性别比例＞食品人均消费支出＞经济发展水平和居民收入＞季节的影响＞文化、民族习性的影响，但该结果仅限于所调查的城市，不同的影响因素对餐厨垃圾产生量的影响权重往往会因为城市和区域的不同而发生变化。城市的餐厨垃圾管理部门可由此明确餐厨垃圾产生量的重要影响因素，从而因势利导地做好餐厨垃圾的管理和处置工作[4,5]。

1.3 餐厨垃圾对环境的影响及利用价值

1.3.1 餐厨垃圾对环境的影响

1.3.1.1 直接排放的影响

（1）影响城市市容和环境卫生

从感官性状来说，餐厨垃圾表现为油腻、湿淋淋，影响人的视觉和嗅觉的舒适感和生活卫生，很高的含水率和有机组分，使得其成为微生物存在的"天然乐园"，同时高含水率使得垃圾运输与处理难度增大。另外，餐厨垃圾过度积累会产生大量餐厨废水，直接排放到周围环境中会污染土壤、地表水以及地下水资源；餐厨垃圾长期堆放会发酵变质，产生的恶臭气体会造成不同程度的大气污染，严重影响居民的生活，使城市的市容面貌遭到破坏。

（2）传播疾病

裸露存放的泔水引来并滋生了大量的蚊蝇、鼠虫等，不可避免地成了传播疾病的媒介；而餐厨垃圾由于长时间存放进而腐败变质，也会产生大量的细菌和病毒，极易通过空气、水、土壤等环境媒介传播。

（3）浪费资源

餐厨垃圾与其他垃圾相比具有有机物和油脂含量高等特点，有很高的资源回收利用价值，如果处理得当将是一笔宝贵的财富。但餐厨垃圾产生量非常大，且分散、难以收集和运输，而传统的与其他垃圾一起处理的方法，资源利用率非常低，还会造成环境污染，在增加政府和人民经济负担的同时也造成了严重的资源浪费[6]。

1.3.1.2　处理不当的影响[7]

（1）传统的填埋和焚烧方法污染城市环境

在我国，由于大多城市尚未执行垃圾分类制度，餐厨垃圾主要是和生活垃圾混放后运至城郊进行统一处理，焚烧或填埋，如图 1-1 所示。但是由于餐厨垃圾中水分含量较高，不仅使工人清运垃圾的难度增加，而且劳动强度也增加。生活垃圾填埋过程中混入餐厨垃圾，不仅需要增加填埋场库容，而且会产生大量渗滤液，其中含有的大量高浓度有机污染物会造成土壤和地下水污染，填埋后产生的甲烷气体容易造成火灾隐患，排放到大气中增加温室效应，同时还会增加填埋场工人的工作负荷和难度。如果将其与生活垃圾混合进行焚烧，不仅降低垃圾热值，而且还会因燃烧不充分而产生二噁英、二氧化硫等引起空气污染，该法在国内应用经验较少。另外，餐厨垃圾焚烧和填埋处理会导致大量有机物的浪费，美国、欧盟、韩国和日本等国已经出台多项严禁填埋和焚烧餐厨垃圾的法律法规，我国在该领域的相关管理及政策还待加强，需要严格限制餐厨垃圾的直接填埋和焚烧，避免造成环境污染和资源浪费。

图 1-1　餐厨垃圾与城市垃圾统一处理，填埋和焚烧（图片来源：www.news.cnnb.com.cn）

（2）直接用来养殖危害人群健康

各大城市周边地区都散落分布着不少利用泔水养猪的养殖场（户），少则数十头，多则上千头，这些猪全部流入城市餐桌。据研究分析，由于饭店大量使用洗涤剂、消毒剂和杀虫剂，以及食品霉烂产生毒素等原因，使泔水中含有大量的铅、汞、黄曲霉毒素等有毒有害物质。猪长期食用泔水后，这些物质会在猪的体内逐渐蓄积，并通过食物链进入人体，人体对这些物质没有解毒和排除功能，达到一定程度会损伤人的神经、肝脏、肾脏和免疫系统等。黄曲霉毒素还是一种强致癌物，其危害更是显而易见。此外，泔水中还含有大量的沙门氏菌、金黄色葡萄球菌、肝炎病毒等致病微生物，这些强致病性微生物可引发多种疾病流行。泔水猪还容易感染人畜共患的各种疾病，如口蹄疫等。泔水油中含有大量的致癌物质，长期食用可导致肠癌、胃癌、肝癌等恶性疾病。据世界卫生组织和联合国粮农组织报告资料显示，由动物传染的人畜共患传染病有 90 多种，其中由猪传染的就有 25种，这些人畜共患疾病的载体主要是被污染的禽畜产品及其含有病原微生物的排泄物造成的。近年来爆发的猪"五号病""蓝耳病"等烈性传染病，不仅给国家、养殖户造成很大的经济损失，也给畜牧业的健康发展带来威胁，这些无疑能够给畜牧工作者敲响规范养殖、重视动物防疫工作的警钟。更有甚者，许多养猪户将煮沸"泔水"时熬制出的副产品"红油"卖到不法商贩手里，用作市民"早餐"的佐料，严重威胁到市民的食品安全。如图 1-2 所示为泔水猪。

（3）回收制成地沟油危害人体健康

餐厨垃圾由于其油脂含量很高，被不法商贩用来制备地沟油并冒充"精制食用油"，以谋取暴利，如图 1-3 所示。因其来源和加工过程的不合理性，使其在流入食物链前就已存在对人体极大的危害性。除了餐厨垃圾中的微生物污染之外，其化学污染也是其毒性的重要体现。地沟油中所含化学物质对人体造成的急、慢性伤害，比起简单的微生物和病毒对人体的伤害更加严重。其危害性主要表现在以下几个方面。

图 1-2　泔水猪（图片来源：www.shm.com.cn）

图 1-3　地沟油被包装成食用油售卖（图片来源：http：//cq.qq.com/a/20120727/000242.htm）

1）酸价和过氧化值超标　由于"地沟油"在加工过程中，动植物残渣和微生物不能被清除，在存放一段时间后，这些动植物残渣和微生物所产生的酶将引起酶解作用使油脂氧化，其生成的产物极易分解为具有挥发性的低分子醛、酮、酸，迅速造成油脂的氧化和酸败。酸败后的油脂一方面易产生哈喇味，感官性状发生变化，具有强烈的劣变气味。油脂中所含的维生素 A、维生素 D、维生素 E 被氧化，其所含的人体必需脂肪酸如亚油酸、亚麻酸等也遭破坏，食用已经酸败的油脂产品，还能破坏同时摄入的其他食物中的 B 族维生素。因此，长期食用这些变质油脂，可能会因必需脂肪酸缺乏而引起中毒现象及脂溶性维生素和核黄素缺乏现象；另一方面，酸败油脂中所含的大量过氧化脂质进入人体后，极易袭击细胞膜和酶而引起一系列的连锁反应，并产生自由基等对人体有害的物质，破坏人体细胞膜，使血清抗蛋白酶失去活性，损伤基因，导致细胞变异的出现和蓄积，诱发癌症、动脉粥样硬化、细胞衰老等疾病。

2）溶剂残留量超标　由于"地沟油"的原料是由下水道中的油腻漂浮物和餐馆中回收的泔水混合而成的，其中含有烷烃、环烷烃、烯烃和芳香烃等化合物以及许多不知名的化学物质和有机溶剂，成分非常复杂，通过溶剂残留项目检测，可以确定油脂产品中所含化学物质和有机溶剂的含量，但很难分辨其真实的组分，这些化学物质和有机溶剂对人体的中枢神经有较强的刺激和麻痹作用，其中的一些成分（如甲苯等）对白血病有促发作用。

3）重金属污染物含量超标　由于"地沟油"来自于卫生状况十分恶劣的环境，并且在加工、包装及运输过程中交叉污染的情况非常严重，因此"地沟油"中的重金属污染物铅（Pb）、总砷（As）、汞（Hg）、镉（Cd）等远远超过卫生标准中重金属污染物含量的限量要求，其中所包含的重金属污染物并不能通过加热、烹炒等常用方法来减少。长期摄入这些重金属元素，将导致人体中重金属残留过量，引起头痛、头晕、失眠、多梦、乏力、消化不良、消瘦、肝区不适、腹绞痛、贫血等症状，严重的会导致铅中毒、砷中毒、汞中毒、中毒性肝病、中毒性肾病、多发性周围神经病等，甚至可能引发铅毒性脑病。

4）黄曲霉毒素 B_1 超标　黄曲霉毒素是迄今发现的污染农产品毒性最强的一类生物毒素［其毒性是氰化钾的 10 倍、三氧化二砷（砒霜）的 68 倍］，被世界卫生组织（WHO）的癌症研究机构划定为 I 类致癌物。由于玉米、花生、豆类等植物油原料中本身可能带有微量的黄曲霉毒素，在餐馆下水道、泔水等湿热环境下，"地沟油"中所含的黄曲霉毒素 B_1 迅速衍生，导致其含量严重超标。黄曲霉毒素 B_1 的危害性在于对人及动物肝脏组织有破坏作用，长期低剂量摄入黄曲霉毒素可导致胃腺、肾、乳腺、卵巢、小肠等部位的肿瘤，还有可能引发肝癌甚至死亡。

5）苯并芘超标　由于"地沟油"是曾被加热使用过的油脂，在加热和使用过程中肉类本身所含有的脂肪在燃烧不完全的情况下，会产生苯并芘；烧焦的淀粉也能产生这类物质，所以导致其中所含的苯并芘含量远远超出卫生标准的要求。食用苯并芘超标的植物油产品会对人的眼睛、皮肤产生刺激，并具有诱变作用、强致癌作用、畸胎形成作用，长期摄入会引起胃癌、皮肤癌、肺癌等疾病。这类物质在人体内的潜伏期可达 10～15 年，属于 1 级危险毒物。

6）反复高温加热对人体健康的危害　含有"地沟油"的食用植物油属于不合格的食用油产品，在使用过程中反复高温加热，其中所含的有毒有害的化学物质大量析出，不仅破坏食物中的营养物质，更加剧了"地沟油"对人体健康的危害。由于"地沟油"本身含有大量杂质和微生物，经加热后会析出大量磷脂，反复加热使用，会使油色变深，黏度加大，发生一系列化学变化，并产生大量有害物质。含亚麻酸较多的菜籽油、豆油等加热12～26h，可生成多种形式的聚合物，某些聚合物能被机体吸收，引起生长缓慢、肝肿大、出现生育障碍等。另外，由于"地沟油"中的酸价和过氧化值严重超标，在煎炸过程中又与空气充分接触，在高温的催化下氧化酸败的速度加快，不仅生成大量的过氧化物，而且还能使低级羧基化合物产生聚合，形成黏稠的胶状聚合物，影响人体对油脂的消化吸收。在煎炸过程中，高温下的油会部分水解，生成甘油和脂肪酸。甘油在高温下失水生成丙烯醛，还会释放出含有丁二烯成分的烟雾，使操作人员干呛咳嗽，损害人体的呼吸系统，引起呼吸道疾病。长期吸入这种物质会改变人的遗传免疫功能。

7）反式脂肪酸超标　由于"地沟油"中混合了部分动物油脂和大量细菌，油脂中的顺式不饱和脂肪酸在室温下会被氢化，转变为反式脂肪酸。世界卫生组织的建议是：每天摄入反式脂肪酸的量不要超过食物热量的1%，大致相当于不要超过2g，而一份炸薯条就大约含5～6g反式脂肪酸，远远超过了建议摄入量。这种脂肪酸可能会引起肥胖症、高血压、心血管疾病，不但会增加不良胆固醇含量，还会减少良性胆固醇的含量，干扰必需脂肪酸的新陈代谢，危害人体健康，严重时还可能引发某种癌症。

1.3.2　餐厨垃圾的利用价值

餐厨垃圾与其他垃圾相比，具有含水量高、有机质含量高、盐分以及油脂含量高、营养元素丰富等特点，有很大的应用价值[8]。

（1）社会和经济价值

餐厨垃圾经过合理的技术处理可以变废为宝，制备成饲料、肥料和生物柴油等具有经济价值的产品。在当今能源、资源紧缺的现状下，餐厨垃圾的回收利用可以有效缓解这些问题，并取得良好的经济效益。

餐厨垃圾从物理组成上看主要包括大米、面粉、食物残渣、蔬菜、果皮、植物油、动物油、肉骨、鱼刺、蛋壳等。从化学组成上来看，餐厨垃圾包括有机物质、无机盐和水三大类。其中有机质主要包括淀粉、纤维素、蛋白质、脂类等；无机盐中氯化钠的含量较高，还含有一定量的钙、镁、钾、铁等微量元素。可以看出，餐厨垃圾中营养物质丰富，具有很高的资源再利用价值。有关数据表明，餐厨垃圾中水分含量为80%以上；干物料中的粗脂肪含量约为25%，是大豆的1.5倍；粗蛋白含量约为25%，是玉米的2倍。随着人们生活水平的提高，餐厨垃圾中的有机营养成分含量在不断增加。餐厨垃圾中有机质含量极高，营养成分丰富，配比均衡，十分适合微生物生长，是理想的厌氧消化产沼气的发酵基质。厌氧消化后产生的沼气是清洁能源，固体物质被消化以后可以得到高质量的有机肥料和土壤改良剂。在有机质转变成甲烷的过程中实现了垃圾的减量化，使后续处置及运输所需的成本也随之降低。

同时，部分餐饮业所产生的餐厨垃圾被回购者定期收购，交易过程并非正规市场交易，价格不成体系，表现为买方市场。若政府部门能够统一管理或授权给企业进行回收处理，使回收后的餐厨垃圾得到安全处理，则会使这些业主更放心地出售餐厨垃圾，进一步扩大餐厨垃圾回收利用的市场，增加餐饮行业的附加收入，带动相关产业的发展。

针对现在的餐厨垃圾回收制度不完善、市场不健全、产生巨大安全隐患的处理现状，解决办法之一就是促进相关产业的形成,辅助其健康发展,促进技术的研发应用以及产业的发展。这里的相关产业指餐厨垃圾回收业、餐厨垃圾处理饲料加工业、工业用油加工业,不仅可以节约资源并产生经济效益,还可以促进就业,以及带动其他产业的发展。其中餐厨垃圾中提炼出的工业用油脂可用于制取生物柴油,可以成为供内燃机使用的生物燃料,是典型的"绿色能源"。据相关资料显示,按照目前的技术水平,每600kg"潲水油"可提炼近500kg的生物柴油。而使用生物柴油还可以使城市机动车有害气体的排放量减少70%。餐厨垃圾的回收利用在带动相关产业发展的同时,必定会增加政府的财政税收收入。相信在加入了政府更大力度的管制之后,一定会使餐厨垃圾供销市场更加完善,从而便于政府统一监管,产生更多的效益。面对潜在的餐饮行业所带动的餐厨垃圾回收处理市场,这部分税收仍是政府收入的贡献之一。

(2)环保价值

一方面,由于餐厨垃圾大多存在着管理无序、任意处置的情况,因此餐厨垃圾的收集、运输过程通常会造成环境污染,严重影响着城市的市容市貌和环境卫生。对餐厨垃圾进行统一规范化的处理,可以减少甚至杜绝将餐厨垃圾随意倾倒和填埋等问题,遏制了细菌、病毒、苍蝇以及老鼠的繁殖,对改善城市卫生环境、降低城市污染有很大的促进作用。

另一方面,餐厨垃圾通过合理的处置利用之后,甚至可以变成环保材料。有研究表明,餐厨垃圾经过水热技术处理后制成的生物炭材料,具备制成土壤修复材料和水污染修复材料的潜力。通过制备生物柴油工艺处理后可以制备成工业燃料,从而有效地减少人们对矿石燃料的过度开发,减少对资源的索取,极大地促进了城市的可持续发展。总之,餐厨垃圾的综合利用在创造经济价值的同时,也能为城市环境保护做出巨大的贡献。

(3)食品安全价值

进行餐厨垃圾资源化综合利用可以减少泔水喂猪的现象,具有很高的食品安全价值。这不仅使泔水得到100%充分利用,还能杜绝不法商贩利用餐厨垃圾生产有毒有害食品。同时减少因餐厨垃圾随意堆放或者填埋污染农田和地下水,减少了农作物对污染物如重金属等的富集,从而提高了农产品的安全性,提高了食品的安全价值。

1.4 餐厨垃圾资源化处理现状

1.4.1 国外餐厨垃圾处理现状

(1)美国

据统计,2001年美国的餐厨垃圾约为0.26×10^8t,而在2010年,其餐厨垃圾排放量达到了0.34×10^8t,餐厨垃圾已经成为美国城市垃圾中仅次于纸张的第二大垃圾。过去,美国主要采用过焚烧、堆肥、回收、填埋等方式处理餐厨垃圾,而目前应用最为广泛的是填埋法。在填埋前,餐厨垃圾排放量较大的单位往往将餐厨垃圾中的油脂进行分离,分离出的油脂主要用于化学品(如肥皂)加工。美国各州对餐厨垃圾处理的政策不同,这使得有些州对餐厨垃圾进行了较好的利用,例如加利福尼亚州主要采用厌氧发酵技术处理餐厨垃圾，将产生的沼气进行发电。并取得了一定的成绩。在旧金山市的东湾区，回收人员对从当地 2000 多家餐馆和食品店收集的餐厨垃圾进行发酵，利用产生的甲烷发电。2010 年该地区每周处理餐厨垃圾的能力约为 100t，发电量大约能满足 1300 户居民的用电需求。另外，由于美国对家庭餐厨垃圾排放的收费较高，为了节约费用，不少家庭利用好氧堆肥处理餐厨垃圾，图 1-4 显示了餐厨垃圾好氧发酵工艺的流程。

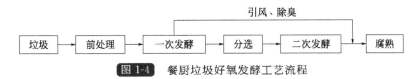

图 1-4 餐厨垃圾好氧发酵工艺流程

与厌氧法相比，好氧堆肥的工艺操作简单、运行成本低。目前在美国中西部也有一些利用蚯蚓堆肥的方式处理餐厨垃圾的实例。例如宾夕法尼亚州的州立学院镇实现了好氧堆肥方式处理餐厨垃圾，每年可获得 2000m³ 的肥料。在马萨诸塞州，餐馆正在推广使用自动化热电联产系统，这种设备能将"地沟油"直接转化为可再生能源，从而实现了餐厨垃圾的就地处理，废弃的植物油经过自动化热电联产系统处理后可以转化为低碳排放的清洁能源。据估计，2010 年美国 120 万家餐馆和其他食品服务业者总计使用超过 3×10^8 gal（1gal=3.78541dm³）的植物油，因此把"地沟油"变废为宝的市场潜力非常巨大。

（2）欧洲

近十年来，城市生活垃圾厌氧消化系统在欧洲（如德国、芬兰和瑞典等国）发展十分迅速，较成熟的城市生活垃圾厌氧消化系统的日处理量可达 100t 左右。在英国，堆肥发酵法最为流行，有些公司专门将各大型酒店、餐馆的餐厨垃圾收集起来用于制备有机肥料在市面出售，获利不菲。据报道，英国的一家信托投资公司曾出资购买一块闲置土地，他们在土地上把收集来的餐厨垃圾处理成有机肥，然后把施过肥的土地分配给社区居民种菜，这一创意大获成功，修整好的土地很快被民居抢夺一空。该投资公司计划到 2025 年协助地方政府将餐厨垃圾循环利用率提高到 70%。另外，厌氧发酵技术在英国也蓬勃发展，2011 年英国废弃物处理公司耗资 2400 万英镑建立了全球最大的厌氧发酵处理餐厨垃圾的发电厂，每年可以处理 4.38×10^7 t 餐厨垃圾，发电量约为 5.5×10^8 kW·h，满足了数万户家庭用电的需求。到 2020 年，预计此类餐厨垃圾发电厂在英国将超过 100 座。厌氧发酵技术既解决了餐厨垃圾处理的问题，又给社会带来了巨大的能源效益和经济效益。

法国对日常垃圾分类有着严格的规定，一般分为可回收垃圾和不可回收垃圾。每个住户都有用来装垃圾的大袋子，把生活垃圾和餐厨垃圾放到袋子里，分门别类放到垃圾房。垃圾房装有摄像头，如果不按照要求分类，会被罚款。对于餐馆和食堂等行业的餐厨垃圾，政府要求从业者进行强制分类，一般分为无害、中性、危险 3 个级别，并进一步细分为 20 个门类，并以此决定是回收、深埋或焚烧处理。早在 1992 年，法国垃圾处理法规定，餐厨废油不得与其他垃圾混合丢弃，也不能把用过的餐厨废油直接倒入下水道，或当普通垃圾扔掉。如果因为处理废油不当，造成下水道堵塞等情况，餐厅会被处以高额罚款，甚至被勒令停业，对于多次违规的餐厅还将追究经营者的刑事责任。据统计，法国每年有超过 40% 的餐厨废油得到回收利用。

（3）日本

日本每年的餐厨垃圾排放量约为 2.0×10^7 t，占生活垃圾总量的 23%。日本的餐厨垃圾主要来自家庭，其次为食品销售渠道、酒店和食品加工厂。自 2002 年颁布食品回收处理法令后，日本的食品废弃物处理发展得非常迅速。此法令的目标是在 2007 年前，食品废弃物的总量比 2002 年减少 20%，主要采取措施为食品废弃物总量削减、循环利用等，如利用餐厨垃圾生产动物饲料。

1）脱水处理生产干饲料　脱水的方法分为：常规的高温脱水、发酵脱水、油炸脱水。日本札幌市的餐厨垃圾回收处理中心利用油炸法生产动物饲料。该中心每日从 188 个机构，包括学校、医院等地收集 50t 餐厨垃圾，用废植物油在减压条件下进行低温油炸（约 110℃），生产出脱水饲料。

2）食品废弃物经发酵后，以流体形式饲养禽畜　对于含水率较高的餐厨垃圾，这种方法免去了脱水过程，处理成本低，而且未脱水的餐厨垃圾其蛋白质含量、利用率都比脱水饲料高。在发酵过程中，厨余垃圾中的乳酸菌和酵母菌的数量不断增多，乳酸和乙酸浓度升高，pH 值降低。这些大量的乳酸为动物提供了丰富的有机酸来源，而发酵后餐厨垃圾的 pH 值可以降到 3.5 左右，这样抑制了饲料中大肠杆菌的繁殖。

3）生物气发电技术　餐厨垃圾收集后，经发酵产生生物气（主要为甲烷），利用生物气发电供热。目前，日本已有多家生物气发电站投入商业运行。

4）餐厨垃圾制造乙醇技术　日立造船公司、熊本大学及京都市联合建成一座以餐厨垃圾为原料的生物乙醇制造装置，该装置能自动分拣收集来的普通垃圾，添加酶和酵母用 3~4d 时间使其转化为乙醇。一周可处理 5t 普通垃圾，每吨垃圾可制造约 60L 乙醇，如图 1-5 所示。

图 1-5　餐厨垃圾制备乙醇装置（图片来源：http://finance.sina.com.cn/world/20150129/132721427740.shtml）

（4）韩国

2000 年，韩国的餐厨垃圾排放量在 4.0×10^6 t 以上，占生活垃圾总量的 23%。韩国以往处理餐厨垃圾均采用填埋法，然而由于餐厨垃圾具有高水含量（75%~85%）、高挥发性物质（85%~95%）等特征，填埋法往往会产生巨大的环境污染，如液相和恶臭气等。因此，韩国政府强令餐厨垃圾排放量较大的单位自行购置设施回收餐厨垃圾的装置，处理其产生的餐厨垃圾。由于韩国特殊的饮食文化，韩国的餐厨垃圾的含水率和盐分都很高（高盐主要来自于泡菜和酱等高盐分的食物），因而堆肥方式在韩国并不常见。另外，由于韩国禁止了填埋法处理餐厨垃圾，近年来韩国的餐厨垃圾处理方式主要为厌氧发酵和生物反应器好氧处理。

Sun-Kee Han 等设计组建了两段法产生物气的装置。主要装置为 4 个流化床反应器（产氢）及一个 UASB 反应器（产甲烷）。餐厨垃圾先进行破碎、分选等预处理。分选后的餐厨垃圾投入反应器，并接种流化床，接种污泥可利用污水处理污泥消化塔的污泥。污泥经热处理，以抑制氢解细菌的活性。流化床反应器每 2d 旋转 1 次，以匀化反应底物（即餐厨垃圾）。产生于流化床的渗滤液输送到 UASB 反应器进行甲烷发酵。UASB 的出流液体回流入渗滤床反应器，液体回流时定期以清水稀释以减轻产氢阶段的生物负荷。产氢阶段的污泥经重力脱水后，以好氧曝气的形式进行污泥消化，以减少污泥的体积。研究发现，反应最初阶段碳水化合物的迅速降解导致 pH 值下降，产生抑氢现象，提高底物稀释率后，减少了抑氢现象。在高挥发性固体（VS）给料负荷下 $11.9kg/(m^3 \cdot d)$，VS 去除率达到 72.5％。经去除的 VS 中有 28.2％转化为 H_2，69.9％转化为 CH_4，产 H_2 量为 $3.63m^3/(m^3 \cdot d)$，产 CH_4 量为 $1.75m^3/(m^3 \cdot d)$。

好氧法处理餐厨垃圾与厌氧法相比其操作过程简单、运行成本低、物料停留时间短。浆状好氧法的操作类似于食品工业的固体发酵法。餐厨垃圾经破碎处理后投入反应器，并加入清水，使反应器内的物料保持泥浆状。浆状的物料易于搅拌，同时也可以改善氧气的传质速率、提高好氧微生物对物料的降解效率。和传统的堆肥相比，浆状好氧法的水分含量高，微生物所处的环境与常规堆肥不同，如果用腐熟的堆肥进行接种，效果可能不好。因此，在正式运行之前进行微生物的驯化培养，之后采用连续式进料（每日进料）或批序式进料（每隔一定时间进料），出流气体经过生物滤池处理，以减少对环境的影响。

Yeoung-Sang Yun 等设计并组建了浆状好氧法装置。试验反应容器体积为 2L，安装了鼓风曝气装置、搅拌叶、溶解氧仪、气体流量计、精密 pH 计。试验前先进行微生物驯化，在 500mL 烧杯中加入 200mL 蒸馏水、20g 餐厨垃圾（干重），在 30℃下置于 200r/min 振荡机培养 10d，随后加入 50g 新鲜餐厨垃圾（干重）、100mL 蒸馏水继续驯化培养，持续 2～3 周。试验开始时，在反应容器内加入 42.6g 餐厨垃圾（干重）、10mL 微生物菌液，加入蒸馏水至混合物体积约为 1L。试验中进行鼓风曝气，监测溶解氧（DO）、气体流量、pH 值。研究发现，试验初期，DO 下降为 0，从第 5 天开始迅速回升，达到 7.8g/L。pH 值首先下降为 3.5 左右，从第 2 天开始上升，最终达到 9.0。固体悬浮物降解速率为 7.9g/(L·d)（以干基计）。5d 内，82％的 VS 得到降解。液相中的 NO_3^- 及 PO_4^{3-} 在试验结束时浓度降为 0。研究认为，该技术很适合韩国餐厨垃圾的组成特点，适合在韩国进行推广。

（5）其他国家

新西兰的农业和林业部 2002 年在国内进行了有关餐厨垃圾喂养牲畜的调研，意见中既有认为应彻底禁止该项行为，以杜绝口蹄疫等疾病的传播，也有认为不应对国内餐厨垃圾喂养牲畜进行控制，而应通过加强边境检查来防止病源输入，他们认为大量的餐厨垃圾若不用于喂养牲畜，就可能由资源变成了需要填埋的废物。在澳大利亚，除非将餐厨垃圾处理至国家要求标准，或州政府特批，否则不允许用餐厨垃圾喂养牲畜。加拿大则对餐厨垃圾喂养牲畜采用许可证制度。为更好地处理餐厨垃圾，新西兰、澳大利亚等国家建立了完善的餐厨垃圾预处理分类制度，有效地将餐厨垃圾与其他生活垃圾分离开，如图 1-6 所示。

新西兰、澳大利亚、美国等国家市民的厨房水槽下方都普遍装有食物垃圾粉碎装置，如图 1-7 所示，可以将餐厨垃圾粉碎后再进行打包待回收，既节省了运输空间也为更好地进行餐厨垃圾回收再利用打下良好基础，节省了餐厨垃圾的处理成本[9～11]。

图 1-6 垃圾分类箱（图片来源：http://blog.sina.com.cn/s/blog_8edab96f0102vtij.html）

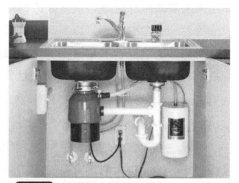

图 1-7 餐厨垃圾粉碎系统（图片来源：http://www.segahome.com/article-swljclq/9993.html）

1.4.2 国内餐厨垃圾处理现状

中国城市每年产生餐厨垃圾不低于 6.0×10^7 t，大中城市餐厨垃圾产量惊人，重庆、北京、广州等餐饮业发达城市问题尤其严重。随着垃圾产量逐年上升，中国垃圾焚烧场从 2003 年的 47 个增加到 2016 年的 300 个，增加近 6 倍；2016 年，中国各地区清运和处理生活垃圾 2×10^8 t，其中卫生填埋占 60%。而中国目前绝大多数城市的餐厨垃圾与生活垃圾混合堆放，以传统的焚烧、填埋为主。焚烧、填埋不能实现餐厨垃圾资源化利用，是对餐厨垃圾的极大浪费，并给地方财政带来沉重负担。据统计，广州焚烧和填埋餐厨垃圾的年均净收益分别为 -2538 万元和 -1465 万元。即使在大力发展餐厨垃圾资源化技术的城市，资源化处理比例也相对较低。如北京 2008 年餐厨垃圾日产量超过 1200t，资源化处理量仅为 200t，不足 20%；而上海 2008 年的餐厨垃圾日产量超过 1100t，实际收运量只有 500t。处理能力的严重不足也导致我国城市餐厨垃圾处理不当或直接排放，造成了一系列的环境污染和食品安全事件，成为我国城市发展的首要问题[8]。

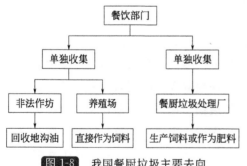

图 1-8 我国餐厨垃圾主要去向

图 1-8 显示了我国餐厨垃圾的主要去向，可以看出，我国的餐厨垃圾主要用于饲料化和堆肥，直接作为饲料或地沟油的餐厨垃圾占 80% 左右，这些处理方法带来了很多社会问题。例如，餐厨垃圾直接作为饲料，容易导致一些疾病传染，因此各省已逐渐颁发禁令禁止餐厨垃圾直接作为饲料，并且加强了对餐饮业个体工商户的监管力度。虽然目前我国的餐厨垃圾未被合理利用，但餐厨垃圾却具有广阔的资源化前景，如何环保高效地处理餐厨垃圾，成为我国各个城市发展所面临的重要问题。现对部分城市餐厨垃圾的处置现状介绍如下。

（1）北京市餐厨垃圾处理现状[12]

北京在南宫所建的餐厨垃圾厂其处理规模为 200t/d，即将建成的董村垃圾综合处理厂餐厨垃圾的处理能力为200t/d，高安屯餐厨垃圾处理厂处理规模400t/d。北京南宫餐厨垃圾处理厂，由北京市政府投资，市政管委监管，北京环卫集团代为建设和运营管理。该项目位于大兴区瀛海乡南宫生活垃圾堆肥厂内，总建筑面积1200m²，工程总投资2000余万元，是以堆肥厂为依托建的处理厂，该餐厨垃圾处理厂最终产品为营养土。该厂刚刚投产，只建了餐厨垃圾的固液分类设施和污水处理设施，没有建餐厨垃圾的分选和堆肥设施。固液分离后，固体部分进入了南宫堆肥厂堆肥仓的一次发酵仓，液态部分进了污水处理设施。由于没有分选设施，餐厨垃圾收集车卸下的混合收集的餐厨垃圾中，大块的和带包装袋的垃圾在卸料间上的格栅除产生堵塞，无法进入到固液分离系统，处理效率较低，处理效果较差，卸料部分需人工操作，工作环境较差，二次污染比较严重。北京市董村分类垃圾综合处理厂位于北京市通州区台湖镇董村，处理收集的餐厨垃圾、有机垃圾以及有机液态垃圾，处理量为每天200t餐厨垃圾，或者每天餐厨垃圾100t和有机垃圾（有机液态垃圾）100t。北京市高安屯餐厨垃圾处理厂位于朝阳区高安屯垃圾无害化处理中心厂内，该园区位于朝阳区金盏乡，设计规模400t/d，是全国最大的餐厨垃圾专业处理站，如图1-9所示。该处理厂主要处理北京市东北部城区餐厨垃圾，采用微生物处理技术。处理后的产品在北京得到了较好的应用。北京13个区县的20万亩果园（1亩≈666.7m²，下同）、菜园施用、应用其微生物菌剂，其产品在渔业、家畜饲养方面也有较好的应用。同时，该处理厂垃圾焚烧处理技术非常成熟，可有效节约土地和水资源，实现垃圾减容90%和减量80%，同时可避免填埋过程中所产生的气味污染。该技术项目总投资8.2亿元，设计日处理生活垃圾1600t，产生的余热每年可发电$2.2 \times 10^8 kW \cdot h$。焚烧技术和主要设备由日本和德国引进，是北京第一家，也是亚洲单线最大的项目。

图1-9 高安屯垃圾焚烧厂（图片来源：https：//baike.baidu.com/pic/%E9%AB%98%E5%AE%89%E5%B1%AF%E7%94%9F%E6%B4%BB%E5%9E%83%E5%9C%BE%E7%84%9A%E7%83%A7%E5%8F%91%E7%94%B5%E5%8E%82/3597394/0/b151f8198618367a9064f7d928738bd4b21ce5c1？fr=lemma&ct=single#aid=0&pic=b151f8198618367a9064f7d928738bd4b21ce5c1）

（2）上海餐厨垃圾处置现状[13]

上海市规定在全市范围内禁止用泔水喂猪，要求餐馆将泔水沥干后装袋，放置于指定地点或专用容器内，纳入市内垃圾处理系统统一管理，并按照生活垃圾标准收取费用。同时于2001年9月20日颁布实行的"上海市餐厨垃圾处置和管理试行办法"（以下简称《办法》）规定，新设置餐饮业单位应当在开业前 15d 内，向所在地市容环卫部门办理申报手续，告知餐厨垃圾预产生量和具体处置方案；已营业的餐厨垃圾产生单位，应当自《办法》颁布后 30d 内办理申报手续。

《办法》首次规定对餐饮业及其他餐饮消费集中的企事业单位开征"餐厨垃圾处置费"，但确切的征收数额该市物价部门正在拟定之中。从目前对部分餐饮单位试行情况看，暂定价格约为 150 元/t。根据笔者在上海市废弃物管理处的调查和数据分析表明，2003 年 8 月上海主要城区已申报的各类餐厨垃圾产生单位不仅数量偏少，而且申报的餐厨垃圾日产生总量只有 250 多吨，明显低于实际的产生量（表 1-2）。由此可见，在餐厨垃圾申报登记备案过程中，存在较为严重的瞒报、漏报、虚报的现象。餐厨垃圾无害化处理及管理任务依旧严峻。

表 1-2 上海主要城区餐厨垃圾申报、收运、处置情况

城区	已申报的各类产生单位/个	申报餐厨垃圾日产生总量/t	自行处置的产生单位/个	委托处置的产生单位/个	已备案的运输单位/个	已备案的处置单位/个
徐汇区	360	56.43	4	276	5	1
黄浦区	775	25.9			6	
卢湾区	203	22.7	2	201	1	1
静安区	201	6.5	5	90	1	
闸北区	365	8		92	1	
普陀区	529	32	2	402	3	1
虹口区	361	16.96	2	359	10	
长宁区	827	13.50		827	3	1
杨浦区	211	9.8	2			
闵行区	24	8.5		24	1	1
宝山区	464	45.5	1	147	1	
浦东新区	455	5.85		229	24	
合计	4775	251.64	18	2647	56	5

上海市现有用于处理餐厨垃圾的有机垃圾生化处理机，其基本技术是外加特殊菌种的动态好氧消化，采用间歇或连续方式搅拌，连续进料间歇出料（出料时间间隔长，1～2 个月），反应温度 45～50℃，其实质是高消化率的堆肥技术。该技术过去主要用于处理污泥和高浓度废水，而针对餐厨垃圾的有关处理技术应用不多，近年来这种情况有所改善。2014 年上海在崇明岛投资 2800 余万元建立了崇明县餐厨垃圾处理厂；该厂占地 10 余亩，通过运用的亚临界水高温处理技术，日处理餐厨垃圾 15t，基本"消耗"崇明本岛的餐厨垃圾产出量，并生产 2700 余吨土壤改良剂，在将垃圾变资源的同时，还能节省大量用于垃圾填埋的土地资源，可有效解决全县垃圾污染问题，实现垃圾处理的无害化、减量化、资源化。图 1-10 是该厂内部餐厨垃圾的处理设施。崇明县还建立了规范的餐厨垃圾收集制度，专业收运公司每天派出的餐厨垃圾收运车，在中午和晚上从饭店、单位食堂及菜场等场所回收餐厨垃圾运往处理厂，从而形成了一整套完整的餐厨垃圾回收利用体系，从源

头上掐断了地沟油、泔脚猪的制造链。

（3）西宁市餐厨垃圾处置现状[8]

西宁市政府对餐厨垃圾的处理一直非常重视，政府为杜绝餐厨垃圾非法收运和加工，在全市范围内保持高压的严厉整治态势，并形成长效机制。动员了市、区两级包括工商、环保、卫生、城管、公安等在内的执法力量，采取封闭出口、市区流动巡逻及重点区域守候监控等方式，24h进行执法，严格控制餐厨垃圾的私自收运行为。对违反条例、私自售卖餐厨垃圾的餐饮单位，取证后进行处罚并在新闻媒体通报批评；对违法收运单位和人员，查扣收运车辆和工具，并

图 1-10　崇明县餐厨垃圾处理厂内部处理设备

（图片来源：http://www.cmx.gov.cn/cm_website/html/DefaultSite/shcm_xwzx_cmxw_cmyw/2014-03-19/Detail_71097.htm)

处以罚款。西宁市周边垃圾猪饲养户在半年内全部绝迹，六家地沟油收集加工单位除一家被整顿收编外，其余五家解散。基本上没有餐厨垃圾私拉外运现象发生。开创了餐厨垃圾处理的"西宁模式"，成为我国其他城市效仿的对象。

同时，西宁市建立了日处理200t/d的垃圾处理项目，通过青海洁神环境能源产业有限公司引进了韩国较为先进和成熟的餐厨垃圾工艺及核心设备，包括拥有18台专用车辆在内的收集运输系统、餐厨垃圾自动破碎分选及高温灭菌生成生物蛋白饲料原料系统、污水处理系统、废气处理系统和生物柴油加工系统以及PLC智能控制系统，主生产线基本可以实现无人值守，部分设备如图1-11所示。处理厂与全市所有餐饮单位签订《餐厨垃圾收集运输协议书》，每天中午和晚上分两次准时上门收集。到目前为止，该项目已经连续不间断地平稳运营近5年，实现西宁市城区范围内餐厨垃圾的收运和处理全部覆盖，产生的餐厨垃圾全部实现了"日产日清日处理"。"垃圾猪"和"地沟油"现象得到彻底根治。

图 1-11　青海洁神环境能源产业有限公司餐厨垃圾处理设备

（图片来源：http://www.qh.xinhuanet.com/2010-07/30/content_20490303.htm)

（4）宁波市餐厨垃圾处置现状[14]

宁波市餐厨垃圾产量在300t/d左右，目前宁波市建有餐厨垃圾处理厂1座。在2006年，宁波开诚公司筹资5000多万元，建立了中国第一个无害化、减量化、规模化、资源化、节能化的城市餐厨废弃物处理厂，日均处理规模达250t。该处理厂从2006年至今连

续稳定运行达 10 年，是国内专业从事餐厨垃圾时间最长的企业。该厂采用"预处理＋油水分离＋废水厌氧发酵＋固态烘干作饲料"的工艺技术路线，餐厨垃圾进场后分选出其中的砖头、玻璃瓶、塑料袋等杂质，物料蒸煮后，液态部分再进行油水分离，分离出来的液体进入消化罐，厌氧发酵产生沼气供厂区锅炉供热，如图 1-12 所示。固态部分进一步烘干作为饲料出售。

图 1-12　宁波开诚公司厌氧发酵设备（图片来源：http：//image. baidu. com/search/redirect? tn＝redirect＆word＝j＆juid＝7617E6＆sign＝ciwgiiziwb＆url＝http％3A％2F％2Fj. news. 163. com％2Fdocs％2F10％2F2016042509％2FBLG5L3RJ9001L3RK. html＆objurl＝http％3A％2F％2Feasyread. ph. 126. net％2F80＿oIeQCGzTaH1vdfxIuFg％3D％3D％2F79166365552106843326. jpg）

（5）天津市餐厨垃圾处置现状[15]

随着天津市餐厨垃圾产生量的日益增长，在市政府的主导下，于 2008 年正式施行的《天津市生活废弃物管理规定》，对天津市餐厨垃圾的收集、运输和处置等环节的操作进行了明确的规范，提出源头单独集中、清洁化单独收运、无害化处理的餐厨垃圾回收原则，禁止直接使用餐厨垃圾进行禽畜养殖、使用餐厨垃圾炼制食用性再生油，禁止将餐厨垃圾倒入城市普通生活垃圾回收系统。天津目前主要的餐厨垃圾处理系统如下。

1）天津市餐厨垃圾处理厂　2010 年 3 月，天津市目前唯一一家有经营资质的专业从事餐厨垃圾回收处理利用的企业——天津市餐厨垃圾回收处理厂一期工程正式建成并投入运营。该工程名为"高效沥水干燥蛋白饲料化生产线"，该生产线在对餐厨垃圾进行除臭、油水分离等预处理工作后，利用高温厌氧发酵技术将餐厨垃圾转化为优质蛋白质饲料，同时产生生物柴油，如图 1-13 所示。该生产线日餐厨垃圾处理能力为 300t，正在筹备的二期工程建设完成后，企业的日餐厨垃圾处理能力将达 600t。该企业配有专业化餐厨垃圾收运队伍和工具，与天津市内六区、环城四区、滨海新区的数百家餐饮服务企业签订了餐厨垃圾免费收运处理协议，并提供上门收运服务，企业已在全市范围内设立了餐厨垃圾收集转运站点。截至 2010 年 6 月，该企业日餐厨垃圾回收量仅为 30t，为实际处理能力的 10％，占天津市餐厨垃圾日产生量的 4.3％。

图 1-13　高温厌氧发酵设备（图片来源：http：//news. solidwaste. com. cn/view/id＿28693）

2）生物柴油生产企业　餐饮服务企业在食品加工和烹饪器具清洁过程中也会产生部分混有餐厨垃圾的排放物，如刷锅水、洗碗水等。这些液体中含有一定量的餐厨废油和极少量的餐厨残余物，但是由于其过于稀薄且不便于收集，因此通常会被厨房工作人员直接排入城市污水排放系统。这类餐厨排放物中油脂含量较高，但是由于已经被排入地下排污系统，通常被天津市内专业从事"地沟油"加工生物柴油业务的回收企业直接从城市下水道系统收集。由此类渠道得到回收的餐厨垃圾主要成分是餐厨废油脂，且其产生特点决定了这类餐厨垃圾占餐厨垃圾总量的比例很小。总体来说，天津市餐厨垃圾处理的能力还有待提升，该行业的发展空间还很大。

纵观国内研究现状，目前我国还没有建立健全的餐厨垃圾处理管理体系，缺乏相应的管理政策和适宜的处理技术。例如成都市目前专门处理餐厨垃圾的处理站仅有2座，均采用BGB微生物处理工艺，处理规模为3t/d和20t/d，远不能满足成都市餐厨垃圾的处理需求。因此在发展城市餐厨垃圾处理装置的同时，未来我国各大城市餐厨垃圾的处理应做到以下几点。

1）提高餐厨垃圾的纯度　与过去的混合垃圾相比，现在分类后的餐厨垃圾成分有所提高，含水率有所增加，热值有所降低。但是，垃圾分类后的餐厨垃圾纯度仍不高，经常混入塑料袋、食品包装袋等难降解垃圾，为餐厨垃圾处理增加了难度。因此，提高餐厨垃圾的纯度是使其得到有效处理的前提。显然，餐厨垃圾的处理问题不仅是技术和管理问题，还需要城市居民对餐厨垃圾正确分类和投放，应通过健全法律、严格执法和实行奖罚等措施加强垃圾分类意识培养。早在1970年，日本就制定了《废弃物处理法》，规定要对废弃物进行适当分类、保管、收集、运输、再生利用等，以保持清洁的生活环境；还有诸如《食品安全法》等一系列法律，执行特别严格，如果有人以身试法，一定会身败名裂，再大的厂家也会因此而垮掉。日本的经验告诉我们，只有提高道德意识，完善有关法律，才能从根本上杜绝垃圾分类和处理中的违法行为。

2）合理配置餐厨垃圾设施　餐厨垃圾的特点是宜于桶装，在投入设施之前，应先将餐厨垃圾中的水分滤去，不宜用塑料袋装，以防滴漏。垃圾收集设施应考虑对垃圾投放者的监督，以便能查找乱扔垃圾的当事人。对餐厨垃圾的纯度控制很重要，在条件允许的地区，餐厨垃圾收运车可定时定点收集，在居民投放垃圾时，收集人员同步执行监督，对不符合要求的垃圾应拒收。餐厨垃圾专用桶的数量不宜过多过密，应考虑有利于对垃圾投放者的监督，便于转运和居民投放，垃圾不满溢。转运设施的配置要适应高水分、高盐分、高油脂的有机垃圾单独收运。要配置具有良好密闭性能、较好压缩性能和污水收集系统的餐厨垃圾专用车，能较好解决收集、中转和运输过程中的脏、臭、噪声和滴漏等问题。还可以通过中转站，把压缩后分离的污水排入城市污水管网，不仅可以提高运输效率，还可减少环境污染。技术先进、适用、高效、环保、集约化等，都是城市餐厨垃圾处理设施建设必须达到的要求。

3）控制餐厨垃圾的产量　推行净菜进城和减少包装的措施，是垃圾减量最有效的途径。包装物等的减少，餐厨垃圾和其他垃圾也必然减少，也随之提高了餐厨垃圾的纯度。大力完善"谁污染、谁付费"的垃圾治理制度和执法力度，也是有效促进垃圾减量的重要措施。鼓励和倡导家庭通过自制堆肥，种植花草、蔬菜，自行处理有机质垃圾。通过政府资金补助，激励社区、学校、商业区等大型场所选择使用餐厨垃圾生化处理设备，利用微生物降解技术，将垃圾转化为生物肥料，用于绿化。在条件具备的地区，也可以使用垃圾粉碎机，把餐厨垃圾粉碎后，排入城市污水管网处理。另外，将餐厨垃圾收集运输到专门的处置场所集中处理，这种处理方式虽不经济，但也可解决问题。在今后相当长的时期内，这种处理方式仍将承担绝大多数餐厨垃圾的处理。加快餐厨垃圾降解速度，缩短处理周期，提高腐熟质的可用性，畅通回归土壤的路径，才能解决城市餐厨垃圾处理的出路问题。

4）综合已有的处理技术　餐厨垃圾成分的复杂性决定了使用单一的现有处理技术难以完成高效高产值处理，对餐厨垃圾进行组分分离、综合运用已有的处理技术似乎是必然的道路。将收集到的餐厨垃圾经过初步去除杂物后，利用离心或者压榨等手段得到有机质干渣和油水混合物。有机质干渣用来发酵或制作饲料添加剂；油水混合物再次分离后，油脂可用于生产生物柴油，而最终剩下的水分除了较高浓度盐分之外，亦含有丰富的有机质，可以利用相应微生物进行发酵生产能源气体。国内餐厨垃圾处理"宁波模式"是综合利用各种技术的典范。综合处理对餐厨垃圾处理彻底，资源化程度高，产品多样化，经济价值有保证；但是由于涉及技术种类较多，工艺综合性强，处理流程加长，对工艺连续性、操作人员操作水平及设备单机性能有更高的要求，同时占用场地大、设备种类多、工程投资巨大，这决定了小投资者难以从事该产业获利，适合在政府部门大力支持下的大中投资者。

5）开发新技术　现有餐厨垃圾处理技术的复杂性和低经济价值，使得小投资者及普通民众难以从事该行业而获利，大中投资者亦急切需要政府的政策和财政支持。有限的餐厨垃圾处理企业使得餐厨垃圾的处理量远远赶不上产生量，对日益严重的"垃圾围城"现象起不到有效遏制作用。因此，迫切需要有处理成本低廉、安全高效的餐厨垃圾处理技术，为我国城市餐厨垃圾的处理开辟新的出路和更为广阔的发展前景。

参 考 文 献

[1] 袁世岭，李明伟，付昱晨，等.餐厨垃圾资源化处理技术的研究进展[J].广东化工，2013，40(15)：78-79.

[2] 张保霞，付婉霞.北京市餐厨垃圾产生量调查分析[J].环境科学与技术，2010，33(12F)：651-654.

[3] 王攀，任连海，甘筱.城市餐厨垃圾产生现状调查及影响因素分析[J].环境科学与技术，2013.

[4] 何德文，金艳，柴立元，等.国内大中城市生活垃圾产生量与成分的影响因素分析[J].环境卫生工程，2005，13(4)：7-10.

[5] 陈艺兰，陈庆华，张江山.厦门市生活垃圾的灰色预测与分析[J].环境科学与技术，2007，30(9)：72-74.

[6] 李小卉.餐厨垃圾的危害及综合治理对策[J].太原科技，2006(11)：24-25.

[7] 何晟.浅析餐厨垃圾利用处置不当产生的危害[J].环境卫生工程，2010(4)：13-15.

[8] 胡新军，张敏，余俊锋，等.中国餐厨垃圾处理的现状，问题和对策[J].生态学报，2012，7.

[9] 孟勤宪.成都市餐厨垃圾处置方式优化选择研究[D].成都：西南交通大学，2010.

[10] 王星，王德汉，张玉帅，等.国内外餐厨垃圾的生物处理及资源化技术进展[J].环境卫生工程，2005，13(2)：25-29.

[11] 王向会，李广魏，孟虹，等.国内外餐厨垃圾处理状况概述[J].环境卫生工程，2005，13(2)：41-43.

[12] 刘红霞，何亮.餐厨垃圾预处理工艺研究——以南宫餐厨垃圾处理厂为例[J].绿色科技，2016(10)：96-97.

[13] 李志.上海市餐厨垃圾管理现状及对策研究[J].上海环境科学，2009(1)：43-46.

[14] 齐琳，周志峰，王飞，等.沿海地区沼肥综合利用现状调查及未来发展分析——以宁波市为例[J].中国沼气，2012，30(2)：43-45.

[15] 潘洋，李慧明.天津市餐厨垃圾回收现状与对策[J].再生资源与循环经济，2011，4(8)：20-24.

第2章
餐厨垃圾资源分布与特征

2.1 概述

餐厨垃圾作为典型的城市生活垃圾，主要产生于居民日常生活、食品加工、餐饮服务、学校、企业单位食堂等，其组成主要是废弃食用油脂、食物残余、食品加工废料等。餐厨垃圾的主要成分为水分、蛋白质、脂肪、糖类和盐分，pH 值约为 6.8，呈微酸性，相比于其他有机垃圾，具有高水分、高盐分的特点。一方面，餐厨垃圾的组成特征导致其极易发生腐烂，会对环境造成恶劣影响，且容易滋长病原微生物、霉菌毒素等有害物质，容易因直接排放或者不当利用导致如城市地下水管网堵塞，威胁地下水安全或造成土壤污染。另一方面，因餐厨垃圾的有机质含量丰富，使其又可成为宝贵的可再生资源[1]。

我国作为世界上最大的发展中国家，随着经济的飞速发展，餐厨垃圾的产量也是与日俱增。一线城市中，由于北京人口众多，其餐厨垃圾量是增长最快的，北京的城市垃圾中有机废物占 65%，其中餐厨垃圾占 39%且还在呈上升趋势；上海市日均餐厨垃圾产生量约为 1000~1200t；广州市更是由于餐饮业和旅游业十分发达，餐厨垃圾的产量也是不断增长[2]。相比国内的一线城市，国内一些二线城市虽然餐厨垃圾总量没有北上广那么多，但是由于二线城市扩张很快，餐厨垃圾的增长速度和占生活垃圾的比例也是越来越大，例如西安、成都、重庆、杭州等城市。相比于国外城市的餐厨垃圾处理，由于缺乏有效的治理措施和法律法规，国内许多城市的餐厨垃圾都不能及时处理，被迫面临垃圾围城的尴尬境地。城市餐厨垃圾如果管理和处理不当，其所含有害成分将通过多种途径进入环境和人体，对生态系统和环境造成多方面的危害。

国内外餐厨垃圾的组成与分布因地域、气候、文化、宗教、习俗等不同，其组成成分也有一定的区别。相比于我国的餐厨垃圾处理现状，发达国家极为重视对餐厨垃圾进行资源化利用。早在 20 世纪 80 年代就开始对餐厨垃圾进行了规模化、无害化处理的实验与研究。在欧美、日本等国，餐厨垃圾必须经过分类后堆放，经专门车辆运输到加工厂，采用堆肥工艺制成肥料，或加工成动物饲料进行资源化回收利用[3]。我国对于餐厨垃圾相关方面的研究，不管是理论基础还是实验数据都处在起步阶段，与国外存在较大差距。本章详细统计了国内主要城市餐厨垃圾产量及分布，对于深化国内餐厨垃圾严峻形势的认识，建立我国特色的完全独立的餐厨垃圾收集、运输、处理处置和监管体系，及餐厨垃圾的无害化处理和资源化利用有着重要的意义。

2.2 餐厨垃圾资源的组成特征

餐厨垃圾的主要成分为食物残渣，具有高含水率、高油脂、高有机质含量、营养元素丰富、极易腐败发酸发臭等特性。这种特性决定了餐厨垃圾同时具有危害性和资源性：一方面，其在收集、存储、运输的过程中容易诱发环境问题，一旦发生泄漏会污染空气、土壤及水源，给人们的正常生活造成危害；另一方面，其有机质含量丰富，营养成分充足，是制作动物饲料、有机肥料和生物能源的原料，蕴含着巨大的能源，具有极高的回收利用价值。餐厨垃圾主要的组成特点如下[4]。

① 较高的含水率　餐厨垃圾的含水率一般可达到 60%～80%（质量分数），导致其热值很低，单位质量的餐厨垃圾热值为 2100～3100kJ/kg，不利于直接混合在生活垃圾中焚烧处理，即使与其他垃圾一起进行焚烧发电，也只能降低垃圾的热值、总焚烧发电量和发热量。同时容易发生渗滤液的二次污染，不便于收集、运输。

② 较高的有机质含量　餐厨垃圾不同于其他生活垃圾，本身含有大量的淀粉、脂肪和蛋白质等有机营养物质，营养元素丰富，含氮量约占干物质的 3% 以上，使得许多牲畜养殖场利用餐厨垃圾作为饲料。同时，餐厨垃圾是厌氧发酵的极好材料，是许多有氧消化细菌和厌氧消化细菌的营养来源。

③ 易腐烂、易变质　由于餐厨垃圾有较高的含水率和高有机营养物质含量，其本身具有易腐烂、易变质的特性，容易导致蚊蝇滋生、恶臭散发、水体污染、下水道堵塞、传播疾病、威胁人类身体健康等问题。

④ 无有害物质　餐厨垃圾主要来源于人们的餐厨生产和消费过程，不含工业废物，无有害物质，是理想的饲料、肥料来源。

从图 2-1 中可以看出其 C、H、O 的含量占餐厨垃圾元素组成的 80% 以上，有机物含量丰富，具有很大的回收利用价值。其营养物质含量丰富，据有关数据表明，如图 2-2 所示，粗蛋白含量约占 27.85%，粗脂肪含量约占 41.78%，有实验表明粗脂肪消化率约为 88.26%，粗蛋白消化率约为 89.63%，其消化率与常规饲料相近，除有机物含量丰富外，还富含氮、磷、钾、钙以及各种微量元素。

影响餐厨垃圾成分的因素很多，其中最主要的就是自然因素，是由于城市所处的自然环境在同期对餐厨垃圾成分的影响，不同地理位置的城市，特别是南方与北方城市的地域差别因素，影响了餐厨垃圾的组成成分。研究表明，北方餐厨垃圾中有机成分低于南方城市，无机成分尤其是煤灰含量高于南方城市。这主要是因为气候差异导致北方城市生活能源中燃煤比例及使用期均高于和长于南方城市，因而餐厨垃圾中灰土增加，有机物比例减小。饮食结构的差异也导致南方城市居民的瓜果、蔬菜的食用量和食用期都高于北方城市居民，南方城市餐厨垃圾中有机物和可燃物的比例较大。季节变化对城市餐厨垃圾的成分也有一定影响，餐厨垃圾中的有机物和可燃物随季节变化明显，有机物最高值均分布在第三季度，这与第三季度瓜果的大量上市、市民消费瓜果食品有关。此外，区域民族组成的不同、宗教信仰的差别也使其形成了各自特殊的饮食文化和饮食习惯，导致我国不同城市的餐厨垃圾成分各具特点[5]。以下为我国一些城市餐厨垃圾的组成特征汇总。

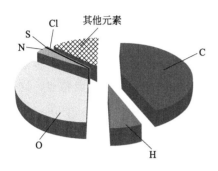

图 2-1　餐厨垃圾化学成分组成(2012 年)

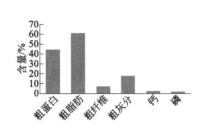

图 2-2　餐厨垃圾营养物质含量(2012 年)

（1）北京

北京是全国政治文化中心，人员组成复杂，流动人口占北京市人口比例的约 1/3，同时北京也是国际化大都市，名胜古迹众多，旅游业繁荣，这造成了北京市的餐饮单位数量大、种类多，因而其餐厨垃圾的成分各具特色，总体变化不大。从表 2-1 可以看出特大型餐饮单位、大型餐饮单位、餐馆、食堂的餐厨垃圾含水率变化不大，平均约 74.75%（质量分数），略低于南方城市的餐厨垃圾含水率，这是因为北方的干燥气候条件造成的；其中粗脂肪的含量在大型餐饮单位较高，约 33%，这是因为大型餐饮单位中烤鸭店居多，产生的餐厨垃圾中的粗脂肪含量比其余场所高。有机物、粗蛋白的含量差别不大，总体上因各个餐饮单位的菜系不同、管理方式不同，导致北京市餐厨垃圾的整体特点主要是含水率较低[6]。

表 2-1　北京市餐厨垃圾成分(2012 年)

单位	含水率/%	有机物/%	粗蛋白/%	粗脂肪/%
特大型餐饮单位	73.70	91.45	27.61	21.62
大型餐饮单位	71.28	95.26	25.81	33.15
餐馆	77.36	92.87	21.31	22.80
食堂	76.60	92.84	23.68	22.98
总体	74.75	93.40	24.59	25.37

（2）上海

上海气候湿润，饮食文化源远流长，菜系以沪菜为主，浓油赤酱、咸淡适中，烹饪方式以红烧、煨、糖为主。餐厨垃圾中的含水率在 80%（质量分数）左右，夏季餐厨垃圾的含水率略高于冬季。静安区的餐厨垃圾分类工作较好，含水率略高于其他地区。餐厨垃圾中的有机物含量很高，同时因沪菜特点导致含油、含盐率也很高，粗脂肪含量为 20%～40%，含盐率为 2% 左右。表 2-2 为上海市餐厨垃圾成分[7]。

表2-2　上海市餐厨垃圾成分(2009年)

含水率/%	粗脂肪/%	含盐率/%
80	20~40	2

（3）成都

成都是川菜发展的核心地区，有"美食之都"的盛誉，源远流长的历史和丰厚的文化底蕴造就了成都多样化、多元化的饮食文化。作为我国八大菜系之一的川菜，其特点主要是味浓油重，因而其餐厨垃圾中有机质的含量较高，同时，因成都地形原因，导致其日照少、云雾多、湿度大，成都人喜食火锅，火锅文化已成为成都餐饮的一大特点，这导致成都火锅店的餐厨垃圾中油脂含量更高。调查显示：成都主城区餐饮企业、食堂、菜市场等公共餐饮部门产生的餐厨垃圾成分如图2-3所示。从图2-3中可以看出：成都餐厨垃圾的含水率、有机物和油脂成分高。水分占餐厨垃圾总量的75%~92%，菜市场因多为生菜下脚类，废弃菜叶等水分含量最高，达到91.5%。有机物含量占餐厨垃圾总量的5%~10%。油脂含量占餐厨垃圾总量的2%~11%，由于成都人的饮食特点喜欢麻辣火锅，火锅店的油脂含量高达11.7%，菜市场的餐厨垃圾中无油脂成分。纸类、塑料/橡胶、木竹、骨类约占餐厨垃圾总量的1%~3%。

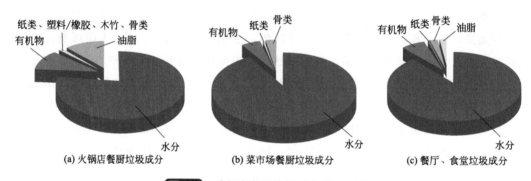

图2-3　成都市餐厨垃圾成分(2014年)

（4）广州

广州地区气候湿润，是汉族传统饮食文化重要流派之一粤菜的发祥地，其特点是口味清淡，用量精细，因而餐厨垃圾中含水量较高，约80%（质量分数），对广州市居民、酒店、饭堂等地方餐厨垃圾干燥基元素分析如图2-4所示。图2-4中表明：干燥餐厨垃圾含碳量约为45.97%，氢含量约为6.42%。不同来源餐厨垃圾的组成成分大体类似，表明整个城市居民的饮食习惯比较一致[13]。

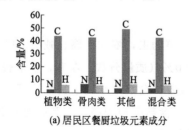

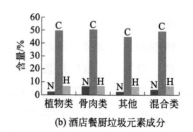

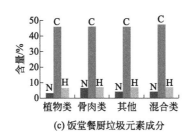

(c) 饭堂餐厨垃圾元素成分

图 2-4　广州市餐厨垃圾元素成分(2013 年)

（5）兰州

兰州位于我国西北部，甘肃省中部，深居西北内陆，气候干燥。兰州市餐厨垃圾的成分如表 2-3 所示。从表 2-3 中可以看出兰州市餐厨垃圾的含水率较其他城市低，在 76% （质量分数）左右，有机碳含量在 51% 左右。其餐厨垃圾的组成如表 2-4 所列。从表 2-4 中可以看出兰州市餐厨垃圾中食物占 88.74%，纸张占 4.00%，细小杂质占 3.90%，塑料占 2.00%，其他有机物占 1.36%。

表 2-3　兰州市餐厨垃圾理化成分(2011 年)

成分	含量/%	成分	含量/%
水	76.19	总磷	1.02
有机碳	51.96	氯化物	20.22
凯氏氮	3.91	蛋白质	5.96

表 2-4　兰州市餐厨垃圾组成(2011 年)

组成	含量/%	组成	含量/%
食物	88.74	塑料	2.00
纸张	4.00	其他有机物	1.36
细小杂质	3.90		

（6）重庆

重庆是我国西部内陆地区唯一的直辖市，经济发达，餐饮业繁荣。重庆人的饮食文化较为特殊，其烹饪方法中加入了大量的油，导致重庆市餐厨垃圾油脂含量达 90% 以上，有机物含量高，热量也高，且因川渝菜系烹调用油、盐较多，导致重庆市餐厨垃圾中蛋白质和钠的含量很高。相比于国内其他城市，重庆市餐厨垃圾成分的主要特点为油脂含量高、有机物含量高、热量高、蛋白质和盐类含量高。图 2-5 为重庆市城区餐厨垃圾的成分[16]。

（7）青岛

青岛作为沿海城市，与内陆城市相比，居民饮食结构中海鲜类食品所占比例较高，导致餐厨垃圾中蛋白质、脂肪及盐分含量较高，蛋白质及脂肪占干重的 40%～60%，盐分占干重的 2.2%，青岛市餐厨垃圾理化性质如图 2-6 所示。

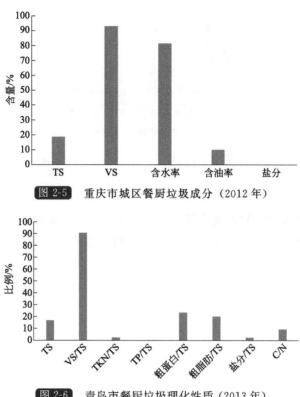

图 2-5　重庆市城区餐厨垃圾成分（2012 年）

图 2-6　青岛市餐厨垃圾理化性质（2013 年）

2.3　餐厨垃圾资源的总量和分布

2.3.1　我国城市餐厨垃圾资源的总量

我国城市生活垃圾的产量在快速增长，平均年产量达到了 $1.5×10^8$ t，并以平均每年 8%～10%的速度持续增长。餐厨垃圾作为城市生活垃圾的主要组成部分之一，在饮食业迅速崛起的同时其产量也不断增大。统计显示，我国餐厨垃圾占城市生活垃圾的 37%～62%。我国城市每年餐厨垃圾产生量约为 $(6.0～7.0)×10^7$ t，随着我国人口的增加，餐饮业的持续快速发展，餐厨垃圾的产生量也将逐年增长，年增长速率预计在 15%以上。餐厨垃圾的资源分布遍布于每个角落，但高度集中于城市，高人口密度区和高生产密度区往往是餐厨垃圾产生的高密度区[9]。从图 2-7 中可以看出大中城市餐厨垃圾产量惊人，重庆、北京、广州等餐饮业发达城市问题尤其严重。下面是我国部分主要城市餐厨垃圾的分布情况。

（1）北京

北京市是我国政治经济文化中心，全市常住人口 2170.5 万人，经济繁荣、餐饮旅游业发达。从图 2-8 可以看出餐厨垃圾的主要产区是朝阳区、海淀区，餐厨垃圾产量分别达到了 574.99t/d 和 442.27t/d，约占总餐厨垃圾产量的 54%，超过了其余地区产生餐厨垃圾的总和。西城区、东城区和丰台区的餐厨垃圾产量也分别达到了 250.44t/d、217.57t/d 和 211.33t/d；石景山区的餐厨垃圾产量最少，产量在 65.33t/d[8]。

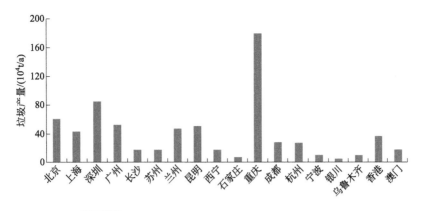

图 2-7 全国部分城市餐厨垃圾年产量（2012 年）

据报道，截至 2012 年，北京市城六区的餐厨垃圾产生单位共 26357 个，其中中型和小型餐馆最多，其次为单位食堂、大型餐馆、小吃店，餐厨垃圾的产生单位主要集中在特大型餐馆、大型餐馆、中型餐馆、小型餐馆、快餐店、小吃店、单位食堂、中小学食堂、大学食堂 9 类单位。从图 2-9 可以看出北京市餐厨垃圾的产生单位中大、中型餐馆的产量最大，分别为 479t/d 和 451t/d，其次为小型餐馆和单位食堂，分别为 271t/d 和 279t/d。

北京市餐厨垃圾在高等院校的产生量增长也非常迅猛。以海淀区为例，据统计，2005 年北京市海淀区餐厨垃圾的日产量达到 292t。海淀区有 39 所普通院校、22 所各类成人高等院校和民办院校，在校学生约 45 万人，餐厨垃圾产生量约为 81t/d，占总量的 28%。法人单位约 17720 个，从业人员 85 万人，餐厨垃圾产生量约为 43.81t/d。餐馆、饭店的餐厨垃圾产生量约为 168t/d，占总量的 60% 左右。2012 年北京市海淀区的餐厨垃圾日产量增大到 442.27t，各单位食堂的餐厨垃圾产生量约为 100t/d，餐馆、饭店的餐厨垃圾产生量超过了 300t/d，增长速度十分惊人。

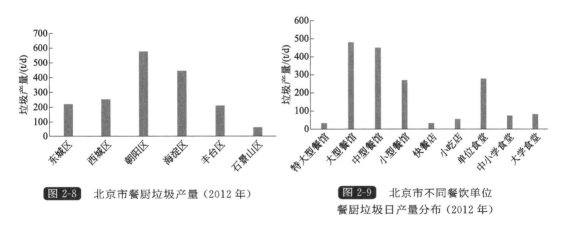

图 2-8 北京市餐厨垃圾产量（2012 年）　　**图 2-9** 北京市不同餐饮单位餐厨垃圾日产量分布（2012 年）

从图 2-10 可以看出自 2006 年 1 月 1 日出台《北京市餐厨垃圾收集运输处理管理办法》以来，餐厨垃圾的日产量不断增长，2006 年的餐厨垃圾产量为 1050t/d，2010 年增长到 1200t/d，2010 年后餐厨垃圾产量的增长趋势更为迅速，截至 2012 年，北京市餐厨垃圾的产量已达到 1762t/d。

（2）上海

上海位于我国南北海岸中心，长江和黄浦江入海汇合处，经济繁荣，是我国重要的经济中心，常住人口 2415.27 万人，据不完全统计，上海市的餐厨垃圾日产量高达 1000t，占全市生活垃圾总量的 7% 左右。从图 2-11 中可以看出上海市餐厨垃圾的分布主要集中于浦东新区、黄浦区、徐汇区，分别达到 138t/d、108t/d 和 88t/d，占餐厨垃圾总体的 12.4%、9.7% 和 7.9%，这主要是由于该地区经济发展迅速，居民生活水平提高、收入增长以及城市规模的扩张造成的[10]。其次是杨浦区、闵行区、长宁区，餐厨垃圾产量分别为 81t/d、70t/d 和 63t/d，占餐厨垃圾总量的 7.3%、6.3% 和 5.7%；卢湾区、静安区的餐厨垃圾产量较低，分别为 44t/d 和 49t/d，占总量的 3.9% 和 4.4%[11]。据预测，今后几年上海市餐厨垃圾生产量较大的区如浦东新区、黄浦区、徐汇区等的餐厨垃圾产量仍将呈上升趋势。

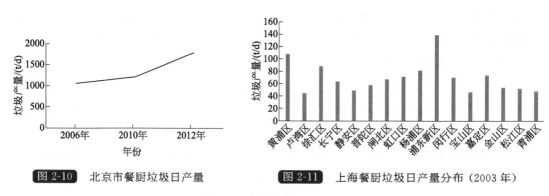

图 2-10　北京市餐厨垃圾日产量　　　　图 2-11　上海餐厨垃圾日产量分布（2003 年）

据上海市 2001 年统计结果，如图 2-12 和图 2-13 所示，上海市每天餐厨垃圾产生量约 1100t，其中餐饮业是餐厨垃圾的主要来源，每天产生餐厨垃圾约 613t，占总量的 55%，企事业单位食堂产生量约 219t，占总量的 20%，宾馆产生量为 148t，占总量的 13%，学校食堂产生量 130t，占总量的 12%[12]。

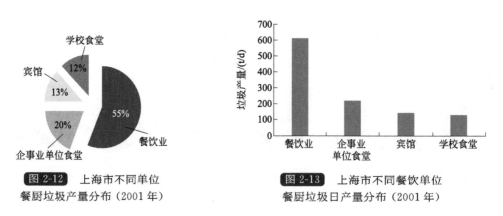

图 2-12　上海市不同单位　　　　　图 2-13　上海市不同餐饮单位
餐厨垃圾产量分布（2001 年）　　　　餐厨垃圾日产量分布（2001 年）

上海市餐厨垃圾年产量较为平稳，呈缓慢增长的势态，如图 2-14 所示，2000 年产量为 6.41×10^5 t，2002～2003 年间有下降趋势，这可能是因为经济原因使餐饮业不景气，导致餐厨垃圾产量下降。2005 年之后餐厨垃圾的产量缓慢增长，这可能是由于上海市 2005 年颁布了《餐厨垃圾管理办法》后对餐厨垃圾的监管力度加强，同时呼吁建设节约型社会，减少食物浪费等使得餐厨垃圾的增长量较为平缓。

（3）广州

广州市地处中国南部、广东省中南部、珠江三角洲中北缘，是我国三大综合性门户城市之一，经济发展能力位居我国第三位，旅游资源丰富，古迹众多，饮食文化源远流长。广州市常住人口 1350.11 万人，城镇人口所占比例 85.53％，有餐厅酒楼 7000 多家，餐厨网点近 3 万个，有大量的企事业机关单位和学校食堂，每天生活垃圾的产量超过 17000t，其中餐厨垃圾产量约 4000～5000t，占生活垃圾比例的 23.5％～29.4％，按此估计，广州市餐厨垃圾的年产量不低于 $6.2×10^6$ t。如图 2-15 所示，广州市餐厨垃圾产量较大的区分别为白云区、越秀区和番禺区，餐厨垃圾产量分别为 264.1t/d、254.21t/d 和 232.79t/d，分别占餐厨垃圾总产量的 18.27％、17.59％和 16.11％。这主要是因为这几个区大部分为老城区，当地居民较多，饮食习惯与国内其他地区有显著的差别，不论单位、家庭还是个人，都习惯于在外就餐，这些区中有大量的酒店饭馆及大排档，从早至晚就餐人员络绎不绝，导致这些地区的餐厨垃圾产量十分惊人。花都区、海珠区的外来人口众多，餐厨垃圾的产量也很大，分别为 152.66t/d 和 159.14t/d。黄浦区、罗岗区的餐厨垃圾产量较低，分别为 37.72t/d 和 43.15t/d。居民饮食习惯导致其餐厨垃圾大部分产生于餐饮类，从图 2-15 可以看出餐饮类产生的餐厨垃圾产量达到了 1500t/d，占餐厨垃圾总产量的 72.62％（图 2-16）；年增长速率在 6％左右，如图 2-17 所示。总体看来广州市餐厨垃圾的产量高于全国平均数。

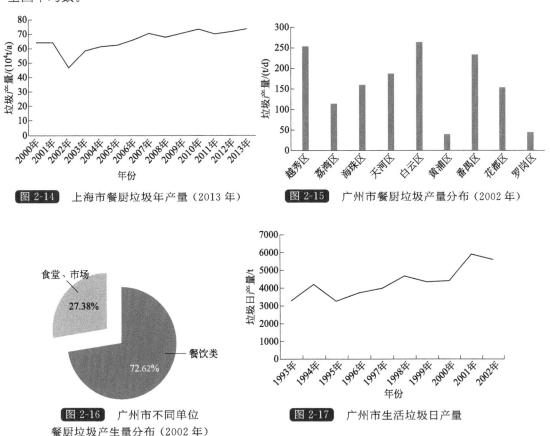

图 2-14 上海市餐厨垃圾年产量（2013 年）

图 2-15 广州市餐厨垃圾产量分布（2002 年）

图 2-16 广州市不同单位餐厨垃圾产生量分布（2002 年）

图 2-17 广州市生活垃圾日产量

（4）重庆

重庆地处中国西南部、长江上游地区，是中国中西部内陆地区唯一的直辖市，全市常住人口 3016.55 万人，城市人口占 60.94％。经济发达，餐饮业十分繁荣，有大量的小吃、餐馆、夜排档。由于重庆人的饮食习惯，使得夜间的餐饮业兴隆，其餐厨垃圾主要来源于主城区的餐饮业，少部分来源于居民。主城区餐饮网点 2.4 万多个，每天产生餐厨垃圾 1600 多吨。从图 2-18 可知，重庆市主城区 2007 年餐厨垃圾产量为 940t/d，2009 年主城区餐厨垃圾产生量达到了 1570t/d，增长速度十分快[14]。

虽然重庆主城区餐饮业带来的餐厨垃圾量是巨大的，但也不能忽视重庆各大高校及其他行业带来的餐饮垃圾。据调查，如图 2-19 所示，重庆市主城区的大学食堂每日餐厨垃圾产量约为 170t，其主城区的餐饮店每日产生的餐厨垃圾约 1390t，占餐厨垃圾产量的 80％，比例十分巨大，这主要是由于重庆人喜欢在外用餐，且夜间用餐比例很大、餐饮店众多。

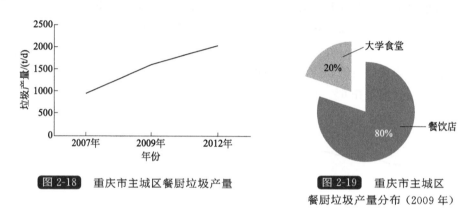

图 2-18　重庆市主城区餐厨垃圾产量　　　　图 2-19　重庆市主城区餐厨垃圾产量分布（2009 年）

（5）成都

成都是我国重要的旅游中心城市和国家级历史文化名城，素有"天府之国"之称。其行政区域面积 12390km²，市区常住人口 269.4 万人，流动人口 120 万人，总人口位列全国第四，经济发展速度快，是西部城市综合经济实力最强城市之一。城区人口稠密，平均每平方公里达 6000 人之多。随着经济的高速发展，餐饮、旅游业的发展，餐厨垃圾产量日益增长。根据 2010 年调查显示，成都市中心城区有近 9000 家餐饮企业、单位食堂和农贸市场，日产餐饮类废弃物 861t，生活垃圾中的厨余垃圾约占生活垃圾产量的 60％～70％，从图 2-20 中可以看出武侯区日产餐厨垃圾约为 96t，占餐厨垃圾总量的 11.1％；新都区、青羊区、金牛区日产量分别为 71.23t、126.03t、115.07t，占餐厨垃圾总量的 8.3％、14.6％、13.4％；锦江区日产餐厨垃圾总量最少，为 38.35t。中心城区生活垃圾日产量约 4300t，其中居民家庭产生的餐厨垃圾日产量约 2520t，中心城区的餐厨垃圾产量远高于其余地区，这是由于中心地区餐饮业发达、餐饮企业众多，同时人民生活水平较高，外出就餐较多导致的。农村地区餐厨垃圾产量明显低于中心城区，据调查成都郊区市（县）居民产出的餐厨垃圾约占生活垃圾产量的 50％～70％，2010 年 14 个郊区（市）县城区生活垃圾日产量约 2700t，其中居民产生的厨余垃圾约为 1350t[18]。

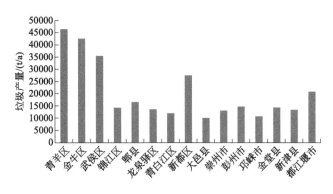

图 2-20 成都市餐厨垃圾年产量分布（2010 年）

由图 2-21 可知，成都市餐厨垃圾的主要来源仍是餐饮企业，其餐厨垃圾产量占总量的 54%，农贸市场产生的餐厨垃圾占 39%，这可能是因为成都人饮食精致、喜食火锅、居民买菜量较大，餐饮企业大量采购导致了农贸市场的餐厨垃圾产量较高。单位食堂的餐厨垃圾产量最低，约为 7%。

由图 2-22 可知，成都市餐厨垃圾的年增长率较快，成都市住宿餐饮业产值年增长率基本恒定在 20% 左右。随着住宿餐饮业产值的增长，餐厨垃圾的产量将逐年升高，根据成都市往年住宿餐饮业产值的增长率可以估计，到 2020 年全成都市餐厨垃圾日产量将达到 7245t。

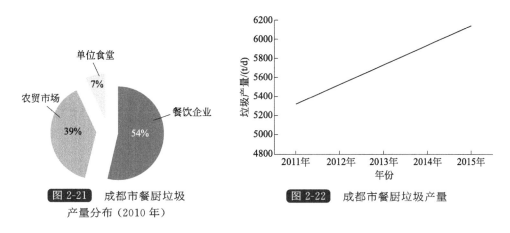

图 2-21 成都市餐厨垃圾产量分布（2010 年）　　**图 2-22** 成都市餐厨垃圾产量

（6）杭州

杭州位于长江三角洲南沿地区，物产丰富，素有"鱼米之乡"之称，全市常住人口901.8 万人，市区餐厨垃圾日产量 700t 左右，其中餐饮业和学校、企事业单位食堂产生比例达到 99% 以上。从图 2-23 和图 2-24 中可以推算出，杭州市 2012 年餐厨垃圾产量达到383250t/a，其中餐饮业所产生的餐厨垃圾产量为 236388.6t/a，占总量的 61.68%；其次，学校食堂、单位食堂产生的餐厨垃圾分别为 73354.05t/a、72817.5t/a，各占总量的 19%。同时，由于杭州旅游业的发达，使得杭州餐饮业所产生的餐厨垃圾每年都会以较大比例增长[15]。

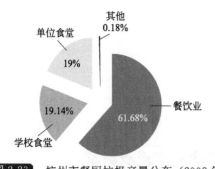

图 2-23　杭州市餐厨垃圾产量分布（2008 年）

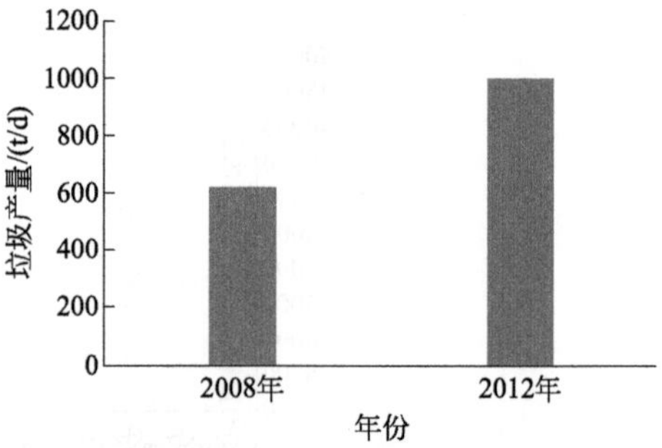

图 2-24　杭州市餐厨垃圾产量

（7）青岛

青岛市是我国北方开放较早的城市，经济的飞速增长带动了餐饮业的发展，餐厨垃圾的产量也随之增长。据统计，青岛日餐厨垃圾产生量约 600t，其中大部分来自于餐饮企业，不同餐饮企业的餐厨垃圾日产生量近似成正态分布，日产垃圾 100kg 的餐饮店数量最多，占 36％。图 2-25 为不同产量的餐饮店个数占整体的百分比[17]。

据不完全统计，青岛市内四区餐饮店数量约为 5000 家，其中餐饮个业饭店 200 余家，中型饭店 1100 余家、小型饭店 3300 余家。从图 2-26 中可知，饭店产生的餐厨垃圾最多，约 150t/d，中型餐饮企业产生量约 138t/d，分别占餐饮业产生餐厨垃圾总量的 40％ 和 38％，大型餐饮企业产生的餐厨垃圾量约 33t/d，占总量的 12％，食堂产生的餐厨垃圾量最少，约 26t/d，占总量的 10％，这与到各餐饮店就餐人群的经济收入水平及数量相一致。

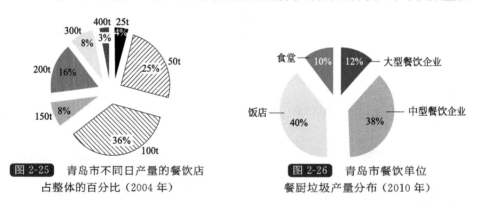

图 2-25　青岛市不同日产量的餐饮店
占整体的百分比（2004 年）

图 2-26　青岛市餐饮单位
餐厨垃圾产量分布（2010 年）

（8）沈阳

沈阳位于中国东北地区南部，全市常住人口 829.1 万人，餐饮业发达，全市餐饮网点众多，餐饮业餐厨垃圾日产量约为 470t，年产量约为 1.7×10^5 t。调查表明，沈阳市高档餐厅餐厨垃圾产生量约 205.49t/d，占餐饮单位餐厨垃圾总产量的 44％，普通餐厅餐厨垃圾日产量约 164.68t/d，占餐饮单位餐厨垃圾总产量的 35％，小吃部餐厨垃圾产量约为 98.72t/d，占餐饮单位餐厨垃圾总产量的 21％。因高档餐厅普遍存在着食物浪费的现象，随着人群收入的变化，如图 2-27 所

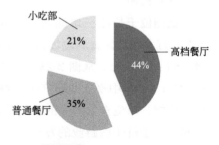

图 2-27　沈阳市餐饮单位
餐厨垃圾产量分布（2010 年）

示，沈阳市餐饮业餐厨垃圾单位日均产生量顺序为高档餐厅＞普通餐厅＞小吃部，由于北方人的饮食特点，餐厨垃圾日均产量季节性变化不明显，节假日产量明显高于日常。

由于沈阳各个区的特点是铁西区快餐小吃部数量最多，沈河区的高档餐厅数量最多，和平区的普通餐厅数量最多。因而可以估计沈阳市餐厨垃圾产量最高的应为沈河区，其次为和平区，铁西区餐厨垃圾产量最少。随着经济的发展，沈阳人民的生活水平不断提高，餐厨垃圾产量也将不断提高。

（9）西安

西安位于我国西北部，2012 年全西安市常住人口为 851.34 万人。按照《餐厨垃圾处理技术规范》第 5.2.2 条规定进行估算，西安市餐饮垃圾日产量约为 898t。其中，城区（新城、碑林、莲湖、灞桥、未央、雁塔）日产生量约 475t；郊区县（阎良、临潼、长安、周至、蓝田）日产生量约 423t。依据西安生活垃圾组分监测数据，厨余垃圾约占生活垃圾总量的 40％。目前西安日产生活垃圾 7000t 以上（其中主城区日产量约 6700t），据此估算全市厨余垃圾日产量约为 2800t[19]。

经过调查，西安餐饮垃圾组分如表 2-5 和表 2-6 所列。

表 2-5 西安市餐饮垃圾组成比例（2003 年）

餐饮业类型	以主食垃圾为主	以剩菜为主
大型	40％	60％
中型	7.8％	92.2％
小型	56.7％	43.3％

表 2-6 西安市餐饮垃圾成分分析（2003 年）

平均含水率	平均含固率 TS	有机干物质	含油率	粗蛋白	盐分	总含碳量	碳氢比	有机酸
87％	13％	93％	17％	15～100g/kg	0.2％～1.0％	360g/kg	15	1500mg/L

1）西安市餐饮垃圾主要流向渠道

西安市尚未对餐饮垃圾的产生、收集、运输、处置进行统一的规范化管理。餐饮垃圾主要流向有以下 4 种渠道。

① 由城乡接合部的养殖户收购直接用于养殖。一般由养殖户雇佣农用车到宾馆、饭店挨户收集，每日一次或隔日一次，收运回来的餐饮垃圾除用来直接养殖外，剩余部分被随意倾倒在渠道里、道路旁等处。

② 提炼"地沟油"。餐饮垃圾中的废弃食用油脂被不法收购后，经过简单提炼加工成劣质油脂，再以非法方式出售重新流入市场。

③ 部分小餐馆、饮食摊点等餐饮单位将餐厨垃圾直接倒于下水管井、阴沟或路边等处，餐厨垃圾进入下水道后，极易堵塞城市下水管网，并增加城市污水处理厂负担。

④ 早餐、夜市等大排档及部分小餐馆为图省事，他们将餐厨垃圾与生活垃圾混合，进入生活垃圾收运系统。

2）我国餐厨垃圾的主要特性

① 含水率高。北方地区餐厨垃圾的含水率普遍高于 70％，南方则高于 80％，使得我国的餐厨垃圾一般呈黏稠状流体，热值较低，清运处理的难度较大。

② 普遍呈酸性。由于我国的饮食习惯导致我国餐厨垃圾的 pH 呈酸性,易于腐烂变质。

③ 餐厨垃圾干物质中有机物含量高 由于我国饮食习惯和烹调方法等原因,特别是重庆等地区,餐厨垃圾中的油脂含量很大,这给非法提炼垃圾油带来了便利,增大了餐厨垃圾资源化处理的难度。

④ 营养元素丰富 为生物处理提供了有利条件,富含氮、磷、钾等重要营养元素,但含盐量较大,直接填埋可能会造成土壤污染。

⑤ 成分简单 相比于其他垃圾餐厨成分简单,重金属等含量微少[20]。

由于各种各样的原因,我国各个地区的餐厨垃圾成分略有不同,各具特点。北京市是我国政治文化中心,人口数量大,经济繁荣、餐饮旅游业发达,使得北京地区的餐厨垃圾产生量非常巨大;上海由于经济发达,地理位置的特殊性,使得上海每年的人口都在上升,餐厨垃圾的总量也逐年增长;广州是我国饮食文化最为丰富的地方,餐厨垃圾总量巨大并且类型丰富;重庆是西南地区的典型城市,其餐厨垃圾具有油脂量大的特点;青岛是沿海城市的代表,由于靠海,其餐厨垃圾盐分含量较大;西安由于气候干燥,人口数量较大,餐厨垃圾总量也较大,且具有代表性。

总的来说,我国各大城市随着经济和人口的增长,餐厨垃圾也在不断上升,与发达国家相比,目前我国的餐厨垃圾处理能力严重滞后,很多餐厨垃圾未被有效利用而造成了严重的环境污染和资源浪费。所以,如何安全有效的处理餐厨垃圾成为我国各大城市发展的首要问题[21]。

2.3.2 我国城市餐厨垃圾资源的分布特征

改革开放以来,我国经济总量不断增长,人民生活水平不断提高,伴随而来的是餐厨垃圾的不断增长。我国由于地理位置的特殊和人口因素,从南到北,从东到西,各个地方的饮食文化也都不同,这就使得我国餐厨垃圾的分布特征也较为复杂。

(1) 北京

作为我国的首都,进入 21 世纪,北京市常住人口规模进入高速增长时期。2014 年年底,全市常住人口达到 2151.6 万人。目前,北京市人均日产生活垃圾 1kg、全市日产生活垃圾 2×10^4 t、日产餐厨垃圾 2000t,随着人口增长等原因,生活垃圾产量还在以每年 3.6% 的速度增长。而其中的餐厨垃圾问题更是重中之重。根据最新的统计估算结果,北京城市餐厨垃圾产量为 2524t/d,是城市生活垃圾中一种特殊的、长期占据超过 10% 比重的垃圾。

北京市餐厨垃圾的主要来源是遍布全市的餐饮业、食堂等 6.5 万个餐饮服务单位。如图 2-28 显示,不同餐饮服务单位人均餐厨垃圾产生量不同,但是根据就餐人次与常住人口之比的就餐系数,以及就餐人口人均餐厨垃圾产生量,我国城市餐厨垃圾产品平均值为 0.1kg/(人·d),结合北京市常住人口数量以及旅游出差等暂驻人口,北京城市餐厨垃圾日产量约为 2524t,且处于持续增长阶段。据北京市政市容管理委员会测算,2015 年北京城市餐厨垃圾日产生量达到 2650t。餐厨垃圾已经成为北京城市生活垃圾重要组成部分之一。

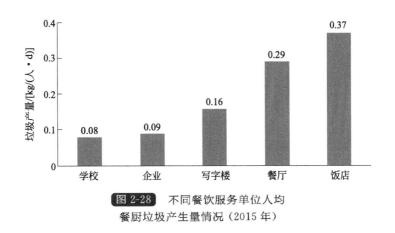

图 2-28　不同餐饮服务单位人均
餐厨垃圾产生量情况（2015 年）

（2）广州

广州市是中国南部的中心城市，同时也是我国城市人口超过 200 万的特大城市之一。随着经济的不断发展，广州市的人口呈现迅猛增长之势，加之餐饮业非常发达，所以餐厨垃圾增长速度也非常快。对于广州市而言，餐饮业和单位食堂是产生餐厨垃圾的主要地方。广州人饮食习惯和国内其他地方有显著区别，无论单位、家庭还是个人，均习惯于在外就餐[22]。根据统计，仅广州市主城区 20000 多家酒店、饭馆、大排档的日产餐厨垃圾就多达 1000 余吨。如果算上家庭产生的餐厨垃圾，保守估计也得 3000t 以上，明显高于全国平均数。随着该市餐饮业的发展，餐厨垃圾量还会增多，如果处理不当，会给广州市市容环境带来极大的压力。生活食物及餐厨垃圾的大量产生，同时还带来极大的食品资源浪费。广州人口众多，每年人口以 12％ 的速度增长。一方面是食品紧缺带来的生存危机，而另一方面由于不良的饮食消费习惯和一些陈规陋习，致使每天产生大量的剩菜剩饭，这一系列不利因素都加速了广州市餐厨垃圾的增长量，使得餐厨垃圾成为一个越来越棘手的问题。

（3）杭州

杭州位于长江三角洲地区，经济高速发展，而且旅游业高度发达，自古就有"鱼米之乡"的美称，人民生活富裕，消费水平较高。随着杭州市经济和人口的增长，餐厨垃圾增长速度也越来越快。杭州的餐饮业以"杭帮菜"发展至全国，每年新增餐饮业的幅度都在 2 位数以上。2007 年杭州市餐饮消费额达到 143.06 亿元，2008 年达到 176.42 亿元，以餐桌的浪费数额平均值 10％ 计算，杭州 1 年的餐桌浪费就达 10 多亿元，仅杭州的 200 多家星级以上饭店每天就要倒掉 20 多吨饭菜。杭州市环境卫生科学研究所调查研究结果表明：2012 年，杭州市餐厨垃圾平均日产生量在 1100t 以上。从行业类别上来看，宾馆产量为 148t，占 13％；餐饮业产量 613t，占 56％；企事业单位 219t，占 19％；学校 130t，占 12％。从地区分布上来看，中心城区每天产生量约为 880t，占 80％；郊区地区每天产生量约为 220t，占 20％。因此，中心城区的餐饮业是杭州市餐厨垃圾的主要来源，而且餐厨垃圾的总量还在不断增长。

（4）重庆

重庆是中国中西部内陆地区唯一的直辖市，经济发达，餐饮业十分繁荣，这就使得重庆的餐厨垃圾数量十分庞大，并且由于重庆人特殊的饮食文化及饮食习惯，使得该市餐厨垃圾处理的结构具有特殊性。目前，重庆市主城区每天产生餐厨垃圾1600t，主要来源于主城区的餐饮业，少部分来源于居民。由于重庆人的烹饪方法中加入了大量的油，导致重庆市餐厨垃圾油脂含量达90%以上，且有机物含量高，热量偏高。因此在高温条件下，很容易腐烂变质，产生臭味。并且川渝菜系烹调油和盐用量最多，导致重庆市餐厨垃圾中蛋白质和钠的含量较高。而重庆市民普遍青睐于在夜间吃火锅、烧烤、"夜啤酒"，导致重庆夜间的小吃是餐厨垃圾重要来源。因此总体上说，重庆市相比于其他城市餐厨垃圾成分的主要特点为油脂含量高、有机物含量高、热量偏高、蛋白质和钠的含量较高，夜间排放量大且主要集中于餐饮行业。

（5）成都

成都市区常住人口269.4万人，流动人口120万人，2009年成都市餐厨垃圾的平均产量已达498t/d。根据成都市餐厨垃圾产量调查结果显示，成都市主城区餐饮企业、食堂、菜市场等公共餐饮服务部门产生的餐厨垃圾成分分析如表2-7所列。成都餐厨垃圾的含水量、有机物和油脂成分相比其他城市都较高；水分占垃圾总量的88%，菜市场因多为生菜、下脚类蔬菜、废弃菜叶等，水分含量最高，达到91%；有机物含量占餐厨垃圾总量的7%；油脂含量占餐厨垃圾总量的3%左右，其中由于成都人的饮食特点是喜欢麻辣火锅，火锅店的油脂含量高达11%，菜市场的餐厨垃圾中无油脂成分。另外还有少量的纸类、塑料橡胶、木竹、骨类，约占垃圾总量的3%[23]。

表2-7　成都市餐饮垃圾成分分析表（2009年）

	来源	火锅店	菜市场	餐厅食堂	平均值
物理成分	水分/%	76.76	91.50	88.75	88.54
	有机物/%	10.75	5.17	6.75	6.85
	纸类/%	0.05	0.25	0.22	0.21
	金属/%	—		0.01	0.01
	塑料/橡胶/%	0.01		0.1	0.06
	木竹/%	0.01	—	0.01	0.01
	骨类/%	0.72	3.08	2.15	2.34
	油脂/%	11.71	—	2.01	2.26
物理性质	容重/(kg/m³)	968	1064	922	977.72
	含水率/%	76.76	91.50	88.75	88.54
	总固体含量/%	11.53	8.50	9.24	9.20

国内餐厨垃圾分布较广，而且每个城市的餐厨垃圾量都十分巨大且呈上升趋势，但是国内对于餐厨垃圾的研究和相关技术还是较少，相比发达国家餐厨垃圾的无害化、可回收

处理，我国的餐厨垃圾处理还有很长的路要走。通过列举国内一些典型城市餐厨垃圾的分布，我们可以得知国内的餐厨垃圾一般是产生于企事业单位、学校、农贸市场、超市以及餐饮服务行业，这些是城市生活垃圾的重要组成部分。近年来随着我国经济迅速发展，城市规模的不断扩大，饮食业也快速地发展起来，2016年我国餐饮业营业额达到了3.5万亿元，迅猛发展的餐饮业导致餐厨垃圾产生量迅速增长[24]。另外食物浪费现象严重，特别在一些重大场合，例如婚宴，铺张浪费的风气十分严重，如此一来餐厨垃圾的产生量越来越大。据统计显示，2009年全国城镇餐饮业销售额约为1.8万亿元，如果按照一次餐饮活动的剩菜比例为1/4～1/3推算，我国餐饮业每年有上千亿元的销售额变成了"垃圾"[25]。以北京、上海为例，北京城市垃圾中有机废物占65%，其中餐厨垃圾占39%；上海市日均餐厨垃圾产生量约为1000～1200t。其他城市的餐厨垃圾产生量也是越来越接近这些一线城市。餐厨垃圾作为城市生活垃圾的重要组成部分，一直以来都是一种被忽视和浪费的资源。随着科技的不断进步和演变，我们有理由相信，通过资源化的处理手段，可以稳定安全地实现餐厨垃圾变废为宝。

参 考 文 献

[1] 李秀金.我国餐厨垃圾收集、处理利用现状与未来发展[R].环境卫生工程，2012.

[2] 孙向军，冯蒂，吴冰思，等.上海市泔脚垃圾的处理及管理[J].环境卫生工程，2002，10(3)：130-132.

[3] 王星，王德汉，张玉帅，等.国内外餐厨垃圾的生物处理及资源化技术进展[J].环境卫生工程，2005，13(2)：25-29.

[4] 曾彩明，李娴，陈沛全，邓耀明.餐厨垃圾管理和处理方法探析[J].环境科学与管理，2010.11.

[5] 胡新军，张敏，余俊锋，等.中国餐厨垃圾处理的现状、问题和对策[J].生态学报，2012；7.

[6] 董卫江，李彦富.北京市餐厨垃圾管理工作进展及对策探讨[J].中国资源综合利用，2012，(8)：30-32.

[7] 李志.上海市餐厨垃圾管理现状及对策研究[J].上海环境科学，2009；1.

[8] 张保霞，付婉霞.北京市餐厨垃圾产生量调查分析[J].环境科学与技术，2010(S2)：651-654.

[9] 赵莹，程桂石，董长青.垃圾能源化利用与管理[M].上海：科学技术出版社，2013：55-64.

[10] 夏旻，毕珠洁，张瑞娜，等.上海市餐厨垃圾理化特性及资源化预处理对策研究[J].环境卫生工程，2013，21(6)：1-6.

[11] 夏越青，周迎艳.上海市餐厨垃圾的管理[J].环境卫生工程，2003(1)：44-46.

[12] 徐福华，黄利华.上海餐厨垃圾的资源化利用[J].中国环保产业，2004，4：39-40.

[13] 沈超青.广州市餐厨垃圾的资源化利用研究[D].广州：华南理工大学，2013.

[14] 严太龙，石英国.国内外厨余垃圾现状及处理技术[J].城市管理与科技，2004，6(4)：165-166.

[15] 孙营军.杭州市餐厨垃圾现状调查及其厌氧沼气发酵可行性研究[D].杭州：浙江大学，2008.

[16] 尹强.重庆市餐厨垃圾收运现状分析及对策研究[J].三峡环境与生态，2012，34(196)：10-13.

[17] 张振华，汪华林，等.厨余垃圾的现状及其处理技术综述[J].再生资源研究，2007(5)：31-34.

[18] 孟勤.成都市餐厨垃圾处置方式优化选择研究[D].成都：西南交通大学，2010.

[19] 张宪生，沈吉敏，厉伟，等.城市生活垃圾处理处置现状分析[J].安全与环境学报，2003，3(4)：60-64.

[20] 王向会，李广魏，孟虹，等.国内外餐厨垃圾处理状况概述[J].环境卫生工程，2005，13(2)：42-45.

[21] 许树龙.厨房的垃圾分类和厨内的垃圾处理机[J].家饰，2002(3)：140-141.

[22] Liu M. Hazards exploration on livestock breeding and feed processing of food waste. Gansu Farming，2006，(11)：164-164.

[23] Chen H，Pu G X. Analysis on the management system of Korean Urban living wastes. The Contemporary World，2010，(11)：57-59.

[24] Kim D H，Kim S H，Shin H S. Hydrogen fermentation of food waste without inoculum addition. Enzyme and

Microbial Technology，2009，45(3)：181-187.

[25] Chu C F，Li Y Y，Xu K Q，Ebie Y，Inamori Y，Kong H N. A p H-and temperature-phased two-stage process for hydrogen and methane production from food waste. International Journal of Hydrogen Energy，2008，33(18)：4739-4746.

第 3 章
餐厨垃圾预处理技术简介

◀◀◀◁◁◁◁

3.1 概述

由于我国餐厨垃圾组分复杂，含水率高达 80%～90%[1~4]，油脂含量也达到了 1.5%～3%，黏度大，且含有大量的杂质，如塑料瓶、酒瓶、易拉罐、抹布等，特性和数量难以预见，有机质分离困难，对规模化处理产生了一定的技术困难。因此，预处理技术在我国餐厨垃圾无害化处理过程中显得非常重要[5]。为更好地利用餐厨垃圾资源，提高垃圾再利用效率，走可持续发展的道路，就必须对餐厨垃圾进行预处理。目前预处理设备的建设主要有以下两类：预处理设施作为餐厨垃圾集中处理设施的预处理单元，优势在于分散建设，一个集中处理厂可以根据不同的处理技术有针对性地配置多个预处理设施，经预处理后的餐厨垃圾，可以直接作为原料进行资源化利用。另一种则作为单独运营的餐厨垃圾处理设施，优势在于减量化明显，回收的废油和厨泥作为一种原料商品提供给生物柴油厂、堆肥厂、蛋白饲料厂或者以回收沼气为目的的沼气工程设施[6,7]。

目前国内餐厨垃圾主要以生物技术处理[8]为主，在生物技术厌氧消化过程中，发酵底物的理化性质对发酵效率、发酵时间、产沼气质量等有较大的影响。而餐厨垃圾含有一定量的杂质，为了满足后续生物技术处理工艺的生产要求，应根据餐厨垃圾成分对其进行预处理去除杂质[4]。

3.2 预分选技术及设备

分选是餐厨垃圾预处理[9]的重要环节，其目的是将餐厨垃圾中的塑料袋、木块、玻璃和金属等不可降解物或对后续处理工艺产生不良影响的物质预先分离出来。餐厨垃圾分选可分为人工分选和机械分选两种。人工分选[10]一般在传送带的运动方向上设置工位，利用人力识别并把可回收物或不利于后续处理的物料从传送带上取出，实现垃圾组分的分离。人工分选对环境的要求高，而且处理效率较低。机械分选是利用不同垃圾组分有不同的物性，如物质的密度、粒度、磁性、弹性、光电性、摩擦性以及表面润湿性的差异等，从而可以采用风力、水力、机械力、电磁力等实现对不同垃圾组分的分离。在机械分选技术中，以采用粒度、密度等物理性质差别为基础进行分选的技术为主，以采用电学、磁学和光学等性能差别为基础进行分选的技术为辅。机械分选的效率高，处理量大，但往往也达不到非常理想的效果，所以，大规模的城市生活及餐厨垃圾处理都采用人工分选和机械分选相结合的处理方法[11]。

3.2.1　破袋

为了保持运输过程中的清洁卫生，一般要求将垃圾装在具有较大容积和较高强度的塑料袋中，这些垃圾进入预处理工厂后，首先要进行破袋处理。其主要作用是将袋装的厨余垃圾破碎，使垃圾散落出来，便于后续的分选处理，同时对尺寸较大的餐厨垃圾进行破碎。图 3-1 是一种破袋机的原理，其具体工作过程是：垃圾送入破袋筛分机内，在旋转筛筒刮板和螺旋刮板差动转动下对物料进行剪切，同样在刮板作用下对塑料、编织袋等软性物料进行撕裂，垃圾袋割破，放出垃圾从下部排出。破袋机根据处理量大小可以设计成两个或多个滚筒，主要参数有刀片的角度、长度、材料强度和滚筒之间的距离。破袋机有颚式和剪切式两种，通过定刀和动刀的特色设计可将各种袋装垃圾瞬间破开，不缠绕、不挂料。给料机将垃圾均匀给料，进入破袋机的垃圾立即被带到刀库之间。由于刀体在做旋转运动，因此可以把袋装垃圾破开，达到垃圾与塑料袋分离的目的。当刀库过载或进入大型不可处理的垃圾时，电气控制系统将停机，然后反转将其排出机外[12]。

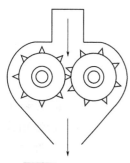

图 3-1　破袋机的原理（图片来源：环卫科技网）

3.2.2　脱水

餐厨垃圾脱水可以采用机械脱水、热力烘干和堆肥等方法。餐厨垃圾可以采用机械脱水预处理方法，该方法一般与分选、破碎同步进行，首先通过设备滚压、剪切或螺旋压榨等方法破碎，沥除水分后再经高速离心机进行高效率的深度脱水，优点在于不仅快捷且脱水率也很高。研究表明，脱水后的餐厨垃圾含水率可以降到 20％以下。根据原有含水量的不同，热值可提高 50％～250％，有利于后续餐厨垃圾的分选、焚烧或者堆肥技术的应用处理。热力烘干预处理方法能够去除垃圾中的游离水。

脱水设备主要是通过离心、振动等原理降低物料中的水分。按照物料的粒度可分为粗颗粒脱水设备、细颗粒脱水设备两大类。餐厨垃圾处理用的属于粗颗粒脱水设备，常用的粗颗粒脱水设备有螺旋挤压脱水机、离心脱水机、电加热烘干机、微波加热脱水机（见图 3-2）等[13]。

3.2.3　人工分选

人工分选是利用人力把尺寸较大的皮革、织物和无机废物从垃圾中挑选出来，以防止

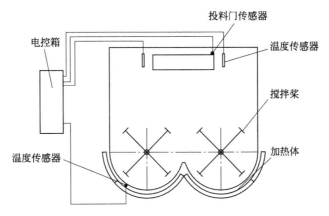

投料门传感器

电控箱

温度传感器

搅拌桨

加热体

温度传感器

图 3-2 微波加热脱水机（图片来源：环卫科技网）

进入后续分选设备，造成堵塞、缠绕现象。人工分选的位置一般集中在垃圾输送带两旁，可对一些不需进一步加工即可回用的物品进行直接回收，同时还可消除可能对后续处理系统产生事故的固体废物。对于餐厨垃圾来说，需要人工分选出来的物品主要是塑料瓶、酒瓶、易拉罐、抹布等易与塑料袋分离的物品。人工分选可根据现场需要确定分选人数，一般传送带设 4～16 人的人工分选工位，如图 3-3 所示。人工分选后的垃圾以有机食物残渣为主。

图 3-3 人工分选（图片来源：http：//www.foodjx.com/news/detail/106353.html）

3.2.4 筛选

筛选是利用筛面将大于筛孔尺寸的物料留在筛面上，而小于筛孔尺寸的物料透过筛面来实现粗细物料的分离。当筛选设备运行时，筛面与物料之间保持适当的相对运动，使堵在筛孔的物料脱离筛孔，同时松散的流动物料由于小颗粒容易沉降而大颗粒上浮实现分层，大颗粒位于上层，小颗粒位于下层，规则排列透过筛面。粒径小于 3/4 筛孔尺寸的物料容易通过筛面成为"易筛粒"，大于 3/4 筛孔尺寸的物料难通过筛面称为"难筛粒"。理论上说，小于筛孔的物料颗粒都可以透过筛面，但在筛选垃圾时，由于垃圾周围有塑料等缠绕物，垃圾过筛粒径比筛面筛孔直径要小。另外，由于小于筛孔尺寸的部分颗粒夹杂在大颗粒物料中而不能透过筛面，未透过的小于筛孔直径的颗粒越多，筛分效果就越差。筛选设备的筛分效率由式（3-1）计算。

$$E = \frac{Q_1}{\dfrac{Q\alpha}{100}} \times 100\% = \frac{Q_1}{Q\alpha} \times 10^4\% \qquad (3-1)$$

式中　E——筛分效率，%；

　　　Q——入筛垃圾质量；

Q_1——筛下产品质量；

α——入筛垃圾中小于筛孔的细粒含量，％。

常见的筛面有棒条筛面、钢板冲孔筛面和钢丝编制筛网面3种。其中棒条筛面的有效面积小，筛分效率低，钢丝编织筛网面的有效面积大，筛分效率高，钢板冲孔筛网面介于二者之间。

筛面宽度影响筛子的处理能力，筛面宽的筛子处理能力大，筛面窄的筛子处理能力小。筛面长度和倾角影响筛分的时间，筛面长和倾角小对应的筛分时间长，筛分效率较高，筛面短和倾角大对应的筛分时间短，筛分效率相对低。一般来说，筛面的长宽比取$(1:2.5)\sim(1:3)$，合适的倾角为$15°\sim25°$。根据筛子的运动方式，筛选设备可以分为固定筛、滚筒筛和共振筛等。

1）固定筛　固定筛一般有平行排列的棒条组成，结构简单，运行不消耗动力，维修方便，在固废处理中应用广泛。

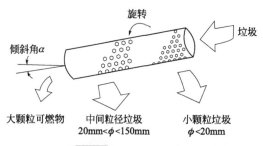

图 3-4　滚筒筛装置图

2）滚筒筛　滚筒筛是利用做回转运动的筒形筛体将固体废物按粒度进行分级，其筛面一般为编织网或打孔薄板，工作时筒形筛体倾斜安装如图 3-4 所示。进入滚筒筛内的固体废物随筛体的转动做螺旋状的翻动，且向出料口方向移动，在重力作用下，粒度小于筛孔的固体废物透过筛孔而被筛下，大于筛孔的固体废物则在筛体底端排出。滚筒筛能将砂石等黏附在瓜果皮壳、塑料和包装物中的细小杂质去除，且滚筒筛在筛选过程中对餐厨垃圾有一定的破碎作用。滚筒筛在筛分餐厨垃圾时一般设有分级的滚动筛并装有转速不同的刮板，分别由各自的传动机构带动。经过调湿的垃圾通过刮板的冲击由不同的筛网筛出。滚筒筛系统可以将90％左右的玻璃、陶土和厨余分离出来，并分离出80％左右的塑料和全部的金属以及60％左右的纸张，更软的、更硬的纸张分别随厨余或塑料薄膜等分离出来。分选后可热解的物质经剪切和滚压破碎，使其粒径为3～9mm，送入槽内备用，为垃圾热解提供优质原料。

3）共振筛　共振筛在筑路、建筑、化工、冶金和植物加工等部门得到广泛应用，如图 3-5 所示。共振筛的特点是振动方向与筛面垂直或近似垂直，振动次数为600～3600r/min，振幅为0.5～1.5mm。物料在筛面上发生离析，密度大而粒度小的物料颗粒将钻过密度小而粒度大的物料颗粒的空隙，进入下层达到筛面，进而通过筛孔达到分选的目的。许多学者的研究结果表明，共振筛的倾角一般控制在8°～40°之间，这是因为倾角太小垃圾物料移动速度缓慢，单位时间内出料较少，难以满足处理量的要求；倾角太大时垃圾物料在筛面上移动过快，物料还未充分透筛即排出筛体，难以达到分选效果的要求。振动筛由于筛面强烈振动，消除了堵塞筛孔的现象，有利于湿物料的筛分，这一点非常符合餐厨垃圾含水率较高的特点。有时为了在一次筛分过程中满足不同筛分要求，可将共振筛设计成多级筛分系统，即一台共振筛有多个筛面，每个筛面的孔径不一样，由上至下递减以满足不同分选要求。

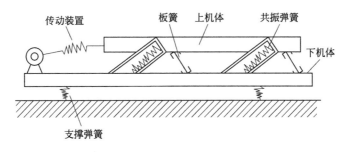

图 3-5 共振筛装置图

3.2.5 重介质筛选

重介质是在水中加入另一种密度较大的均匀固体微粒形成的一种分选介质，高密度的固体颗粒起着加重水密度的作用，称为加重质。加重质常常选磁性介质（如硅铁和磁铁矿），它的粒径小于 200 目，容积浓度为 10%～15%。加重质一般要求黏度低、化学稳定性好、无毒、无腐蚀、容易回收和再生。

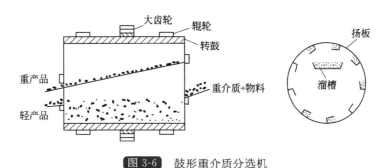

图 3-6 鼓形重介质分选机

鼓形重介质分选机如图 3-6 所示。它的水平鼓形筒体一般有 4 个辊轮支撑，旋转通过筒体外的大齿轮传动，速度约 2r/min。工作时，废弃物和加重质从筒体的一端进入，密度大于加重质的废弃物下沉于槽底，由扬板提升至筒体的最高处，然后在重力的作用下落入溜槽内，最后排出槽外成为重产物；密度小于加重质的废弃物浮于加重质表面。随着加重质流从溢流口流出成为轻物质，从而实现轻重废弃物分离。该分选法适合分离粒度较粗（40～60mm）的固体废弃物，动力消耗低，缺点是物量的调节较困难。

3.2.6 风力分选

风力分选是以空气为分选介质的一种分选方式，也称为风选，其作用是将轻物料从较重物料中分离出来。气流分选的原理是气流将较轻的物料向上或在水平方向带向较远的位置，而重物料则由于向上气流不能支承它而沉降，或是由于重物料的足够惯性而不会剧烈改变方向，安全穿过气流沉降。

风力分选主要是利用风力按照垃圾的密度和粒度分选垃圾的一种方法。由于分选气流的马赫数＜0.3，气体可以按不可压缩处理，同时由于空气密度很小，可以忽略空气对颗粒的浮力。

颗粒的重力为：

$$G = mg = \frac{1}{6}\pi d^3 \rho_s g \qquad (3-2)$$

式中　　m——颗粒质量，kg；

　　　　d——颗粒直径，m；

　　　　ρ_s——颗粒密度，kg/m³；

　　　　g——重力加速度，m/s²。

运动颗粒受到气体的阻力为：

$$R = \varphi d^2 \mu^2 \rho \qquad (3-3)$$

式中　　φ——阻力系数；

　　　　d——颗粒直径，m；

　　　　ρ——空气的密度，kg/m³；

　　　　μ——气流速度，m/s。

则重力等于阻力时对应垃圾颗粒在空气中的沉降速度为：

$$v_0 = \sqrt{\frac{\pi d \rho_s g}{6\delta v}} \qquad (3-4)$$

对于上升气流 μ 来说，颗粒下降速度等于颗粒的沉降速度减去气体速度，即：

$$v_0' = v_0 - \mu \qquad (3-5)$$

当颗粒沉降速度等于气体速度，则颗粒悬浮在流动气体中位置不变；当颗粒沉降速度大于气体速度时，颗粒下沉；当颗粒沉降速度小于气流速度时，颗粒被气流带出。

颗粒群的沉降速度为：

$$v_{hs} = v_0(1-\lambda)^n \qquad (3-6)$$

式中　　λ——物料的容积浓度；

　　　　n——与物料的粒径和状态有关，取值多介于 2.33～4.56。

颗粒群开始松散和悬浮时的最小上升气流速度为：

$$u_{min} = 0.125 v_0 \qquad (3-7)$$

当两颗粒的沉降速度相等时，则两颗粒的粒径和密度成反比，密度小的粒径与密度大的粒径之比称为等降比，用公式表示为：

$$e = \frac{d_1}{d_2} = \frac{\varphi_1 \rho_{s2}}{\varphi_2 \rho_{s1}} \qquad (3-8)$$

即等降比与阻力系数有关，等降比随密度差 $\rho_{s2} - \rho_{s1}$ 的增大而增大。

对于水平气流来说，颗粒在曳引力和重力作用下做抛物线运动，运动方向与水平面的倾角为：

$$\tan\alpha = \frac{G}{R} = \frac{\pi d \rho_s g}{6\varphi u^2 \rho} \qquad (3-9)$$

颗粒的沉降速度大，倾角大，落点近；颗粒的沉降速度小，倾角小，落点远。

当垃圾的密度相同时，粒度大的颗粒沉降速度大，对于上升气流，它容易沉降，对于水平气流，它落点近；粒度小的颗粒沉降速度小，对于上升气流，它容易被悬浮和带出，对于水平气流，它落点远。从而实现垃圾按密度大小的分离。垃圾按密度分离，粒度分布越窄、越均匀，它的分选效率越高。

按气流吹入分选设备的方向不同，气流分选设备可分为两种类型：水平气流分选机（又称为卧式风力分选机）和上升气流分选机（又称为立式风力分选机）。研究表明，要使物料在分选机内达到较好的分选效果，就要使气流在分选筒内产生湍流和剪切力，从而把物料团块进行分散，有利于各物料的分选。

根据风机与旋流器安装的位置不同，立式风力分选机可分为三种不同的结构形式，但工作原理基本一样，如图3-7所示。经破碎后的城市生活垃圾从中部给料，在上升气流的作用下，垃圾中各组分按密度进行分离，重质组分从底部出料，轻质组分从顶部排出，通过旋风分离器进行气固分离，从而达到分选目的。

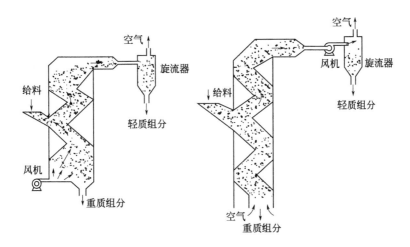

图 3-7　立式风力分选机

卧式风力分选机如图3-8所示，从侧面送风的垃圾经破碎和筛分使其粒度均匀后，定量给入分选设备内。垃圾在下降过程中，被送入的气流吹散，各种组分按不同运动轨迹分别落入重质组分、中重组分和轻质组分的收集槽内，从而达到分选目的。

此外，为了取得更好的分选效果，国外的一些专家还对立式风选机进行了改造，将其他分选手段与气流分选组合在一个设备中，如振动式气流分选机和回转式气流分选机。前者兼有振动和气流分选的作用，能够使所给的垃圾沿着一个斜面振动，较轻的物料集中于表面层由气流带走，实现分选；后者兼有滚筒筛的筛分作用和气流分选的双重作用，当滚筒筛旋转时，较轻的垃圾颗粒悬浮在气流中而被带到集料槽，较重和较小的颗粒则通过滚筒筛壁上的筛孔落入集料槽，较重的大颗粒则在滚筒筛的下端排出。

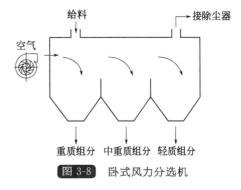

图 3-8　卧式风力分选机

3.2.7　跳汰分选

跳汰分选是在垂直变速介质流中按密度分选固体废物的一种方法，它使磨细的混合废物中，不同密度的粒子群在垂直运动介质中按密度分层，密度小的颗粒（轻质组分）群居于上层，密度大的颗粒群（重质组分）位于下层，从而实现物料分离，如图 3-9 所示。在生产过程中，原料不断地送进跳汰分选装置，轻重物质不断分离并被淘汰掉，这样可形成连续不断的跳汰过程。跳汰介质可以是水或空气，介质是水时称为水跳汰；跳汰机一般有隔膜跳汰机和无活塞跳汰机两种，如图 3-10 所示。隔膜跳汰机是由连杆机构带动橡胶隔膜做往复运动形成水流的脉冲运动，无活塞跳汰机是利用压缩空气的振荡实现水流的往复运动。

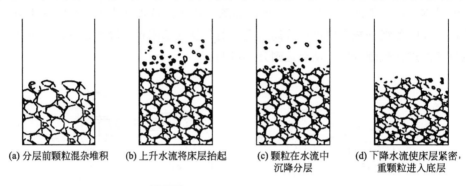

(a) 分层前颗粒混杂堆积　(b) 上升水流将床层抬起　(c) 颗粒在水流中　(d) 下降水流使床层紧密，
　　　　　　　　　　　　　　　　　　　　　　　　　沉降分层　　　　　重颗粒进入底层

图 3-9　固废在跳汰时的分层过程

3.2.8　电力分选

电力分选是利用固体废物中各种组分在高压电场中电性的差异而实现分选的一种方法。电选分离过程在电选设备中进行，如图 3-11 所示，废物颗粒在电晕-静电复合电场电选设备中的分离过程如下：废物由给料斗均匀地给入滚筒上，随着滚筒的旋转进入电晕电场区。由于电场区带有正电荷，导体和非导体颗粒都获得负电荷，导体颗粒一面荷电，一面又把电荷传给滚筒（接地电极），其放电速度快。因此，当废物颗粒随滚筒旋转离开电晕电场区而进入静电场区时，导体颗粒的剩余电荷少，而非导体颗粒则因放电较慢，致使

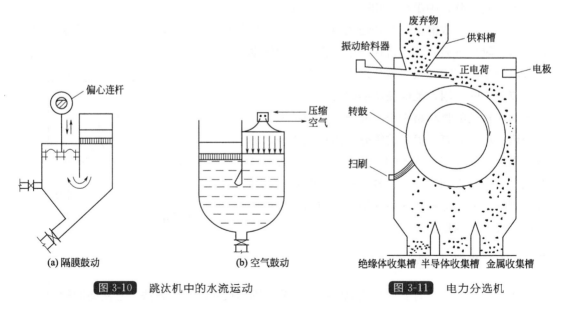

(a) 隔膜鼓动　　　　(b) 空气鼓动

图 3-10　跳汰机中的水流运动

图 3-11　电力分选机

剩余电荷多。导体颗粒进入静电场后不再继续获得负电荷，但仍继续放电，直到放完全部负电荷，并从滚筒上得到正电荷而被滚筒排斥，在电力、离心力和重力分力的综合作用下，其运动轨迹偏离滚筒而在滚筒前方落下。非导体颗粒由于有较多的剩余负电荷，将与滚筒相吸，被吸附在滚筒上，带到滚筒后方，被毛刷强制刷下。半导体颗粒的运动轨迹则介于导体和非导体颗粒之间，成为半导体产品落下，从而完成电选分离过程。

3.2.9　摩擦分选

利用废弃物各组分的摩擦系数差异分离不同组分的方法称为摩擦分选。采用摩擦分选的设备称为摩擦分选机，如图 3-12 所示。当废弃物送入运动的传送带时，其中的纤维状废物或片状废物几乎全靠滑动，摩擦力大，与传送带的跟随性好。球状颗粒有滑动、滚动和弹跳等三种运行方式，受到的摩擦力较小。当传送带倾斜布置时，安装倾角大于颗粒废物的摩擦角，小于纤维废弃物的摩擦角，纤维废弃物会随传送带向上运动，然后从带的上端排出落入纤维废物收集箱，颗粒状废弃物会沿带面下滑，最后从带的下端排出落入颗粒废弃物收集箱，如果带面有筛孔，还可以从带面下分离出细颗粒灰土。

3.2.10　浮选

浮选是在固体废物与水调制的料浆中加入浮选药剂，并通入空气形成无数细小气泡，使欲选物质颗粒黏附在气泡上，随气泡上浮于料浆表面，成为泡沫层，然后进行回收；不能上浮的颗粒仍留在料浆内进行下一步处理。固体废物浮选主要是利用欲选物质对气泡黏附的选择性，其中有些物质表面的疏水性较强，容易黏附在气泡上，而另一些物质表面亲水，不易黏附在气泡上。根据物质表面的亲水和疏水性，浮选设备一般分为浮选机和浮选柱两大类，如图 3-13 和图 3-14 所示。

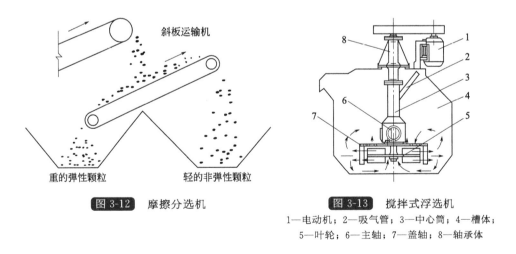

图 3-12　摩擦分选机

图 3-13　搅拌式浮选机
1—电动机；2—吸气管；3—中心筒；4—槽体；
5—叶轮；6—主轴；7—盖轴；8—轴承体

浮选机包括闪速浮选机、充气机械搅拌式浮选机、圆形离心浮选机、浮选旋流器、充填式浮选机。浮选柱有旋流-静态微泡浮选柱、自吸式充气浮选柱。

3.2.11　弹性分选

利用废弃物各组分弹性系数的差异分离不同组分的方法称为弹性分选。采用弹性分选

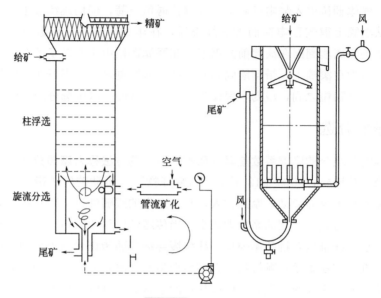

图 3-14　浮选柱

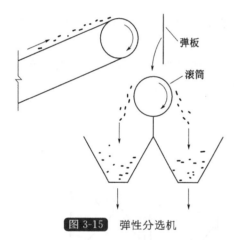

图 3-15　弹性分选机

的设备称为弹性分选机，如图 3-15 所示，弹性分选机工作时，餐厨垃圾首先由倾斜皮带运输抛出，其中较硬的物质如骨头等与回弹板和粉料滚筒产生弹性碰撞，弹性运动将其带入弹性产品收集箱，而纸巾、食物等与回弹板和分离筒体仅发生弹性碰撞，不产生弹跳运动，容易黏附于分离滚筒上，由滚筒的牵连运动带抛至非弹性产品的收集箱，从而实现弹性组合和非弹性组分的分离。

弹性分选机的主要工艺参数有：a. 旋转圆筒的转速；b. 斜槽的倾角；c. 从斜槽末端至旋转圆筒表面的落差及给料高度；d. 贴在旋转圆筒面上橡胶板的弹性度；e. 餐厨垃圾的大小、密度及形状。

从选别条件来说，粒度均匀、给料量一定时能更好地发挥力学性能，获得较高的选别效率。

3.3　破碎技术及设备

物理破碎技术[7]目的是减小餐厨垃圾的粒径，增加均匀度，为提高发酵、热分解、堆肥等处理效果和回收利用效率创造条件。破碎并不是最终处理，它只是分选后的一种重要的预处理形式。餐厨垃圾破碎的粒径可根据后续处理工艺的要求不同而有所不同，如采用湿法厌氧消化，需将餐厨垃圾破碎至较小粒径，以利于提高物料的流动性。而采用干式厌氧工艺或者好氧生物处理工艺，则无需将餐厨垃圾破碎至太小粒径，以节省运行费用。

常用的破碎技术有冲击破碎、剪切破碎、挤压破碎和摩擦破碎等。破碎设备根据主要施力可以分为冲击式破碎机、剪切式破碎机、辊式破碎机等。根据破碎机的主要特征又可分为球磨机、低温破碎机和湿式破碎机等。在餐厨垃圾处理中较为常用的是剪切式破碎机、球磨机和湿式破碎机。

① 剪切式破碎机　剪切式破碎机是利用剪切力破碎物料的机械，它主要由固定刀和可动刀组成。破碎物料时，物料由进料口进入固定刀和可动刀的刀口之间，刀口合拢，物料在受挤压的同时被剪切，比较适合将餐厨垃圾中一些较大的固体物质切断破碎。

剪切式破碎机一般有往复式和旋转式两种，分别如图3-16和图3-17所示。往复式破碎机的可动刀组和固定刀组呈 V 字形，可动刀组由6根往复刀具组成，固定刀架由7根固定刀组成，可动刀组的间距即为破碎物料的平均长度，约为30cm。工作时，处理物品由 V 字形刀口间进入，往复刀由油压缸带动，线速度很慢，但剪切力很大。旋转式剪切破碎机装有5个旋转刀和2个固定刀，一般物料倾斜进入动定刀口之间，在高速旋转的可动刀的夹持下由固定两刀口剪切破碎。

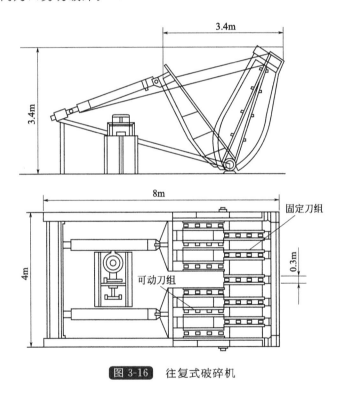

图 3-16　往复式破碎机

② 球磨机　球磨机主要是利用筒体中的球体（如金属球、金属棒或砾石）通过对物料的重砸作用进行破碎的机械。球磨机的筒体是旋转的，内壁砌有凹凸槽的衬板，球体的装载率一般为筒体有效容积的25%～45%。

球磨机的结构如图3-18所示。工作时，筒体旋转会带动球体，球体被提升到一定高度后沿抛物线下砸。物料从筒体的一端进入，在通过筒体的过程中，受到球体的冲击、研磨和碾砸作用，物料达到要求的粒径后由另一端排出。

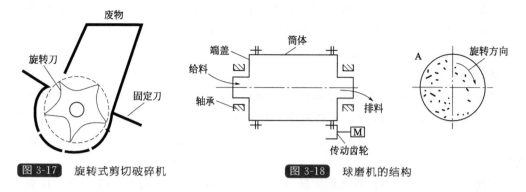

图 3-17　旋转式剪切破碎机　　　　　图 3-18　球磨机的结构

③ 湿式破碎机　湿式破碎机如图 3-19 所示。它是以水为溶剂，通过对浸泡物质的机械搅拌来破碎物质的机械。该设备的主体是一立式的旋转圆筒，转筒内装有 6 支破碎刀，筒底布置细孔板。当湿碎垃圾投入转筒内时，由于受到大水量的激流、破碎刀的切割和转筒壁的摩擦碰撞，垃圾成浆体由底部的筛孔流出，经固液分离装置分离出纸浆等杂物，污水循环使用。在下一个工序，纸浆经过洗涤、过筛分离出纤维素，剩余有机残渣脱水至50％，然后送去焚烧、堆肥等无害化处理。

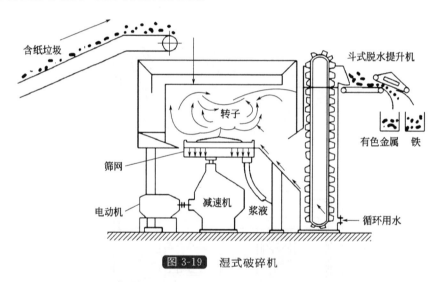

图 3-19　湿式破碎机

湿式破碎技术把垃圾变成浆液，易于处理。湿式破碎机设备噪声小，转动部件自冷却，无爆炸的危险性，处理时间短，不易滋生蚊蝇和产生恶臭。

④ 锤式破碎机　锤式破碎机是最普通的一种工业破碎设备，可分为单转子和双转子两种。单转子又可分为可逆和不可逆两种。其工作原理是：餐厨垃圾自上部给料口进入破碎机内，立即受到高速旋转的锤子的打击、冲击、剪切、研磨等作用而被破碎。图 3-20是单转子锤式破碎机示意。锤式破碎机适用于餐厨垃圾中骨头、竹筷等硬、脆性物质较多的情况。

⑤ 辊式破碎机　辊式破碎机是利用挤压力破碎物料的机械，其主要部件是滚筒。破碎物料时，物料首先由进口进入滚筒进料侧，受旋转筒的牵连运动进入滚筒之间的窄缝，物料受挤压和研磨作用而破碎。

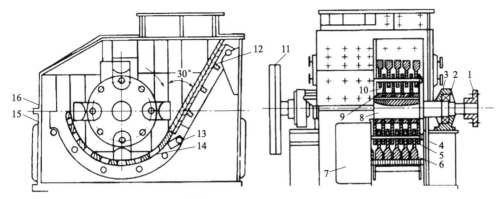

图 3-20　单转子锤式破碎机示意

1—弹性联轴节；2—球面调心滚柱轴承；3—轴承座；4—销轴；5—销轴套；
6—锤头；7—检查门；8—主轴；9—间隔套；10—圆盘；11—飞轮；
12—破碎板；13—横轴；14—格筛；15—下机架；16—上机架

图 3-21 为辊式破碎机，其工作原理为：旋转的工作转辊借助摩擦力将给到它上面的物料拉入破碎腔内，使之受到挤压、磨剥、劈碎和剪切作用而粉碎，最后由转辊带出破碎腔成为破碎产品排出。按辊子表面结构的不同可分为光滑辊面和非光滑辊面（齿辊或沟槽辊）两大类，前者用于垃圾中含有较多硬性物质的处理，后者用于垃圾中含有较多脆性物质的处理。光滑辊面只能是双辊机，非光滑辊面可以是单辊、双辊和三辊机。

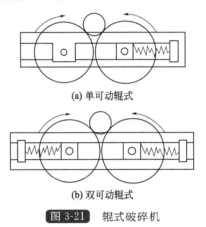

(a) 单可动辊式

(b) 双可动辊式

图 3-21　辊式破碎机

3.4　输送技术及设备

（1）链板输送机

链板输送机由一定数量的金属板拼接而成，在电动机驱动的固定转轴的带动下做回转运动，相邻金属板间根据工艺不同设置相应的间隙，可以实现餐厨垃圾中液态组分的分离。链板输送机进料端设布料装置，使物料铺放均匀，防止溢料；出料端设刮料装置，防止物料黏结在链板上被带到回转体下平面，落入滤液储槽内。链板输送机应用于餐厨垃圾处理领域，主要与人工分选配合使用，如图 3-22 所示。链板输送机设置固定角度，便于物料均布和渗滤液渗出，在运行过程中，设备两侧安排操作人员使用专业分拣工具对大型无机杂质进行分拣，垃圾渗滤液由链板缝隙流出，收集至滤液收集槽中。链板输送机利用

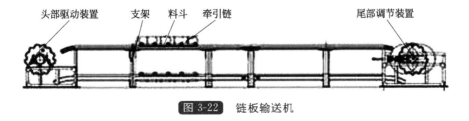

头部驱动装置　　支架　料斗　牵引链　　　　　　　尾部调节装置

图 3-22　链板输送机

人机结合的分选方式，工艺更加灵活，减少了因复杂的无机组分过多而造成设备堵塞的现象，在输送的同时达到滤出垃圾滤液的目的，适用于餐厨垃圾无机组分较复杂、垃圾含水量较高的情况。操作工况可采用封闭收集气体除臭的方式加以改善。

链板式输送机由头部驱动装置、尾轮装置、拉紧装置、链板及机架五个部分组成。具有牵引力大、输送效率高、能耗低、故障率低、磨损小、漏料少、运行平稳、易于维护等优点。牵引链采用承重与牵引分开的结构，提高了承重冲击载荷能力。尾部拉紧装置设有碟形弹簧，能减缓链条冲击载荷，提高链条使用寿命。采用特殊胶带（两侧有圆弧凸点）与槽板配合，有效防止漏料。全程设有特殊的吸振支承，改善大块物料冲击两侧滚轮和皮带的受力条件，提高运行部件的寿命。机体全程设有检修视窗，不需拆卸即可更换导向板。

（2）带式输送机

带式输送机有 U 型和 PL 型两种形式，具有输送量大、运行稳定、部件标准化、维修方便等优点。输送带宽度由 800～1800mm 不等，输送带长度根据工艺需要确定（图 3-23）。

带式输送机的环境使用温度为 −10～60℃，输送物料温度视输送带不同而不同，普通输送带输送物料温度一般不高于 60℃，耐热橡胶带可输送 120℃ 以下的较高温物料，当输送酸性、碱性、油类物料及具有有机溶剂性质的物料时，需选用耐油、耐酸碱的橡胶带或塑料带。

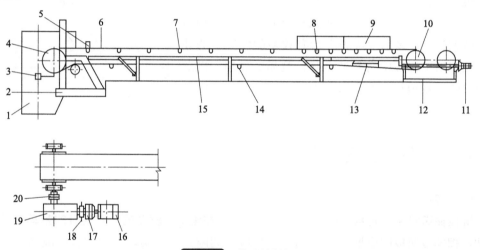

图 3-23 带式输送机

1—头部溜槽；2—机架；3—头部清扫器；4—传动滚筒；5—安全保护装置；6—输送带；7—承载托辊；
8—缓冲托辊；9—导料槽；10—改向托辊；11—螺旋拉紧装置；12—尾架；13—空段清扫器；14—回程托辊；
15—中间架；16—电动机；17—液力偶合器；18—制动器；19—减速机；20—联轴器

（3）螺旋输送机

螺旋输送机是利用旋转的螺旋将被输送的物料沿固定的机壳推移而进行输送工作，轴瓦一般采用粉末冶金，吊轴和螺旋轴采用滑块连接，拆卸螺旋时，不用移动驱动装置，拆卸吊轴承时不用移动螺旋，不拆卸盖板可以润滑吊轴承，整机可靠性高，具有寿命长、适应性强等特点，如图 3-24 所示。

（4）埋刮板输送机

埋刮板输送机是一种在封闭的矩形断面壳体中，借助于运动着的刮板链条输送粉状、小颗粒状、小块状等散料的连续输送设备。因为在输送物料时，刮板链条全埋在物料之中，故称为"埋刮板输送机"（见图 3-25）。该输送机具有结构简单、质量较轻、体积小、密封性好、安装维修比较方便等优点。它不但能水平输送，也能倾斜和垂直输送；不但能单机输送，而且能组合布置、串联输送；能多点加料，也能多点卸料，工艺布置较为灵活。由于壳体封闭，在输送物料时可以显著改善工作条件，防止环境污染。

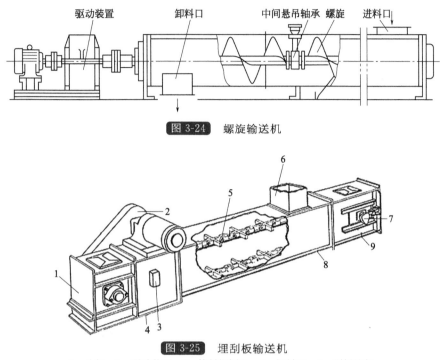

图 3-24　螺旋输送机

图 3-25　埋刮板输送机
1—头部；2—驱动装置；3—堵料探测器；4—卸料口；5—刮板链条；
6—加料口；7—断链指示器；8—中间段；9—尾部

3.5　制浆技术及设备

制浆过程由沉降分离制浆槽和调节槽完成，分离制浆槽与调节槽可以是钢材质、玻璃钢材质，也可以是钢筋混凝土结构。同时槽体会带有搅拌机、循环泵、排水泵等附属设备。

沉降分离制浆槽的主要工作原理是将经过初步分选处理、破碎的餐厨垃圾与水经过搅拌混合均匀，同时在搅拌的过程中餐厨垃圾所含的金属、砂石等重杂质靠自身重力作用沉降到底部，轻杂质从分离槽上部分离出来，而混合均匀的物料通过输送设备进入调节槽。

工艺流程为：处理后的物料送入破碎机，破碎机将袋装垃圾破袋并将餐厨垃圾破碎。经过破碎机破碎后的物料进入制浆罐；在制浆罐的制浆作用下（停留时间为 1h），物料分为轻物质、浆液及重物质三类，重物质通过制浆罐底部的排料阀排出，轻物质和浆液由泵送至渣浆分离机，在渣浆分离机的分离作用下，轻杂质被分离出来。分离出来的轻物质和重物质通过钩臂车送入填埋场进行填埋。

调节槽的主要工作目的是将沉降分离制浆槽产生的物料进一步搅拌均匀，同时可以实现调节物料的含水率、温度、pH 值、C/N 等因子，以达到餐厨垃圾厌氧发酵等技术所需的最佳工艺条件。

3.6 混合技术及设备

在餐厨垃圾堆肥处理工艺中,为保证堆肥原料的含水率、空隙率、C/N等重要因素的最优化,发酵前必须将餐厨垃圾原料及辅料进行充分混合搅拌。混合设备主要有螺带混合机及犁刀混合机等。混合设备直接影响到物料的结构,关系到堆肥过程是否能够顺利进行。

（1）螺带混合机

螺带混合机是高效、应用广泛的单轴混合机,半开管状筒体内的主轴上盘绕涡旋形式且成一定比例的双层螺带。盘旋的螺旋带依附主轴运转,能推使物料随螺旋带涡旋方向行进。混合机卧式筒体底部中央开设出料口,外层螺旋带的涡旋结构配合主轴旋转方向驱赶

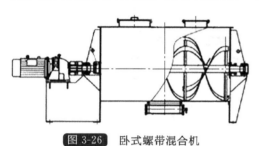

图 3-26 卧式螺带混合机

筒壁内侧物料至中央出料口出料,确保筒体内物料出料无死角。外螺旋带盘绕形式配合旋转方向把物料从两端向中间推动,而内螺旋带把物料从中间向两端推动,形成对流混合。物料在相对短的时间混合均匀。螺带混合机分为卧式螺带混合机和立式螺带混合机两种。图 3-26和图 3-27 为两种螺带混合机示例。

（2）犁刀混合机

犁刀混合机启动后,犁刀由犁刀轴带动旋转,使物料沿筒体径向作轴向滚动,同时把物料沿犁刀两侧面的法线方向抛出。当被抛出和做轴向滚动的物料流经飞刀组时,被高速旋转的飞刀迅速、有力地抛散。物料在犁刀和飞刀的复合作用下,不断重叠、扩散,在短时间内达到均匀混合,混合精度高。图 3-28 为犁刀式混合机。

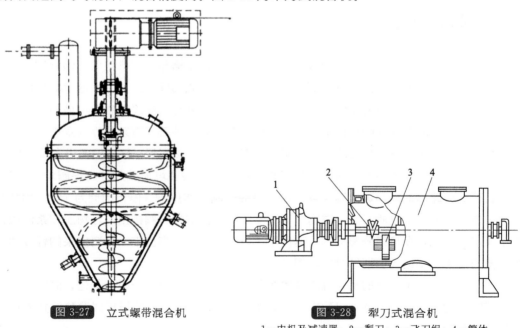

图 3-27 立式螺带混合机

图 3-28 犁刀式混合机
1—电机及减速器；2—犁刀；3—飞刀组；4—筒体

3.7　餐厨垃圾预处理系统设计

餐厨垃圾预处理系统[14]应该包括运输系统、进料系统、分选破碎一体系统、三相分离系统等，如图 3-29 所示。实现餐厨垃圾预处理流程的一体化为后续餐厨垃圾处理提供保障。

餐厨垃圾收运车 → 卸料仓 → 输送螺旋E1 → 破碎分选一体机 → 三相分离机
　　　　　　　　　　　↳ 水力洗浆机

图 3-29　餐厨垃圾预处理系统工艺流程（图片来源：http：//www.hbzhan.com/Tech_news/Detail/263067.html）

（1）运输系统

餐厨垃圾首先由环卫集运车运至处置车间，经电子秤计量后倒入破袋输送机，再进入接料斗，同时将游离水沥干。接着由输送机将餐厨物输送到分拣机上。

（2）进料系统

将集运车运来的垃圾进行暂存、破袋及沥水输送，由于运来的餐厨垃圾中含有约70％的游离污水，这些高油量的污水如直接进入后道分拣系统，将会给后道分拣系统带来分拣难度，故在进料系统中就把这部分的污水沥去约80％，同时垃圾中有大量塑料袋包装的垃圾，这些塑料袋包装的垃圾进入后道分拣系统将无法进行分拣，故必须在卸料中将袋子破碎，使袋中垃圾倾倒出来。

（3）分选破碎一体系统

该系统的作用是将前道工序输送机送来的经过沥水的垃圾进行分拣，分二级进行，即一级分拣和二级分拣。其中一级分拣的功能是将轻物质如塑料袋、塑料瓶等分拣出来，然后经过热水冲淋洗涤后输送至人工干预平台，同时将重物质如骨头、瓷碗等分离出来的垃圾经过热水洗涤后送入二级分拣台。二级分拣的功能是将重物质中的垃圾进一步进行大小分拣，最后将分拣后的大的（含有部分生物质）垃圾送入破碎系统破碎，然后进入资源化利用系统。

（4）三相分离系统

为了便于后道工序的处理，同时最有效地将油脂从垃圾中分离出来，必须经过固液分离，经过分拣后垃圾的固液相比为 1∶10，经过分离后的固相垃圾处理中含有约20％的游离水，将这部分固相垃圾送入粉碎系统进行粉碎，将粉碎后的液相部分送入油水分离系统进行油水分离。

油水分离系统[15]的作用是将前道工序中的垃圾游离水、冲淋洗涤用水全部集中到统一的水池中，然后经沉淀后的上清液使用机械方法在加热到 40～80℃ 状态下进行油水分离，分离出来的水可进入后道精制工序，如直接进入沼气生化池进行生化或经过污水处理系统处理后作为中水回用。

3.8 餐厨垃圾预处理设备产品

（1）宁波开诚公司分选机

1）设备结构 由底架、前后支座、滚轮架和限位轮等构成。各部位分别用螺栓、螺母固定在底架上，限位轮卡在旋转筛筒的滚道环形槽内，限制旋转筒的轴向移动。进料箱套装在转轴的前段，并固定在底架上，两个出料口分别固定在底架的下部。

2）工作原理 转轴与旋转筛筒分别在各自动力系统的驱动下同向差动转动，垃圾由进料箱进入，在转轴上螺旋板的推送下送入旋转筒内，在转轴刮板的撞击及转轴刮板和筛筒刮板之间的剪切作用下，易碎物料被破碎，由筛筒上的筛板筛分出去，从前物料口排出机外；不能破碎的物料在螺旋板的推送下，从筛筒末端经后出料口排出。如图 3-30 所示为大物质分拣系统。

（2）百利阳光公司分选机（见图 3-31）

1）设备结构 振动式格栅分选机原料分选仓、振荡驱动电机、齿耙驱动电机、格栅条和动齿耙，振荡驱动电机和齿耙驱动电机安装在原料分选仓上，振荡驱动电机与振荡偏心轴传动连接，振荡偏心轴可以带动格栅条上下振动，动齿耙在齿耙驱动电机的驱动下可以沿着格栅条之间的空隙向筛上物料仓方向移动。

2）工作原理 将待分选的餐厨垃圾从投料口投入原料分选仓内，格栅条在振荡驱动电机和振荡偏心轴的带动下上下振动，将落在格栅条上黏度大的餐厨垃圾横向和纵向同时振动松散，使餐厨垃圾中的棒骨、玻璃瓶、塑料瓶、竹筷和缠绕物等固体杂质暴露出来，这些固体杂质在动齿耙的带动下向格栅条的自由端方向移动，然后落入到筛上物料仓中，而松散分选后的餐厨垃圾从格栅条之间的空隙中落入筛下另一个物料仓中。布料齿耙是防止投料量过大后在格栅条上的筛上物向筛上物料仓流动时产生堆积而设置的，起到均匀布料的作用；清洗装置用来清洗仓体内部的残余物，保持设备清洁。

图 3-30 宁波开诚公司大物质分拣系统（图片来源：http：//www.ksst.cn/link/canchuhexin.htm）　图 3-31 百利阳光公司分选机（图片来源：http：//www.baili-sun.com/products_list.html）

（3）德国 Schwarting 公司开发的破碎分离机

1）设备结构 卧式结构，中部为金属实心轴，沿轴的纵向间隔布置铁棍，铁棍与中

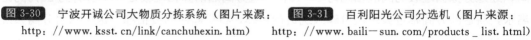

心轴为柔性连接，中心轴外套筛桶，筛孔孔径为 8mm 左右（见图 3-32）。设备顶部设有进料口，底部有收集浆料的收集斗及浆料出料口，轻物质和较大块重物质从设备的末端排出。

2）工作原理　利用物料的不同离心力来进行分离，垃圾进入设备之后，电机驱动设备高速旋转，有机质被中心轴上铁棍击打破碎，与设备顶部的淋洗水充分混合，制成浆料，中心轴高速旋转产生的离心力使浆料被甩出筛网，然后落入底部收集斗，较大块重物质和塑料等轻物质继续向前输送到设备末端被排出。在击打的过程中，如果遇到较硬物品，铁棍可弹回，以保护设备安全工作。

（4）清华同方公司开发的除杂制浆机

1）设备结构　卧式结构，在筒体内有 2 个设有刀片的传动轴，筒体顶部设有进水孔，筒体底部设有筛网，筒体下方连接浆料斗，筒体首端顶部设有进料口，末端的底部设有出料口（见图 3-33）。

图 3-32　德国 Schwarting 公司开发的破碎分离机（图片来源：http：//www. schwarting-biosystem. de/behandlung. htm）

图 3-33　清华同方开发的除杂制浆机（图片来源：《餐厨垃圾厌氧消化预处理工艺设备研讨》）

2）工作原理　物料由进料口进入除杂制浆机，通过传动轴及轴上的刀片，在高速旋转的离心力作用下进行餐厨垃圾中物料的破碎和分离；刀片和筒体的相互作用，使物料瞬间撞击、剪切、撕裂、破碎，并在离心力的作用下，塑料及其复合物、橡胶等物料具有柔韧性，不易被刀片破碎，由双轴旋转带动前进。同时经过水洗，使塑料复合物质洗净、甩干，由出料口排出，浆液与粉碎的固体颗粒通过筛网流出筒体，大于筛孔的固体颗粒在刀片和筒体的继续撞击下再次粉碎，直至粒度符合要求通过筛孔，浆状物通过浆状物出口流入储料。

（5）江苏振兴干燥设备有限公司开发的 PLG 盘式连续干燥机（见图 3-34）

1）设备结构　由干燥盘、物料传送系统、壳体以及空气加热器组成。物料传送系统主轴由电磁或变频无级调速，每层干燥盘上有 2～8 支耙臂固定在主轴上，而且耙叶绞接在耙臂上，能随盘面上下浮动保持接触，有多种形式；碾滚可在适当位置对易结块和需要粉碎的物料施以粉碎，可以强化传热和干燥过程。

2）设备原理　湿物料自加料器连续地加到干燥器上部第一层干燥盘上，带有耙叶的耙臂做回转运动，使耙叶连续地翻抄物料。物料沿指数螺旋线流过干燥盘表面，在小干燥盘上的物料被移送到外缘，并在外缘落到下方的大干燥盘外缘，在大干燥盘上的物料向里移动并从中间落料口落入下一层小干燥盘中。大小干燥盘上下交替排列，物料得以连续地流过整个干燥器。中空的干燥盘内通入加热介质，加热介质形式有饱和蒸汽、热水和导热油，加热介质由干燥盘的一端进入，从另一端导出。已干物料从最后一层干燥盘落到壳体的底层，最后被耙叶移送到出料口排出。湿分从物料中逸出，由设在顶盖上的排湿口排出，真空型盘式干燥器的湿气由设在顶盖上的真空泵口排出。从底层排出的干物料可直接包装。通过配加翅片加热器、溶剂回收冷凝器、袋式除尘器、干料返混机构、引风机等辅机，可提高其干燥的生产能力，干燥膏糊状和热敏性物料，可方便地回收溶剂，并能进行热解和反应操作。

（6）常州市乐邦干燥设备有限公司开发的桨叶干燥器（见图3-35）

图 3-34　PLG 盘式连续干燥机
（图片来源：www.DWE365.com）

图 3-35　JYG 系列桨叶干燥器（图片来源：http://www.dryinfo.com/sell/show-70.html）

1）设备结构　桨叶式干燥器是一种在设备内部设置搅拌桨，使湿物料在桨叶的搅动下，与热载体以及热表面充分接触，从而达到干燥目的的低速搅拌干燥器。结构形式一般为卧式，双轴或四轴。桨叶式干燥器分为热风式和传导式。热风式即通过热载体（如热空气）与被干燥的物料相互接触并进行干燥。在传导式中，热载体并不与被干燥的物料直接接触，而是热表面与物料相互接触。传导式的优点是物料不易被污染，排气量小，热效率高，体积相对小，有利于节约能源及防止空气污染。

2）工作原理　空心桨叶轴在传动系统驱动下缓慢转动，物料从进料口进入机内，经缓慢转动的空心桨叶轴输送至出料口。物料在输送过程同时受空心桨叶和夹套加热而干燥。由于空心桨叶呈楔形，旋转时使物料交替地受到压缩（在楔形斜面处）和膨胀（在楔形空隙处），因而使传热面上的物料运动激烈，而且强化了传热面上的自清洁效果，从而大大提高了传热系数。用于干燥的热介质可以是蒸汽、导热油或热水。热介质通过旋转接头进入空心轴及桨叶。当热介质改为冷却水时，该机是理想的粉体冷却设备。

参 考 文 献

[1] 张显辉，张波，衣晓红. 餐厨垃圾处理方式的探讨[J]. 环境科学与管理，2006，31(1)：141-142.
[2] 谭燕宏. 餐厨垃圾处理工艺及资源化技术进展[J]. 绿色科技，2012，(3)：177-179.

［3］舒淼，刘阳，卢海威，等.餐厨垃圾综合资源化处理技术实例研究[J].环境工程，2012，(S2)：321-322,423.

［4］张韩，李晖，韦萍.餐厨垃圾处理技术分析[J].环境工程,2012，(S2)：258-261,282.

［5］牛颖，吴传鑫.餐厨垃圾处理技术的研究进展[J].山东化工，2016，45(21)：64-65.

［6］戚建强，孙红军，李红.餐厨垃圾处理技术进展探讨[J].绿色科技，2012，(01)：127-129.

［7］叶庆新，魏雪琳，林丽云.餐厨垃圾资源化利用工艺方案[J].中国环保产业，2015，(10)：42-45.

［8］贡协伟，刘响响.餐厨垃圾处理技术研究进展[J].绿色科技，2016，(6)：62-63.

［9］陈必鸣.餐厨垃圾预处理技术综述[J].环境卫生工程，2015，(05)：10-12.

［10］李宁，谢品贤.垃圾预处理技术综述[J].山东电力技术，2001，(05)：32-34.

［11］张鹏，田明，曹运，等.餐厨垃圾分选系统研究[J].中国科技信息，2012，(23)：94.

［12］陈晓勇.城市袋装生活垃圾选择性破碎研究[J].机械传动，2006，(01)：67-68,89.

［13］梁晓军，耿思增，薛庆林，等.餐厨垃圾就地脱水处理技术[J].农产品加工(学刊)，2010，(02)：98-102.

［14］史红钻.简述餐厨垃圾资源化利用的预处理系统[J].资源节约与环保，2013，(07)：255-256.

［15］王梅.餐厨垃圾的综合处理工艺及应用研究 [D].西安：西北大学，2008.

第 4 章

餐厨垃圾厌氧发酵技术与原理

4.1 概述

厌氧发酵是废弃物在厌氧条件下通过微生物的代谢活动而被稳定化，同时产生 CH_4 和 CO_2 的过程。厌氧发酵通常以废水或固体废物中的有机污染物为营养源，营造有利于微生物生长繁殖的良好环境，利用微生物的异化分解和同化合成的生理功能，将有机污染物转化为自身的细胞物质和无机物，最终达到消除污染、净化环境、能源回收的多重目标。

厌氧发酵是普遍存在于自然界的一种微生物过程，当有机质含量高、含有一定水分及供氧不好的情况下，都会发生该过程，使有机物厌氧分解为 CH_4、CO_2 和 H_2S 等气体。餐厨垃圾富含有机质，适合采用厌氧发酵技术进行处理。

近年来，有机垃圾厌氧发酵技术在德国、瑞士、奥地利、芬兰、瑞典等国家发展迅速，日本荏原公司也从欧洲引进技术，建设了首座厌氧发酵示范工程。有机垃圾厌氧发酵处理正成为有机垃圾处理的一种新趋势[1]。

根据发酵体系含固率的不同，餐厨垃圾的厌氧发酵工艺可概括为湿发酵及干发酵，湿发酵的含固率一般为 10%～15%，干发酵的含固率一般为 20%～30%[2]。但无论哪种工艺均易受到多种参数的影响，如有机质的进料负荷、发酵温度、C/N、氨氮、挥发性脂肪酸、长链脂肪酸、pH 值、物料粒径和微量元素等，较适宜的厌氧发酵条件是厌氧发酵高效运行的先决条件。餐厨垃圾厌氧发酵产生的具有能源价值的生物气体有多种用途，应用最广泛的方式为沼气发电，其次为净化处理后制备车用天然气燃料或并入城市燃气管网作为民用燃气，另外比较先进的燃料电池技术也得到了较好的发展。

4.2 厌氧发酵原理

4.2.1 厌氧发酵理论

目前，厌氧发酵发展比较成熟的为四阶段理论，包括水解阶段、酸化阶段、产氢产乙酸阶段及甲烷化阶段，如图 4-1 所示。

（1）水解阶段

厌氧发酵体系中，水解是在细菌胞外酶的作用下将复杂的非溶解性聚合物（如淀粉、纤维素、蛋白质、脂肪等）转化为简单的溶解性单体或二聚体（如葡萄糖、多糖、多肽和长链脂肪酸）的过程。产生的小分子水解产物溶于水并可以透过细胞膜，直接被细菌利用。

在水解过程中，胞外水解酶需要首先附着在有机质颗粒上，才能将长链的复杂多聚物分解为短链的单体或二聚体，通常该过程较缓慢，因此是含高分子有机物或悬浮物废液厌氧发酵

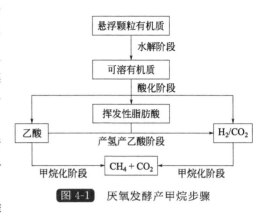

图 4-1 厌氧发酵产甲烷步骤

降解的限速阶段。影响水解速率与水解程度的因素很多，包括有机质的进料负荷、发酵温度、C/N、氨氮、挥发性脂肪酸、长链脂肪酸、pH 值、物料粒径和微量元素等，较适宜的厌氧发酵条件是厌氧发酵高效启动运行的先决条件。

胞外酶能否有效接触到底物是影响水解速率的关键，这与有机质颗粒的粒径有关，通常小颗粒的比表面积较大，可与胞外酶更有效地接触，因此降解速率要高于大颗粒基质。其次，降解基质特性也是影响水解速率的关键因素，如木质纤维素类生物质，其主要由纤维素、半纤维素和木质素组成，它们通过共价与非共价的方式相互连接，形成了致密结构。纤维素和半纤维素是可以生物降解的，但木质素难以降解，其生物降解特性取决于纤维素和半纤维素被木质素包裹的程度。当木质素包裹在纤维素和半纤维素表面时，酶无法接触纤维素和半纤维素，导致降解缓慢。

（2）酸化阶段

酸化阶段可将水解阶段产生的小分子化合物在发酵细菌的细胞内转化为更为简单的以挥发性脂肪酸（甲酸、乙酸、丙酸、丁酸、戊酸、己酸、乳酸等）为主的末端产物；并分泌到细胞外，同时合成新的细胞物质。该阶段存在有机化合物为电子受体及电子供体的反应，末端产物除挥发性脂肪酸（VFA）及乳酸外，还会产生醇类、二氧化碳、氢气、氨及硫化氢等。

酸化过程的末端产物与厌氧降解的条件、底物种类及参与发酵的微生物类群有关。单相反应器内，乙酸和二氧化碳为主要产物，两相反应器的水解酸化段产物较多，主要为乙酸、丙酸、丁酸、乙醇、二氧化碳和氢气等。

（3）产氢产乙酸阶段

专性厌氧产氢产乙酸菌进一步利用上一阶段酸化产物如挥发性脂肪酸、醇类、乳酸等，转化为乙酸、水和二氧化碳，同时同型乙酸菌将二氧化碳和水合成乙酸，反应路径如下。

$$CH_3CHOHCOO^-（乳酸）+2H_2O \longrightarrow CH_3COO^- + HCO_3^- + H^+ + 2H_2$$

$$CH_3CH_2OH（乙醇）+H_2O \longrightarrow CH_3COO^- + H^+ + 2H_2$$

$$CH_3CH_2CH_2COO^-（丁酸）+2H_2O \longrightarrow 2CH_3COO^- + H^+ + 2H_2$$

$$CH_3CH_2COO^-（丙酸）+3H_2O \longrightarrow CH_3COO^- + HCO_3^- + H^+ + 3H_2$$
$$4CH_3OH（甲醇）+2CO_2 \longrightarrow 3CH_3COOH + 2H_2O$$

（4）甲烷化阶段

在甲烷化阶段，产甲烷菌将乙酸、氢气、碳酸、甲酸和甲醇等转化为甲烷、二氧化碳和新的细胞物质，主要通过两个途径完成：一是在二氧化碳存在时利用氢气生产甲烷；二是以乙酸为基质生成甲烷。在一般的厌氧反应器中，约70%的甲烷由乙酸分解而来，30%由氢气还原二氧化碳而来。

乙酸甲烷化：$CH_3COOH \longrightarrow CH_4 + CO_2$

H_2 还原 CO_2 甲烷化：$4H_2 + CO_2 \longrightarrow CH_4 + 2H_2O$

4.2.2 厌氧发酵微生物学

（1）水解酸化阶段

在该阶段，水解发酵产酸细菌可将发酵底物中的复杂有机质（淀粉、纤维素、蛋白质及脂肪）先进行水解，之后再通过各自的产酸代谢途径将水解后的小分子有机物转化为乙酸、丙酸等挥发性脂肪酸。在该过程中，发酵底物同时作为电子受体及电子供体。

起水解作用的细菌数量巨大且多种多样，其中重要的类群有严格厌氧的梭菌属（*Clostridium*）和拟杆菌属（*Bacteroides*），及兼性厌氧的真杆菌（*Eubacterium*）。其中，梭状芽孢杆菌是厌氧的、产芽孢的细菌，因此它们能在恶劣的环境条件下存活。拟杆菌大量存在于有机物丰富的地方，它们分解糖、氨基酸和有机酸。而发酵产酸细菌则是产酸速率较高的产芽孢细菌[3]。

有机物产酸发酵一般存在乙醇型发酵、丁酸型发酵和丙酸型发酵三种类型。发酵的末端产物构成与发酵的环境条件、底物类型及发酵的菌群结构有很大关系。在不同的发酵类型中，发酵的优势菌种往往不同，并且在同种发酵类型的发酵底物不同时发酵的优势菌种也不同。一般而言，最重要的水解反应和发酵反应是由专性厌氧微生物完成，例如拟杆菌（*Bacteroides*）、梭状芽孢杆菌和双歧杆菌，发酵机制性质决定着优势细菌的种类。例如乙醇和乙酸的浓度都很高时，厌氧发酵体系的优势细菌为梭状芽孢杆菌属（*Clostridium*）；而同样是乙醇型发酵，产物中乙酸浓度很低、乙醇含量很高时，优势种群就变为拟杆菌属（*Bacteroides*）。因此，厌氧发酵产酸系统处于变化状态时，各代谢产物的比例随优势种群的变化而变化。

水解细菌和发酵细菌组成了一个相当多样化的兼性和专性厌氧细菌群。通常情况下，专性厌氧微生物的数量比兼性厌氧微生物多出100多倍。数目少量的兼性细菌也同样具有重要的作用，例如，当进水中含有大量细菌或者进入反应器的易发酵基质负荷剧增，或者投料带进少量空气时，兼性细菌相对数量就增加，这些兼性厌氧菌能够起到保护像甲烷细菌这样的严格厌氧菌免受氧的损害与抑制，从而保证后续阶段的顺利进行。

（2）产氢产乙酸阶段

产氢产乙酸细菌是专性厌氧细菌，可将上阶段的产物进一步利用，生成乙酸和氢气、二氧化碳，同型乙酸细菌利用氢气和二氧化碳合成乙酸。

产氢产乙酸细菌可利用小分子的挥发性脂肪酸和醇类等，通过对小分子中间体的降解，生成乙酸和氢气，这也是该类细菌名称的由来。一般而言，产氢产乙酸菌的生理条件比较严格，典型的同质产乙酸菌有吴氏醋酸杆菌（*Acetobacterium woodii*）和醋酸梭菌（*Clotridium aceticum*）[4]，产氢产乙酸菌在代谢过程中氢气会不断产生，发酵体系的氢气分压会不断提高，从而抑制产乙酸菌的活性。因此为了维持厌氧消化系统的良好运行，产氢产乙酸菌需要与一些耗氢的细菌共生，才能够保证其正常生长及工作。由于反应热力学原因，氢分压高会抑制厌氧氧化反应，而由丙酮酸产生氢气的反应却不会受到抑制。

虽然有机质发酵体系中需要有耗氢细菌的共存才能正常运行，但这并不意味着氢气在发酵过程中是无用的组分。相反，产氢产乙酸阶段产生的氢气对于厌氧发酵的正常运行是非常重要的。原因主要包括两个方面：一方面氢气是同型甲烷化中生成甲烷的重要基质；另一方面，长链脂肪酸被氧化为乙酸的过程中，电子需要从还原性载体直接传递给 H^+，进而乙酸可作为产甲烷的重要基质，促进甲烷产率的提升。

在丁酸降解为乙酸过程中，主要有互营单胞菌属（*Syntrophomonas*）、互营生胞菌属（*Syntrophospora*）和互营嗜热菌属（*Syntrophothermus*）参与。丁酸降解菌的降解途径为经典 β 氧化途径。丙酸降解菌主要包括互营杆菌属（*Syntrohphobacter*）、史密斯氏菌属（*Smithella*）和消化肠状菌属（*Pelotomaculum*）。现在所有已发现的丙酸降解菌均可以氧化分解丙酸生成乙酸和 CO_2。降解路径主要是通过甲基丙二酰途径，将一分子的丙酸和一分子的 ATP 通过底物水平磷酸化转化为乙酰辅酶 A 和 CO_2。在产乙酸阶段，还有降解苯甲酸盐的菌株及部分硫酸盐还原菌的参与。如脱硫弧菌和普通脱硫弧菌，在环境中没有硫酸盐，却有产甲烷菌存在时，也可在乙醇或乳酸盐培养基上生长，并氧化乙醇或乳酸生成乙酸和氢气。这就造成了厌氧反应中硫酸盐还原菌与其他产酸菌群形成营养竞争关系，而这会对厌氧发酵产酸造成很大影响。另外一种情况是发酵基质中含有硫酸盐时，硫酸盐还原菌会利用这些基质，迅速生长繁殖，从而对其他产氢产乙酸菌的生长代谢构成抑制。当然在厌氧产酸体系中，也存在产氢产乙酸菌与硫酸盐还原菌利用不同的挥发性脂肪酸或在获取底物时有一定的时间次序，从而形成两种发酵菌的营养生态位分离。

在同型产乙酸反应过程中，同型产乙酸菌利用 CO_2 和 H_2 作为可利用的底物，采用acetyl-CoA Wood-Ljungdahl 途径作为末端电子受体，进行能量转移及 CO_2 的固定。在此过程中，同型产乙酸菌会和反应体系中其他的微生物竞争利用氢气。现在研究最广泛的同型产乙酸菌为 *Clotridium thermoaceticum*，其在 1942 年被分离出来。截至目前，世界各国的科学工作者已从动物粪便、污泥、土壤及海底沉积物等不同生境中分离得到分属于 22个属的 100 多株同型产乙酸菌[5]，其中 *Acetobacterium* 和 *Clostridium* 这两个属菌种数目最多。同型产乙酸菌具有功能多样性，可利用许多电子供体和电子受体，可与氧气竞争，进行末端电子转移过程。

（3）甲烷化阶段

甲烷化阶段主要由严格厌氧的产甲烷古菌（原核生物中的广古菌门，*Euryarchaeota*）完成，对环境条件的要求要严苛得多，它们在接触到氧时生长会受到抑制，严重时会直接死亡。通常情况下，产甲烷菌生长极其缓慢，这主要因为甲烷菌可利用的基质范围非常小，只可利用一些小分子物质，如甲酸、乙酸、CO_2 和 H_2 等，而这些小分子物质主要由其他发酵菌分解复杂的大分子有机质而来。甲烷菌存在于诸多厌氧环境中，且分布广泛，甚至可存在于一些极端条件，如人类的消化系统、海底沉积物、湖泊底泥、反刍动物的瘤胃、水稻根系土壤及厌氧反应器中[3]。

就细胞结构而言，甲烷菌作为与真菌谱系和单细胞生物谱系无关的第三谱系，甲烷菌大小与细菌相似，但细胞壁结构不同。在细胞膜结构上，产甲烷菌的细胞壁不含二氨基庚二酸和胞壁酸，也不像其他原核生物那样含有肽聚糖。就细胞形态而言，甲烷菌形态具有多样性，有短杆状、长杆状或弯杆状、丝状、球状、不规则拟球状单体和集合成假八叠球菌状。常见的甲烷菌有八叠球状、杆状、球状和螺旋状四种形态。

在乙酸甲烷化途径中，主要以甲烷鬃毛菌（Methanosaeta）为代表，此外还包括甲烷八叠球菌（Methanosarcina），其中甲烷八叠球菌常被视作乙酸营养型甲烷菌的代表，可在厌氧处理过程中培养，是已知种类最多的产甲烷菌之一。但甲烷八叠球菌对乙酸浓度变化非常敏感，当乙酸浓度高时该菌的生长速率相对较低；此外，该菌还对氢气具有较高的亲和力，而氢分压高时，乙酸的利用就会受到抑制。有研究指出，索氏甲烷丝状菌（Methanosaeta）是乙酸甲烷化途径中的真正代表，因为该菌只以乙酸作为电子和碳供体，对乙酸的亲和力远高于甲烷八叠球菌（10 倍左右）。索氏甲烷丝状菌还可以把所吸收乙酸的 98%～99% 甲基转化成甲烷，因此该菌是厌氧环境中最为重要的耗乙酸产甲烷菌。

在 H_2 还原 CO_2 甲烷化途径中，除甲烷鬃毛菌（Methanosaeta）外，还包括几乎所有的产甲烷菌，如甲烷杆菌（Methanobacterium）和甲烷球菌（Methanococus）。在该途径中，氢气的消耗效率要远高于乙酸甲烷化途径，即氢营养群对氢气的亲和力要更大一些。正是由于发酵体系中存在着"氢缓冲作用"，故在厌氧发酵体系中，氢分压可始终保持在较低的水平，从而保证厌氧消化过程的顺利进行。此外，甲烷化阶段还包括甲酸、甲醇及甲胺甲烷化等反应途径，但以上几种途径对甲烷产率的贡献较小。

（4）微生物群落及互营关系

在厌氧发酵体系中，通常包括发酵细菌与产甲烷菌两大类，且二者之间相互依赖又相互制约。发酵细菌可将大分子有机质分解为小分子易消化的甲酸、乙酸、CO_2 及少量 H_2，之后产甲烷菌利用以上小分子物质生成甲烷。发酵细菌为产甲烷菌提供了合成自身细胞物质及生成甲烷的碳前体和电子供体、氢供体和氮源。在厌氧发酵体系中产甲烷菌居于微生物食物链的顶端。

在厌氧反应中，两个功能菌群之间存在互营关系，表现为互营微生物菌群间存在紧密的底物/产物联系、反向电子转移及同步代谢。在厌氧发酵体系中，存在着产乙酸菌与产甲烷菌的互营关系、硫酸盐还原菌与甲烷氧化菌/产甲烷菌的互营关系及乙酸氧化菌与嗜氢产甲烷菌的互营关系。第一种互营关系具体表现为几乎所有的可溶性脂肪酸氧化为乙酸的过程，均需要甲烷菌的存在，因为产乙酸过程需要在较低的氢分压下完成，而产甲烷菌可发生嗜氢产甲烷反应，从而拉动产乙酸反应的进行，如丁酸厌氧氧化为乙酸的反应，即使是巴豆酸这种不溶性脂肪酸也可在产甲烷菌的协助下，成功降解为乙酸。在第二种互营关系中，微生物可利用硫酸盐将体系中的甲烷进行氧化，降低甲烷含量，是全球碳循环的重要途径之一。这些微生物部分来自甲烷八叠球菌目的古菌簇。同时，硫酸盐还原菌与产甲烷菌在对共同生境中的底物利用时，表现出了竞争、共生及非竞争的营养关系。竞争关系主要体现在两菌对相同电子供体的利用；共生关系中，硫酸盐还原菌为产甲烷菌提供电子供体；非竞争关系主要是针对一些特殊的底物而言，如甲烷和甲醇只能被产甲烷菌利用，即使是在高浓度硫酸盐存在时，硫酸盐还原菌也不会利用甲烷和甲醇。在第三种互营关系中，嗜氢产甲烷菌可拉动乙酸氧化生成二氧化碳和氢气的反应，从而促进乙酸降解产生甲烷，即乙酸氧化菌与嗜氢产甲烷菌的互营关系是主要的产甲烷途径。

4.2.3 厌氧发酵的反应过程

厌氧发酵是一个由兼性菌和厌氧菌参与的多阶段生化反应过程，有机质可被最终转化为 CH_4、CO_2、NH_3、H_2S 及 H_2O 等。餐厨垃圾主要成分包括米和面粉类食物残余、蔬菜、动植物油、肉骨等，从化学组成上，有淀粉、纤维素、蛋白质、脂类。厌氧发酵可以表现为对几种发酵基质的降解过程，包括淀粉水解、纤维素水解、葡萄糖水解、蛋白质水解及脂肪水解等过程。

(1) 淀粉的水解

餐厨垃圾含有大量的淀粉，在淀粉酶作用下水解为麦芽糖，进而在麦芽糖酶作用下转化为葡萄糖。

$$2(C_6H_{10}O_5)_n (淀粉) + nH_2O \xrightarrow{淀粉酶} nC_{12}H_{22}O_{11} (麦芽糖)$$

$$C_{12}H_{22}O_{11} (麦芽糖) + H_2O \xrightarrow{麦芽糖酶} 2C_6H_{12}O_6 (葡萄糖)$$

(2) 纤维素的水解

纤维素水解分两步完成，首先在纤维素酶作用下生成纤维二糖，其次纤维二糖在纤维二糖酶作用下转化为葡萄糖。

$$2(C_6H_{10}O_5)_n (纤维素) + nH_2O \xrightarrow{纤维素酶} nC_{12}H_{22}O_{11} (纤维二糖)$$

$$C_{12}H_{22}O_{11} (纤维二糖) + H_2O \xrightarrow{纤维二糖酶} 2C_6H_{12}O_6 (葡萄糖)$$

(3) 葡萄糖的降解

在厌氧发酵过程中，葡萄糖主要发生酸化反应，生成乙酸、丙酸、丁酸、乙醇等。

$$C_6H_{12}O_6 \longrightarrow 2CH_3COOH + 2CO_2 + 2H_2$$

$$C_6H_{12}O_6 + 2NADH \longrightarrow 2CH_3CH_2COO^- + 2H_2O + 2NAD^+$$

$$C_6H_{12}O_6 \longrightarrow CH_3CH_2CH_2COOH + 2CO_2 + 2H_2$$

$$C_6H_{12}O_6 + 2H_2O + 2NADH \longrightarrow 2CH_3CH_2OH + 2HCO_3^- + 2NAD^+ + 2H_2$$

$$C_6H_{12}O_6 \longrightarrow 2CH_3CHOHCOO^- + 2H^+$$

(4) 蛋白质的水解

蛋白质在蛋白酶作用下首先生成蛋白胨，进而生成多肽，最终在肽酶作用下转化为小分子的氨基酸。

$$蛋白质 \xrightarrow{蛋白酶（内肽酶）} 蛋白胨 \xrightarrow{蛋白酶（内肽酶）} 多肽 \xrightarrow{肽酶（外肽酶）} 氨基酸$$

(5) 脂肪的水解

餐厨垃圾中脂肪含量高，属于易降解的化学物质，但在自然状态下较稳定，微生物的分解利用速率较缓慢。

在脂肪酶作用下，脂肪首先被分解为甘油和脂肪酸，其中甘油在细胞内被分解为丙酮酸，进而在厌氧条件下转化为丙酸、丁酸、琥珀酸、乙醇及乳酸等小分子物质；脂肪酸发生 β-氧化反应，生成乙酰辅酶 A，进而转化为乙酸。

$$脂肪 \xrightarrow{\text{脂肪酶}} 甘油 + 脂肪酸$$

$$甘油 \xrightarrow{\text{在细胞内}} 丙酮酸 \xrightarrow{\text{厌氧条件}} 丙酸 + 丁酸 + 琥珀酸 + 乙醇 + 乳酸等$$

$$脂肪酸 \xrightarrow{\beta\text{-氧化}} 乙酰辅酶 A(CH_3CO-SC_6A) \longrightarrow 乙酸等$$

4.3　餐厨垃圾厌氧发酵工艺及流程

近百年来，厌氧发酵工艺已经逐步被人们用来处置有机废物、保护环境及获得能源。发酵工艺也得到较好的发展，应用领域越来越广。

餐厨垃圾富含有机质，易生物降解，适合厌氧消化微生物的利用及产能，在处置废物的同时回收能源，环境效益及经济效益较好。餐厨垃圾厌氧发酵处理是目前比较提倡且资源化利用较高的工艺，已成为主流的处理工艺，在我国已建成的餐厨垃圾处理厂中，厌氧发酵技术的采用率高达 60% 以上。通过厌氧发酵处理，可实现餐厨垃圾的减量化、资源化及无害化，并且实现环境效益、经济效益及社会效益的有效统一。目前，国内外对这方面均进行了较广泛且深入的研究。

4.3.1　餐厨垃圾厌氧处理工艺分类

厌氧发酵技术根据反应器运行参数的不同，有多种分类。根据反应器温度的不同，通常分为常温发酵、中温发酵（30～40℃）及高温发酵（50～60℃）；根据餐厨垃圾中有机质含量的不同可分为湿法发酵和干法发酵；根据反应级数可分为单相发酵和两相发酵；根据运行的连续性可分为序批式发酵和连续式发酵。实际工程应用中，要综合考虑各种发酵工艺的优缺点及餐厨垃圾的特点来选择合适的厌氧发酵处理工艺。各种发酵工艺的优缺点总结如表 4-1 所示。

（1）常温发酵、中温发酵及高温发酵

厌氧消化温度与有机物的厌氧分解过程关系密切，在不同的温度环境下微生物类群也是不同的。温度主要是通过影响微生物细胞内酶的活性来影响微生物的生长速率以及对有机质的降解速率，从而影响到发酵体系的排泥量、有机质的去除率及反应器的处理负荷。常温发酵中发酵罐温度随自然环境温度变化而变化，发酵系统效率低，很少被采用。另外，虽然高温发酵在产气速率及病原菌杀灭率上远优于中温发酵，但因其设备复杂、运行费用高昂，应用比例不如中温发酵。

（2）湿法发酵和干法发酵

如表 4-1 所示，湿法发酵的含固率一般小于 15%，而干法发酵系统含固率可高达 20%～40%。就餐厨垃圾而言，其含水率通常较高，大概为 90%，因此适于采用湿法发酵工艺。但法国和德国也证明了有机垃圾采用干发酵是可靠的，但干发酵体系中湿垃圾不能单独处理，且对物料输送及搅拌系统考验较大。

表 4-1 厌氧发酵工艺分类 [6]

项目	工艺	优点	缺点
反应温度	常温	(1)能耗低; (2)过程稳定	(1)应用不广泛; (2)不能杀灭病菌; (3)效率低
	中温 (30~40℃)	(1)应用广; (2)能耗低; (3)运行稳定; (4)后续废水处理无需降温	(1)发酵周期长; (2)病原菌杀灭率低; (3)油脂易结块,阻碍管道及泵的运转
	高温 (50~60℃)	(1)发酵周期短; (2)产气率高; (3)病原菌杀灭率高	(1)能耗高; (2)自动化控制要求高; (3)已发生倒灌现象; (4)泡沫增多,臭味加重; (5)氨氮浓度高,毒性增加
有机质含量	湿发酵 (含固率<15%)	(1)技术成熟; (2)设施便宜	(1)需要预处理; (2)需清除浮渣; (3)抗冲击负荷能力差; (4)耗水量大,废水量大
	干发酵 (含固率 20%~40%)	(1)有机物负荷高,抗冲击负荷强; (2)预处理便宜,反应器小; (3)耗水少,热耗少	(1)设备造价高; (2)搅拌能耗大,输送难度大
反应级数	单相	(1)投资少; (2)易控制	易出现酸化现象,抑制产甲烷反应
	两相	(1)系统运行稳定; (2)处理效率高; (3)加强了对进料的缓冲能力	(1)投资高; (2)运行维护复杂,操作控制困难
进料方式	序批式	(1)产气率高; (2)易于控制	(1)占地面积大; (2)投资大
	连续式	(1)应用广泛; (2)占地面积小; (3)运行成本低	(1)发酵不充分; (2)控制复杂

（3）单相发酵和两相发酵

在单相厌氧发酵体系中,产酸相和产甲烷相在同一个反应单元中,而产酸菌与产甲烷菌的最佳生存条件是不同的。在发酵过程中,产酸菌的生长速度快且种类多,对环境条件变化反应不敏感;相反,产甲烷菌生长较慢,对环境条件变化反应敏感。如表 4-2 所列,在两相厌氧消化体系中,产酸相与产甲烷相分成两个独立的处理单元,可通过调节两个独立单元的运行参数,形成适合产酸微生物及产甲烷微生物各自适合的生存条件,从而使整个发酵过程高效运行,且提高了对有机质的降解能力及工艺运行的稳定性。Pholand 和 Ghosh 于 20 世纪 70 年代初首先提出了两相厌氧发酵工艺,其核心在于相分离,两相厌氧工艺中发酵的产酸段与产甲烷段是在独立的两个串联反应器中进行的。但两相反应器的运行涉及如何实现两相的分离。方法较多,目前最简便、最有效且应用最广泛的方法是动力学控制法。但真正实现两相的完全分离是很难实现的,只能达到在产酸相使产酸菌成为优势菌种，产甲烷相中产甲烷菌成为优势菌种。两相发酵工艺可单独控制产酸菌和产甲烷菌在各自适宜的环境条件下生长，并可单独控制产酸相及产甲烷相的有机负荷、水利停留时间等，大大提高了微生物的数量及活性，可以有效缩短整个发酵体系的水利停留时间，提高发酵系统的处理效率。但杨玉楠[7]等认为，传统的两相工艺要比单相工艺复杂，但其未必可以提高厌氧发酵反应速率及甲烷产率。并且在工程应用比例上，单相工艺因其工艺投资少、操作简单的优点，占到了70%的份额。

图4-2为1990～2006年欧洲单相和两相厌氧消化工艺应用情况。

表 4-2　水解酸化菌和产甲烷菌特性对比

项目	水解酸化菌	产甲烷菌
种类	较多	较少
生长速率	快	较慢
最适宜 pH 值	5.2～6.3	6.8～7.5
最适宜温度范围	30～35℃（中温）	35～38℃（中温） 55～60℃（高温）
对氢气的敏感度	敏感	不敏感

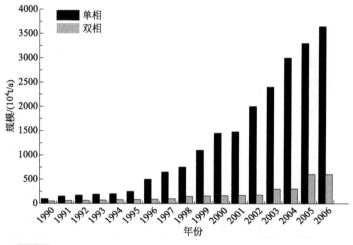

图 4-2　1990～2006 年欧洲单相和两相厌氧消化工艺应用情况

（4）序批式发酵和连续式发酵

在序批式发酵中，发酵基质是分批投加到反应器中。一般投加一批基质后进行接种，然后密闭反应器，直到有机质降解完全，完成出料后才会再投入新鲜的有机质。而在连续式发酵体系中，物料连续地从发酵罐内流入和流出，流入流出速度相同。一般在处理高木质素纤维素含量的物料时，因发酵体系动力学速率低、存在较严重的水解限制，此时序批式发酵是优于连续式发酵的。但实际应用中，序批式发酵工艺的市场应用份额要小很多，主要是因为投资大且占地面积大。

一般而言，餐厨垃圾含水率较高，目前在工程中应用较多、较为成熟的技术且发展前景较好的工艺为湿式、单相、连续、中温厌氧发酵，该组合工艺的经济可行性及技术可行性较好。

4.3.2 餐厨垃圾厌氧处理工艺技术

厌氧消化工艺多应用于工业污水和污泥的处置领域，近 30 年来得到了迅速的发展，也逐渐应用于城市有机垃圾的处理。餐厨垃圾是城市生活垃圾的重要组成部分，可借鉴农业废弃物、畜禽粪便等的厌氧消化技术。但餐厨垃圾具有高水分、高盐分、高油脂及易生物降解的特点，成分复杂且特殊，因此不能完全照搬其他厌氧消化工艺。近年来，德国、瑞士、奥地利及芬兰等国家的餐厨垃圾厌氧发酵技术发展较为迅速，如 Valorga、Dranco、Kompogas、BTA、WABIO 及 WAASA 等工艺已成功应用于工程实践，并取得了较好的环境及经济效益。根据水解酸化相是否与产甲烷相分离，厌氧发酵工艺分为单级厌氧发酵和两级厌氧发酵；根据含固率的不同又可分为干法厌氧发酵和湿法厌氧发酵；根据运行的连续性又分为间歇式厌氧发酵和连续式厌氧发酵。

4.3.2.1 单级厌氧发酵工艺

在该工艺中，水解酸化菌与产甲烷菌共存于同一反应器，即水解酸化反应与产甲烷反应共存。

（1）单级干法厌氧发酵工艺（见图 4-3）

在餐厨垃圾干法厌氧发酵过程中，餐厨垃圾直接送入厌氧发酵罐进行发酵，反应器内消化底物的含固率一般为 20%～40%，只有当餐厨垃圾中含固率高于 60% 时，发酵体系才需进行加水稀释。干法厌氧发酵工艺以法国的 Valorga 工艺、比利时的 Dranco 工艺及瑞典的 Kompogas 工艺为代表[8]，其工艺流程如下。

1) Valorga 工艺 本工艺由法国 Steinmueller Valorga Sarl 公司开发，采用垂直的圆柱形消化反应器，是一项成熟的工艺。如图 4-4 所示，物料由反应器底部内壁一侧进入，然后上流至顶部，最后由反应器内壁的另一侧流出。反应器中发酵体系含固率一般为 25%～35%，当含固率低于 20% 时较重的颗粒会发生沉淀，停留时间为 22～28d，产气量为 80～180m³/t[8]。该工艺中渗滤液部分回流，并对沼气进行压缩搅拌，可在一定程度上缓解高含固率发酵体系中存在的发酵体系反应活性低及搅拌困难等问题。压缩沼气从反应器底部通入，产生的泡沫一方面可以起到搅拌作用，另一方面可以保持物料的悬浮状态，方便出料脱水后进行好氧堆肥。当采用压缩沼气进行搅拌时，可避免机械搅拌带来的机械磨损、泄漏及动力消耗高的缺点。反应器中没有任何活动的机械部件，运行更加可靠，维护也大大简化。目前该技术已在德国、比利时、瑞典、中国等国家推广应用。

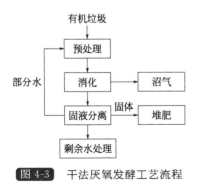

图 4-3 干法厌氧发酵工艺流程

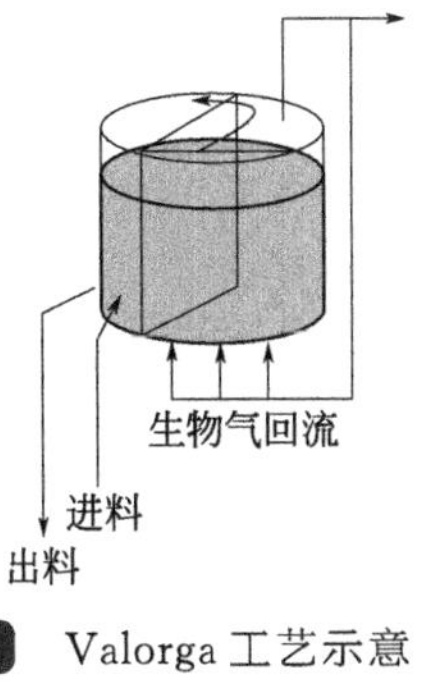

图 4-4 Valorga 工艺示意（图片来源：http://www.cn-hw.net/）

2）Dranco工艺　如图4-5和图4-6所示，该工艺采用竖式推流发酵方式，属于单级中温/高温干法发酵工艺。主要构成单元为下端接锥体的竖直圆柱体反应器，发酵物料和由锥体底部回流的发酵出料在圆柱体顶部进入反应器，二者同时完成混合、接种。该反应器为静态反应器，发酵过程中物料在重力作用下缓慢下行。该工艺的含固率为15%～40%，有机负荷为10kgCOD/(m³·d)，停留时间15～30d，生物气产量100～200m³/t物料。该工艺具有诸多特点，如工程化应用经验丰富，罐体内不需要搅拌装置且不会产生浮渣和沉降，可避免或最小化废水的产生量，工程设计紧凑可靠、工艺灵活，用于后期堆肥的沼渣含固率高。比利时根特建有年处理规模700t的中试Dranco工艺技术示范。

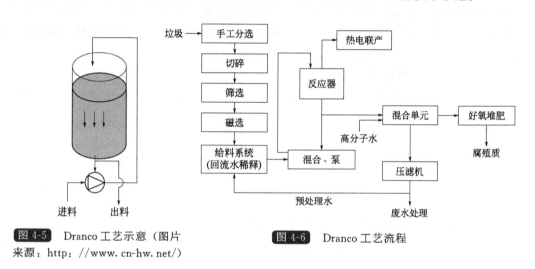

图4-5　Dranco工艺示意（图片来源：http://www.cn-hw.net/）

图4-6　Dranco工艺流程

3）Kompogas工艺　Kompogas工艺由瑞士Kompogas AG公司开发，目前仍处于发展阶段。多用于年处理规模10000t的大规模工程，在瑞士、日本等国家建立大约20个垃圾处理厂。瑞士的Kompogas废物厌氧消化处理厂每年可处理12000t的厨余垃圾和庭院垃圾，日产气量为3200m³，发电2340MW，发酵后沼渣可以作为有机肥赠予农民使用[9]。如图4-7和图4-8所示，该工艺采用水平柱塞流反应器，圆柱反应器布置内部转轴来

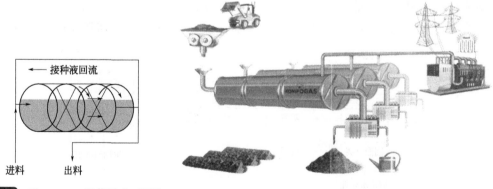

图4-7　Kompogas工艺示意（图片来源：http://www.cn-hw.net/）

图4-8　Kompogas工艺简图（图片来源：https://wenku.baidu.com/view/38a49f2ada38376bae1faeaf.html）

混匀物料并协助脱气。一般发酵体系的含固率为 30%～45%，挥发性固体含量为 55%～75%，物料粒径小于 40mm，pH 值在 4.5～7.0 范围内，碳氮比为 18 左右。为便于物料水平流动，一般通过循环过程水或腐熟产物使反应器内发酵基质含水率达到 72%～75%，同时回流发酵液过程完成接种并防止反应器前端过度酸化。发酵周期为 15～20d，产气量 110～130m³/t 物料。发酵产物一般经脱水后压饼、堆肥，脱出的水用于加湿进料或作液态肥料。Kompogas 工艺适用范围广，可以用于所有有机废物的处理，除餐厨垃圾外，还可用于园林垃圾等的处理；该工艺的反应器采用模块化设计，具有安全、方便及物料可追溯（推流工艺，先进先出）的优点；产气率高且稳定，可实现最优化的能量管理；整个工艺过程用水量低且操作简单可靠，具有较好的工程应用前景。

（2）单级湿法厌氧发酵工艺

在单级湿法厌氧发酵工艺中，发酵体系的含固率通常低于 15%，物料呈匀浆状态。湿法厌氧发酵工艺的基本流程如图 4-9 所示，工艺比较简单，一般采用连续搅拌罐式反应器（continuously stirred tank reactor，CSTR），以一定速率进出料，水利停留时间一般为 14～28d。具有代表性的工艺有芬兰的 Waasa 工艺、德国的 EcoTec 工艺和美国佛罗里达州的 SOLCON 工艺和 BTA 单级工艺等。

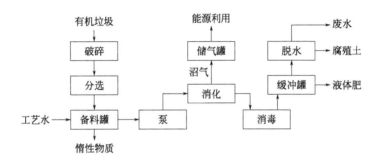

图 4-9 湿法厌氧发酵基本工艺流程

1）Waasa 工艺　芬兰 CITEC 公司开发的 Waasa 厌氧发酵工艺，可以处理总固体浓度为 10%～15% 的餐厨垃圾。该工艺采用单级湿式厌氧消化系统，餐厨垃圾首先需要经过破碎、均质以及调解含固率等一系列预处理，以厌氧发酵罐排出物为预处理后物料接种。制浆均质后的物料在预混室与发酵罐种泥以活塞流的运行方式保持 1～2d，之后进入厌氧发酵罐，通过机械液轮推流器和从反应器底部进入的沼气连续不断地搅动物料，最后经过 10～20d 停留时间后出料。该工艺既可以在中温下进行，也可以在高温下进行。中温消化周期为 20d，高温消化周期为 10d。该工艺的产气量可达 100～150m³/t，餐厨垃圾可减重 50%～60%。发酵结束后的沼渣可通过好氧堆肥制备有机肥料。该工艺包括垃圾分选、厌氧发酵和脱水制肥 3 个主要环节，工艺流程和示意如图 4-10 所示。

2）BTA 单级工艺　目前较为常用的是 BTA 单级发酵工艺。垃圾浆料的水解酸化和产甲烷过程在混合发酵反应罐中一次完成，厌氧发酵周期为 14～16d。考虑到投资与运行的成本，现有的发酵设备（如污水处理厂、农业沼气厂的发酵罐）都可以直接改造利用这一工艺。BTA 工艺生产的主要产品是再生能源生物燃气和堆肥。生物燃气中甲烷含量为 60%～65%，热值较高，可直接燃烧供能或使用热电联供装置发电供热。可在应用 BTA

工艺的厂区实现为垃圾预处理供能，并将多余的电力能源和热能供应到城市公共网络中，如图 4-11 所示。

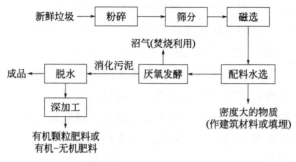

图 4-10 Waasa 工艺流程

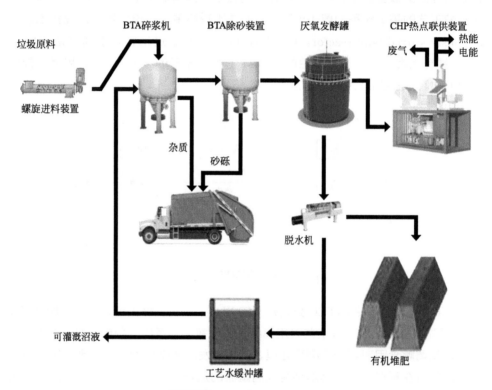

图 4-11 BTA 单级工艺流程

（图片来源：http://www.camdapower.com/vocation/149.html）

4.3.2.2 两级厌氧发酵工艺

两级厌氧发酵工艺中产酸相与产甲烷相分离，各自保持最佳微生物生存状态，可极大地提高系统处理效率。应用于餐厨垃圾的比较典型的工艺有 BTA 工艺和 Linde-KCA 工艺。

1）BTA 两级工艺　BTA 工艺由德国的 BTA 公司开发，可处理餐厨垃圾、城市生活垃圾、商业有机垃圾和农业垃圾等，发展比较成熟。该工艺的含固率在 10% 左右，属于中温厌氧消化，可将有机组分转化为甲烷和固体堆肥残渣，并且产生可以作为液体肥料出售的液体残渣。在德国、澳大利亚、加拿大及日本等地应用广泛。

由图4-12工艺流程可知，BTA两级工艺流程为经过机械分选预处理的物料首先进入悬浮液缓冲罐，有机组分被稀释至10%含固率，随后物料经过固液分离处理，液体部分直接进入厌氧发酵罐产沼气，固体部分进入水解罐进行水解酸化。水解罐停留时间2～4d，随后物料再次经过固液分离，液相进入发酵罐产甲烷，固体部分以残渣形式排出，后期用来好氧堆肥（1～3周）或直接填埋。

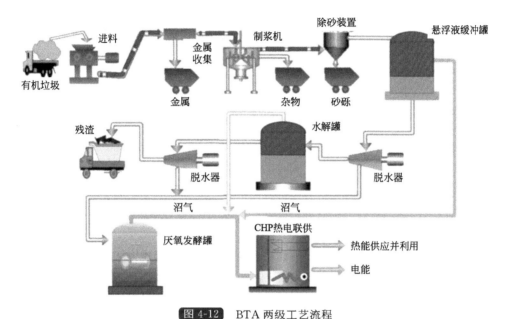

图4-12　BTA两级工艺流程

（图片来源：http://www.camdapower.com/vocation/149.html）

2）Linde-KCA两级工艺　Linde-KCA工艺由Linde公司研发，包括一段式和两段式两种工艺。Linde-KCA两段式厌氧工艺流程中，餐厨垃圾等有机固体废物先要经过分选及机械生物处理系统的处理，然后微好氧堆肥或强好氧消化预处理，将该段处理单独作为工艺的第一段，可强化水解酸化，然后才进行厌氧发酵处理。通过第一段的好氧处理可减少第二段厌氧发酵负荷。该工艺适合日处理300t以下的中小型厌氧处理工程。Linde-KCA厌氧发酵工艺系统如图4-13所示。

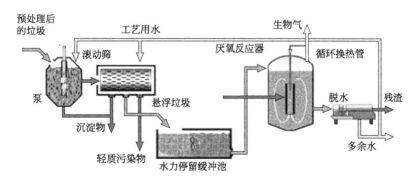

图4-13　Linde-KCA两级厌氧发酵工艺系统

4.3.2.3 间歇式厌氧发酵工艺

Biocel 工艺发展于 20 世纪 80～90 年代，目前还处于发展阶段。研发早期的目标是发酵处理高含固城市固废，即能在简化原料处理、避免混合需要的同时取得较高负荷率和转化率。作为单段间歇式工艺，Biocel 工艺类似容器内的土地填埋，因循环渗滤液和较适宜的温度，转化率和产气量较土地填埋提高 50%～100%。Biocel 工艺已完成 5m³ 规模的中试，用于深入研究其启动、加热和发酵液循环的效果。如图 4-14 所示。

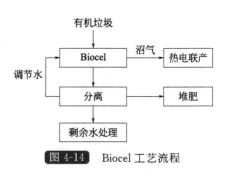

图 4-14 Biocel 工艺流程

4.3.3 餐厨垃圾厌氧处理工艺的关键影响因素

目前的厌氧发酵技术主要采用厌氧微生物对有机质进行高效降解，该过程受多种参数的影响，例如有机负荷、发酵温度、C/N、氨氮、挥发性脂肪酸、长链脂肪酸、pH 值、物料粒径、TS 含量、搅拌和盐分等，较适宜的厌氧发酵条件是厌氧发酵高效运行的先决条件。

（1）有机负荷

有机负荷是指单位体积单位时间内能够去除的有机物的量，对于厌氧发酵具有非常重要的影响。有机负荷低时，反应器容积产气率较低；较高的有机负荷会使发酵体系挥发性脂肪酸得到积累，导致发酵体系 pH 值迅速降低，抑制了甲烷菌的活性影响系统产气效率，最终导致厌氧发酵失败。因此维持适宜的有机负荷可以使厌氧发酵高效运行，既可以充分利用原料，又得到了较高的甲烷产率。

许多文献对有机负荷的影响进行了研究。Zhang[10]等在研究批式厌氧发酵过程中使用的餐厨垃圾的负荷为 10.5 gVS/L，得到的甲烷的产率为 445mL/gVS。王龙[11]等将餐厨垃圾与果蔬垃圾混合厌氧发酵，研究了不同有机负荷对发酵的影响，结果表明：当有机负荷分别为 1kgVS/(m³·d)、2kgVS/(m³·d)、3kgVS/(m³·d)时，系统 pH 值始终维持在 7.0～7.3，产气性能良好。负荷产气量和 VS 去除率分别为 0.97m³/kgVS、0.78m³/kgVS、0.72m³/kgVS 和 84%、87%、83%。当有机负荷升至 4kgVS/(m³·d)时，由于发酵体系有机酸积累，pH 值降至 6.8 下，抑制了甲烷菌的活性，系统产气性能受到抑制，负荷产气量和 VS 去除率分别降至 0.51m³/kgVS 和 76%。孟宪武[12]等研究了有机负荷对餐厨垃圾单相厌氧发酵的影响，结果表明：当有机负荷在 0.75～1.25gVS/(L·d)时，发酵过程的 pH 值、氨氮、可溶性化学需氧量维持相对稳定，而当有机负荷达到 1.5gVS/(L·d)时，发酵过程的 pH 值迅速下降、氨氮和可溶性化学需氧量含量大幅上升，说明在单相厌氧发酵体系中，餐厨垃圾的有机负荷不应超过 1.5gVS/(L·d)。

（2）温度

温度是影响厌氧微生物生长以及产甲烷活性的另一个重要因素，其主要通过影响酶的活性来影响微生物的生长速率和对基质的消耗速率。同时温度也影响着消化过程中沼气的产量、有机物的去除率和反应器所能达到的有机负荷率。在 20～60℃范围内，温度越高，微生物的代谢活性越强，温度每升高 10℃，总反应动力学速率将提高 1 倍。厌氧消化有 3 个温度范围，分别为常温 20～25℃、中温 30～40℃及高温 50～60℃，但是只有两个温度范围最适合有机垃圾的厌氧消化，分别是中温（30～37℃）和高温（45～55℃）[13]。温度过低，微生物生长代谢缓慢，产气效率较低；温度过高，厌氧发酵体系所需的能耗也越大，会大大增加运行成本，同时系统内游离铵浓度会增加，导致微生物细胞内的蛋白酶类逐渐失活，最终抑制厌氧发酵产气效率。

赵宋敏[14]等在 20℃、37℃、55℃条件下进行了餐厨垃圾的厌氧消化实验研究，结果表明：当温度为 37℃时，乙酸和挥发性脂肪酸产量最大，厌氧消化效率最高。K. Komemoto[15]等在 25℃、35℃、45℃、55℃和 65℃条件下研究了餐厨废弃物的水解和酸化效率。发现在 35℃和 45℃时，水解率可达 70%和 72.7%，而且产气率较高。但是，高温条件下微生物的活性受到了抑制，只在发酵初期出现了较高的水解率，但停留时间较短。

（3）C/N

微生物的生长需要适宜比例的营养元素（如碳源、氮源等），C/N 是影响厌氧发酵的一个重要参数，它不但影响厌氧发酵的沼气产率，还影响发酵液的氨氮浓度等。较适宜的C/N 可以平衡微生物的营养需求，有利于微生物的生长繁殖及保持活性，C/N 过低或过高均会抑制厌氧发酵效率，甚至使发酵失败。一般来讲，厌氧发酵时较适宜的 C/N 在20～30[16]，然而近年来的研究表明，厌氧发酵的最佳 C/N 在 15～20。Kumar[17]等利用响应面技术对果蔬类废弃物与餐厨垃圾进行了混合厌氧消化研究，确定了总 VS 去除率最高时的最佳 C/N 和湿度，结果表明：较适宜的 C/N 在 13.9～19.6，当 C/N 为 19.6 时，厌氧发酵能够高效地进行。Zhang[10]等研究表明，餐厨垃圾的 C/N 为 14.7 时厌氧发酵能够高效地运行。因此，在实际操作中要控制 C/N 在 15～20 之间才可以使厌氧发酵稳定高效地运行。

（4）氨氮、挥发性脂肪酸

氨氮是在微生物降解蛋白质和氨基酸的过程中形成的物质，包括铵离子（NH_4^+）和自由氨（NH_3）两种存在形式。有研究表明，自由氨是对厌氧发酵最具有毒性的物质，因为它可以穿透细胞膜影响细胞内的质子和钾离子的平衡。当氨氮浓度在 200mg/L 以下时，氨氮可以作氮源供微生物的生长，同时调节料液的 pH 值。但较高的氮浓度容易对厌氧发酵产生抑制，迅速降低甲烷菌的活性。何仕均[18]等研究了氨氮对厌氧颗粒污泥产甲烷活性的影响，结果表明：当氨氮浓度达 800mg/L 时，氨氮会对厌氧发酵产生抑制作用，抑制程度为 7%，且随着氨氮的增加，抑制作用会逐渐增强。

挥发性脂肪酸（VFA）主要指发酵液中 C_6 以下的小分子酸类物质，它是在有机质降解的过程中形成的主要中间代谢产物[19]。通常情况下，发酵液中的有机酸以乙酸、丙酸和丁酸为主，存在少量的戊酸和异戊酸等物质。挥发性脂肪酸是厌氧发酵的重要中间代谢物，但当其浓度达到 6.7～9.0 mol/m^3 时就会对厌氧微生物产生抑制作用，在此情况下，产甲烷菌对有机酸的降解速率及 H_2/CO_2 的还原速率降低。若有机酸发生严重积累，高浓度的有机酸和较低的 pH 值将会严重抑制酸化阶段进行，导致厌氧发酵失败。

氨氮和挥发性脂肪酸可以在厌氧体系内形成包含铵根离子及羧基的缓冲体系，使得发酵液具有一定的缓冲能力。在适宜的范围内，过多的有机酸可以被高浓度的氨氮中和，维持发酵体系的 pH 值稳定性，使得厌氧发酵在高负荷下能够稳定运行，因此氨氮浓度可作为衡量厌氧体系稳定程度的一种指标。

（5）长链脂肪酸

餐厨垃圾因其来源的特殊性，其脂类含量通常较高。长链脂肪酸主要产生于脂肪或油脂降解过程中，脂类物质在低浓度下对阳性菌具有明显的抑制作用。有研究指出，C_{18} 长链脂肪酸浓度为 1g/L 时即可对微生物产生抑制，同时也发现该抑制作用不可恢复。长链脂肪酸对微生物的抑制主要是由于它可以黏附在细胞壁或细胞膜上，影响细胞的传质。长链脂肪酸也可以对一些重要的反应产生抑制作用，如它可以抑制自身的降解和甲烷化过程。另外，由于长链脂肪酸的存在，发酵液内往往会出现油脂的结块作用，也会在排放时造成污泥的流失。为了解除长链脂肪酸对微生物的抑制作用，可采取向发酵液中投加吸附剂及将餐厨垃圾与其他物料混合发酵的方式。Zhang[20] 等将餐厨垃圾与牛粪混合厌氧发酵，发现混合后的发酵液中油脂分散得更为均匀，增大了油脂与厌氧活性污泥的接触面，从而增强了微生物对油脂的降解能力，提高了沼气产率。相比之下，未与牛粪混合的餐厨垃圾发酵液中的油脂有明显的结块现象，不利于微生物对油脂的降解。

（6）pH 值

pH 值是影响厌氧微生物活性及新陈代谢的另外一个重要因素。微生物对其极为敏感，同时 pH 值也是监测厌氧消化过程的重要工艺参数，通常有机垃圾厌氧消化的最适 pH 值为 6.4～7.2。餐厨垃圾有机质含量丰富，极易酸化，造成挥发性有机酸的严重积累，引起"酸中毒"，所以在餐厨垃圾厌氧发酵过程中要严密监测反应体系的 pH 值，并有效控制整个体系的 pH 值，这对厌氧发酵的顺利进行尤为重要。吕凡等[21]研究了 pH 值对易腐有机垃圾厌氧发酵的影响，结果表明：在 pH 值为 7 时，蛋白质和碳水化合物较易水解，并且发酵体系的水解速率最大，发酵进行的最快；当 pH 值为 5 及 7～8 时，水解类型分别为丙酸及丁酸型发酵，抑制了产甲烷菌的活性，发酵速率降低。针对餐厨垃圾这种易于消化的有机垃圾，当产生酸抑制时，可采用 NaOH、KOH 及含有石灰石的砂砾来调节发酵体系的 pH 值。

（7）物料粒径

对发酵原料进行破碎处理，可以减小发酵原料的粒径，增加发酵原料与厌氧菌种的接触面积，降低其输送难度，提高发酵过程的生化反应速度，从而缩短产气时间和提高反应器单位发酵容积的产气率。但粒径越小，破碎物料所需的能耗也越高，因此需要综合考虑物料水解速率及破碎能耗来确定最适物料粒度范围，通常粒径在 20～40mm 较好。另外，经过破碎预处理，还可以破坏农作物所含木质纤维素的细胞壁，使其有利于降解，提高沼气产量和有机物的降解率以及缩短消化时间，并且通过粉碎使得原来不均匀的物料更均匀。

（8）TS 含量（含固率）

一般而言，发酵体系含固率的高低会直接影响到发酵底质的流动性。当含固率较低时，发酵体系的水分含量较高，有利于易降解有机物的溶出，进而影响厌氧消化过程；当含固率过高时，发酵底质的流动性会变差，物料间混合不均，易发生固体沉降、系统堵塞并形成浮渣，严重影响发酵进程的顺利进行，甚至会终止反应进程，使系统瘫痪。Veeken 和 Hamelers[22]指出，发酵体系含固率越高，有机质的水解过程就越可能成为限速步骤，这是因为小分子的挥发性脂肪酸由酸化菌转移到甲烷菌，只能通过液相传递。Rivard[23]等对比了不同固体含量厌氧消化处理城市生活垃圾的效果，发现高固体厌氧消化在加料、混合和出料方面的优缺点、局限性都非常明显。无论是间歇式反应器还是连续式反应器，合适的总固体含量即有机负荷量，对于系统的快速启动及有机质的有效降解是非常重要的。

（9）搅拌

搅拌可以使发酵原料分布均匀，有利于传热；在消化过程中减小粒径，并有助于气体从发酵原料中逸出。但是过于频繁的搅拌会破坏菌群的正常繁殖，因此搅拌频率要依反应罐内混合物含量而定。与废水的厌氧消化相比，餐厨垃圾的总固体含量明显较高，一部分沼气产生后滞留在消化底物中，只有通过搅拌来释放滞留的沼气。餐厨垃圾干发酵方式虽然处理量大，高峰期产气速度快，但是消化时间较长，良好的搅拌是解决这一矛盾的有效措施。在干式厌氧消化处理系统中，搅拌是一个技术上的难点，这是因为高的含固率给搅拌装置的选择和动力的配制带来了困难。对于不同类型的反应器和 TS 应该选择相应的搅拌方式、搅拌强度和搅拌时间，美国环保署推荐的搅拌强度是 $5.26 \sim 7.91 \text{W/m}^3$ [24]。

（10）盐分

餐厨垃圾中含有一定的盐分，含盐量一般为 2‰~5‰（质量分数）[25]，且随各地饮食习惯的不同该值有显著的差异。含盐量的高低会对厌氧消化体系产生一定的影响。在厌氧消化的系统中，甲烷菌对盐类较为敏感，且盐对微生物的影响主要是 Na^+ 毒性，尤其是当钠盐浓度突然增加时，厌氧消化过程的正常运行会受到冲击。研究表明，当厌氧消化反应器中钠盐的浓度小于 5g/L，有机垃圾厌氧消化不会受到抑制；但当钠盐大于 5g/L 时，甲烷产率逐渐降低。还有研究指出，Na^+ 是甲烷菌生长繁殖所必需的元素，Na^+ 有助于合成三磷酸腺苷或促进烟酰胺腺嘌呤的氧化，从而有利于微生物代谢[26]。因此，合理控制发酵基质的盐分含量，是保证高微生物活性及产气率的基本条件。

4.4　餐厨垃圾厌氧发酵工艺设备

采用厌氧发酵技术，可将高含水率易腐败的餐厨垃圾转化为清洁的可燃气及具有一定肥力的有机肥料，近年来应用较广泛。首先，餐厨垃圾在收集过程中可能会因操作不当存在一些塑料、金属、纸张以及玻璃等杂物，不利于后续的破碎以及发酵过程；其次，餐厨垃圾油脂含量高，这些都不利于厌氧发酵过程的顺利运行，需要在厌氧发酵处理前予以分离去除。餐厨垃圾厌氧发酵工艺设备主要包括关键设备、一般设备和附属设备。其中，关键设备主要包括破碎除杂系统、油水分离系统、除砂匀浆系统及厌氧发酵系统。一般设备主要包括接料池、破袋分选系统、故液分离系统和脱水系统[27]。鉴于第 3 章已对破碎除杂系统、油水分离系统及除砂匀浆系统等进行了详细介绍，故在此节不再赘述。本节将主要针对餐厨垃圾的厌氧发酵反应器进行介绍。目前应用或研究较多的有上流式厌氧污泥床反应器（UASB）、完全混合厌氧消化工艺（CSTR）、膨胀颗粒污泥床反应器（EGSB）。

4.4.1 上流式厌氧污泥床反应器

上流式厌氧污泥床反应器（up-flow anaerobic sludge bed/blanket，UASB）在污水、污泥处理中应用较多，但也可应用于餐厨垃圾的处理，如图 4-15 和图 4-16 所示。该反应器的特点为在上部安装有气、液、固三相分离器，反应器内所产生的气体在分离器下被收集起来，污泥和污水升流进入沉淀区，由于该区不再有气体上升的搅拌作用，悬浮于污水中的污泥则发生絮凝和沉降，它们沿着分离器斜壁滑回反应器内，使反应器内积累起大量活性污泥。在反应器的底部是浓度很高并具有良好沉降性能的絮状或颗粒状活性污泥，形成污泥床。有机污水从反应器底部进入污泥床并与活性污泥混合，污泥中的微生物分解有机物生成沼气，沼气以小气泡形式不断放出，在上升过程中逐渐合并成大气泡。由于气泡上升的搅动作用，使反应器上部的污泥呈悬浮状态，形成污泥悬浮层。有机污水自下而上经三相分离器后从上部溢流排出。

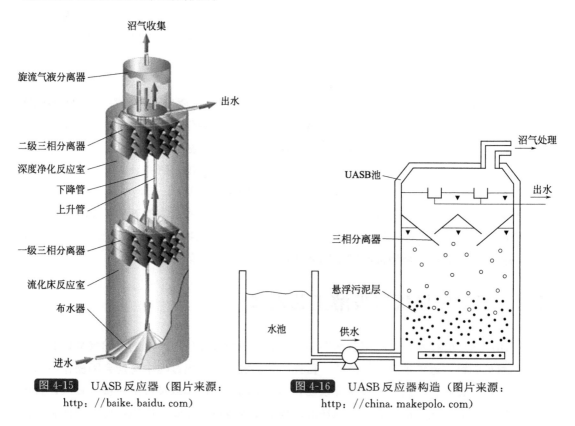

图 4-15 UASB 反应器（图片来源：http://baike.baidu.com）　　图 4-16 UASB 反应器构造（图片来源：http://china.makepolo.com）

该工艺的优点为：a. 除三相分离器外，消化器结构简单，没有搅拌装置及供微生物附着的填料；b. 长的水力停留时间使其达到了很高的负荷率；c. 颗粒污泥的形成，使微生物天然固定化，改善了微生物的环境条件，增加了工艺的稳定性；d. 出水的悬浮固体含量低。

缺点：a. 需要安装三相分离器；b. 进水中只能含有低浓度的悬浮固体；c. 需要有效

的布水器使其进料能均匀分布于消化器的底部；d. 当冲击负荷或进料中悬浮固体含量升高，以及遇到过量有毒物质时会引起污泥流失，要求较高的管理水平。

张晓叶[28]等以常州市厨余垃圾为研究对象，采用 UASB 反应器，就一次性进料餐厨垃圾厌氧处理条件下运行及工艺参数（如 pH 值、碱度、氨氮等）进行实验研究。结果表明：在厨余垃圾厌氧消化过程中氨氮是不断增加累计的，pH 值维持在 7.6 左右；COD 从开始的 20000～140000mg/L 到最终 UBF 出水 10000～12000mg/L；VFA 随着时间的增加逐渐降低；总氮先升高后降低；产气量随着时间较稳定增加。UASB 运行稳定后，每吨餐厨垃圾可以产生沼气 80～110m³，甲烷含量在 70%～79%，产沼系数为 0.3～0.5m³/kg。

4.4.2 完全混合厌氧消化工艺

完全混合厌氧消化工艺（continual stir tank reactor, CSTR）是世界上使用最多、适用范围最广的一种反应器。CSTR 反应器内设有搅拌装置，使发酵原料与微生物处于完全混合状态，使活性区遍布整个反应器，其效率比常规反应器有明显提高，如图 4-17 所示。

该反应器常采用恒温连续投料或半连续投料运转。CSTR 反应器应用于含有大量悬浮固体的有机废物和废水，如酒精废醪、禽畜粪便等。在 CSTR 反应器

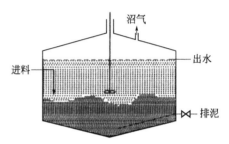

图 4-17 CSTR 反应器示意（图片来源：http://www.zztank.com/products_detail/productId=25.html）

内，进入的原料由于搅拌作用很快与反应器内发酵液混合，其排出的料液又与发酵液的浓度相等，并且在出料时发酵微生物也一起排出，所以出料浓度一般较高，停留时间要求较长，一般需 15d 或更长一些时间。CSTR 反应器一般负荷，中温为 3～4kg COD/(m³·d)，高温为 5～6kg COD/(m³·d)。为了提高反应器效率，在应用过程常加以改进，通过延长固体停留时间（SRT）来提高产气率。该工艺的优点是处理量大、产沼气多、易启动、便于管理、投资费用低，但是水力停留时间（HRT）和固体停留时间（SRT）要求较长。

该反应器广泛应用于餐厨垃圾制甲烷、制氢及制甲烷制氢一体化研究中。梅冰等[29]通过在线监测甲烷含量、沼气产率及离线监测 pH 值、溶解态 COD、挥发性脂肪酸（VFA）和辅酶 F420 等指标，对 CSTR 反应器厌氧消化餐厨垃圾的启动过程进行研究。吴树彪[30]等针对餐厨垃圾厌氧发酵效率和稳定性较低的问题，采用 CSTR 反应器在中温（37±1）℃下探究了微量元素 Fe、Co、Ni、Se、Mo、W 对餐厨垃圾厌氧发酵的影响。结果表明，微量元素能够在一定程度上提高餐厨垃圾厌氧发酵的产甲烷效率和稳定性。Lay[31]等利用 CSTR 发酵淀粉，获得产氢效率为 71.4mol H_2/(m³·d)。李建政[32]等利用 CSTR 反应器培养发酵产氢微生物，发现细菌在反应器内团聚成小球状，产气效率进一步提高到 254.5 mol H_2/(m³·d)。

浙江金华通过"预处理＋水解酸化＋CSTR 高温发酵＋二次发酵"的工艺技术，把餐厨垃圾加工转换为粗油脂、粗沼气、有机肥等三类产品，现已实现资源化利用率达 80% 以上。截至 2016 年 12 月，已累计处理餐厨垃圾近 2.8×10^4 t，产出工业粗油脂 970 余吨，粗沼气 1.21×10^6 m³，有机肥发酵原料近 1.5×10^4 t，实现吨均经济效益约 143 元。

4.4.3　膨胀颗粒污泥床反应器

膨胀颗粒污泥床反应器（expanded granular sludge blanket reactor，EGSB）是第三代厌氧反应器，于 20 世纪 90 年代初由荷兰 Wageingen 农业大学的 Lettinga 等人率先开发。EGSB 厌氧反应器是继 UASB 之后的一种新型厌氧反应器。如图 4-18 和图 4-19 所示，其构造与 UASB 反应器有相似之处，可以分为进水配水系统、反应区、三相分离区和出水渠系统。与 UASB 反应器不同之处是，EGSB 反应器设有专门的出水回流系统。它由布水器、三相分离器、集气室及外部进水系统组成一个完整系统。为了提高上流速度，EGSB 反应器采用较大的高度/直径比和大的回流比。在高的上流速度和产气的搅动下，废水与颗粒污泥间的接触更充分。由于良好的混合传质作用，EGSB 反应器内所有的活性的细菌，包括颗粒污泥内部的细菌都能得到来自废水的有机物，也就是说，在 EGSB 内更多微生物参与了水处理过程，因此可允许废水在反应器中有很短的水力停留时间。

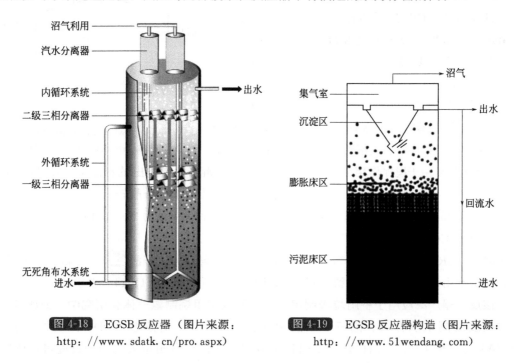

图 4-18　EGSB 反应器（图片来源：
http://www.sdatk.cn/pro.aspx）

图 4-19　EGSB 反应器构造（图片来源：
http://www.51wendang.com）

废水经过污水泵进入 EGSB 厌氧反应器的有机物充分与厌氧罐底部的污泥接触，大部分被处理吸收。高水力负荷和高产气负荷使污泥与有机物充分混合，污泥处于充分的膨胀状态，传质速率高，大大提高了厌氧反应速率和有机负荷。所产生的沼气上升到顶部，经过三相分离器把污泥、污水、沼气分离开来。从实际运行情况看，EGSB 厌氧反应器对有机物的去除率高达 90%～95% 以上，运行稳定，出水稳定，结构简单；容积负荷率高 [20～30kgCOD/(m³·d)]，停留时间较短，因此所需容积大大缩小；反应器容积负荷率高出普通 UASB 反应器 2～3 倍以上。此 EGSB 厌氧技术已经非常成熟，已经广泛运用到国内中大型企业。

4.4.4 附属设备

如图 4-20 和图 4-21 所示，附属设备主要是指对餐厨垃圾厌氧发酵系统的后续资源化利用设备，主要包括生物柴油制备设备、沼气净化提纯设备、沼气发电设备、沼渣造肥设备。这些设备造价高，可集中建设。这些设备也可用于除餐厨垃圾外的其他废弃物的资源化利用，如可将生活垃圾中有机物、污泥、粪便、秸秆等发酵完的产物归于一处，集中进行处理。

图 4-20 沼气净化提纯设备（图片来源：https：//image.baidu.com）　　图 4-21 沼气燃烧发电设备（图片来源：http：//www.jianzhaoqi.com/biogas/）

4.5 沼气利用国内外现状及发展趋势

在国民经济生活、生产中，沼气作为能源的收集利用对环境大有好处，同时可通过对沼气的利用所产生的收益来弥补餐厨垃圾处理厂的运行管理费用。沼气有较广泛的用途，可用于炊事、照明、锅炉、取暖等。近年来，随着大型沼气工程的发展和沼气提纯技术的成熟，为沼气应用提供了更广阔的发展空间，包括大规模集中供气、热电联产或冷、热、电三联供，车用燃气及沼气燃料电池等高附加值产品。因此，未来的沼气将可部分取代石油和天然气等能源产品。

4.5.1 沼气发电技术

由于沼气中含有硫化氢、水分、粉尘等有害杂质，如果不将其去除，将对沼气发电机组产生严重影响。同时，沼气经过预处理系统后，流量和压力都得到稳定，利于机组的运行。因此，从设备的运行稳定性、寿命以及环保多方面考虑，都有必要对沼气进行脱硫、脱水、除湿、除杂质等预处理。

（1）预处理系统

在常温下沼气通过脱硫剂床层，沼气中的 H_2S 气体与高活性 Fe_2O_3 接触，被脱硫剂表面和孔隙所吸附，直到覆盖失去活性为止。

沼气脱硫后经过高效除沫分离器，除去气体中的水雾和机械杂质，使出口气体中的含水量饱和且粉尘粒径小于 $50\mu m$，同时微量硫化氢、氨等有害气体溶于凝液中，排出系统。

随后，饱和气体进入深度冷却系统，在列管式换热器里与低温冷冻水换热，使气体的温度降至 $10\sim15℃$，通过冷凝进一步除去气体中的水汽、粉尘及微量有害气体，出冷凝器的沼气相对湿度小于 80%，能满足燃气发电机等对水含量的要求。

制冷系统采用列管式换热器冷凝，其具有温度分布均匀、冷量利用率高、冷凝水分离彻底的优点，而且沼气在冷凝器内的阻力小，压损小于 $2kPa$。

在四季温差比较大的使用环境下，制冷机组在使用过程中，气温高时，制冷循环冷媒可以用水；气温低时，为防止冷媒液结冰，需要在冷媒液中加入助剂，降低冷媒液的凝固点，确保制冷过程的正常进行。

冷凝器后设有一体化的汽水分离器，可以将冷凝器产生的大部分液态水去除。

（2）预处理工艺

从厌氧反应器中出来的沼气进入脱硫塔，将沼气中的硫化氢含量降至 $600\mu L/L$ 以下。脱硫后的沼气进入气液分离、粉尘去除系统，经过分离后气体中的大量冷凝液和粉尘被分离出来，保证了系统后续设备的正常运行。加压风机按所配系统 110% 额定发电工况设计，采用变频调节随时保持最佳工况。后置冷却采用双通道逆流冷却方式，可最大效率地热传导使得压缩气体的温度尽快降下来。经过初步冷却的气体再经过电制冷机和热交换器将气体温度迅速降低，气体中的水分和水合物被冷凝分离，沼气进一步干燥，气体中的酸性气体和硅化合物被基本分离。经过冷冻分离后的气体再进入一个细过滤器，将气体中的固态粉尘进行过滤，过滤后气体中粉尘粒径小于 $3\mu m$。在后端系统设计了气体调温装置，经过上述处理的气体温度比较低，为了使气体适应燃气发动机的需要，必须将气体温度调整到适宜温度。系统将处理过的气体自动调整到机组需要的温度。

沼气燃烧发电是随着沼气综合利用的不断发展而出现的一项沼气利用技术，其主要原理是利用工农业或城镇生活中的大量有机废弃物经厌氧发酵处理产生的沼气驱动发电机组发电。目前用于沼气发电的设备主要为内燃机，一般由柴油机组成或天然气机组改造而成。相比于燃油和燃煤发电，沼气发电适用于中、小功率的发电动力设备。沼气发电的关键技术主要是高效厌氧发酵技术、沼气内燃机和沼液沼渣综合利用技术等。沼气发电技术是有效利用沼气的一种重要方式。

德国近 3000 处沼气工程几乎都发电上网，其 98% 的沼气工程是热电联产（CHP）工程，发电余热用于沼气池加热。我国已经有一批沼气发电设备生产企业，从几十千瓦到几百千瓦级都已经能够生产，可靠性方面技术差距正在缩小。但是我国沼气工程中沼气发电的比例仍不到 3%，发电余热利用和热交换技术与欧洲相比差距很大。

4.5.2　沼气生产天然气技术

随着我国经济快速发展，能源生产已经无法满足能源消费的快速增长，能源的对外依存度逐年增大，供需矛盾十分突出。从天然气供需来看，2016 年全国天然气产量为 $1371\times10^8 m^3$，天然气消费量却达到了 $2058\times10^8 m^3$，供需缺口达 600 多亿立方米，需要靠进口解决[33]。

生物天然气（bio-natural gas），是指由生物质转化而来的以甲烷为主要成分的燃气，目前主要指通过沼气提纯得到的生物甲烷气（bio-methane）。通过厌氧发酵形成的沼气具有清洁、高效、安全和可再生四大特征，沼气制备及利用过程能有效消除有机废弃物污染，并减少温室气体排放总量，是一种极具代表性的双向清洁过程。由于沼气中 $55\%\sim70\%$ 的成分都是甲烷，经过净化提纯后可替代天然气使用。因此，生物天然气可以直接作为石化天然气的替代燃料，所以发展沼气已成为增加天然气供应量的一个重要方向。瑞典在该领域处于领先地位，其生物天然气已超过石化天然气的消耗量。中国对生物天然气亦有很大需求，据《中国可持续发展油气资源战略研究》报告预测，2000～2020 年中国天然气需求量年均增长率为 10.8%，而中国天然气生产年均增长率仅为 7.5%。据估测，到 2020 年中国天然气的年需求量将达到 $2500\times10^8\,m^3$，缺口将达到 $900\times10^8\,m^3$。发展沼气对于缓解我国能源紧张局面，减轻对传统石化能源的依赖，优化能源结构具有十分重要的战略意义。人类对生物天然气需求的持续增加，将有力地推动沼气提纯技术的快速发展。

（1）管道天然气

随着新农村建设的不断推进，农村沼气规模化集中供气也得到了较快的发展。以管道天然气为生产目的的沼气高值化利用目前在国内还没有规模化、商业化应用实例。管道天然气可利用现有的天然气管网输送到各种利用终端，利用方式比较灵活，如图 4-22 所示。

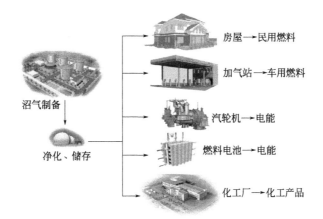

图 4-22 以管道天然气为媒介的沼气高值化利用
（图片来源：http://image.baidu.com）

（2）车用燃料

沼气经过脱硫、脱水、去除二氧化碳等工艺后，纯度达到 90% 以上（CH_4），与天然气基本一样，可作为车用天然气燃料。经过该深加工处理过程，沼气的经济价值大大提高，将逐渐成为沼气利用的重要途径。

沼气作为车用燃料可享受一系列的优惠政策，包括免收能源税和二氧化碳税、减收气体燃料的车辆使用税等；另外，使用该类环保型车辆也可以享受国家购车补贴，以及一些区域性优惠政策，如免费停车等。当然推行使用沼气的汽车也存在着阻力，包括沼气车成本略高、同乙醇及生物柴油等其他生物燃料间的竞争、有限的沼气输送网络和储存能力、有限的沼气加气站等。

因此，沼气燃料的使用和推广不仅依赖于沼气生产和提纯技术，也取决于输送网络和加气设备的综合完善。根据统计，单从价格考虑，沼气作为车用燃料在过去相当长的一段时间相比于传统的车用燃料并不具有吸引力。如瑞典鼓励沼气燃料的初衷更多是从环保和绿色能源考虑，因为沼气作为车用燃料存在诸多优点，如减少由于温室气体带来的负面影响、降低 NO_x 和 SO_x 的排放、减少酸雨、缓解臭氧破坏等。但随着近年来国际原油价格的不断攀升和原油供应不稳定因素的加剧，沼气作为生产和消费的可再生清洁能源，展现出独特的区域性优势。

近年来，沼气加气站得到了快速发展。最近瑞典隆德大学的两位专家从能源效率和环境角度比较了沼气与其他生物燃料（如燃料乙醇、生物柴油等）作为车用燃料的优劣性。他们通过资源效率、能源衡算、环境影响和生化过程等方面综合分析，并结合土地的利用、有机副产物和废物的有效利用等因素的考虑，得出沼气在资源效率和生命周期分析等方面具有突出的优势，沼气在不远的未来将会是最具有可持续性和广泛推广的车用燃料之一。车用天然气在我国也得到了快速发展，在鞍山羊耳峪垃圾填埋场、深圳下坪垃圾填埋场和北京安定垃圾填埋场，建设有以垃圾填埋气为原料制取车用天然气的示范工程。

（3）压缩天然气

CNG 为压缩天然气。经预处理提纯后的高纯度沼气经加气站由压缩机加压后，压至 $20\sim25MPa$，再经过高压深度脱水，充装进入高压钢瓶组槽车储存，再运送到各个城市输入管网，作为车用燃料和生活燃料向居民用户、商业用户和工业企业等供应。

另外，提纯后的沼气并入天然气管网就可利用现有的天然气输送网络和设备，极大地节约沼气运输成本，有利于沼气利用的推广，是一种非常有前景的沼气输送方式。

国内目前还没有针对沼气来源的管输天然气和车用压缩天然气的相关标准，主要参考气田、油田来源天然气的标准：《天然气》（GB 17820—2012）和《车用压缩天然气》（GB 18047—2000）。《天然气》适用于经预处理后通过管道输送的天然气。其中一类与二类天然气主要用作民用燃料；三类天然气主要作为工业原料或燃料；另外，在满足国家有关安全卫生等标准的前提下，对上述 3 个类别以外的天然气，供需双方可用合同或协议来确定其具体技术要求。

4.5.3 制备燃料电池技术

燃料电池是一种等温进行、直接将储存在燃料和氧化剂中的化学能高效（50%～70%）、无污染地转化为电能的发电装置。它的发电原理与化学电源一样，电极提供电子转移的场所，阳极催化燃料如氢的氧化过程，阴极催化氧化剂如氧等的还原过程；导电离子在将阴阳极分开的电解质内迁移，电子通过外电路做功并构成电的回路。但是，燃料电池的工作方式又与常规的化学电源不同，而更类似于汽油、柴油发电机。它的燃料和氧化剂不是储存在电池内，而是储存在电池外的储罐中。当电池发电时，要连续不断地向电池内送入燃料和氧化剂，排出反应产物，同时也要排除一定的废热，以维护电池工作温度的恒定。燃料电池本身只决定输出功率的大小，其储存能量则由储存在储罐内的燃料与氧化剂的量决定。

燃料电池的诞生、发展是以电化学、电催化、电极过程动力学、材料科学、化工过程和自动化等学科为基础的。回顾燃料电池发展的历史，1839 年格罗夫发表世界上第一篇关于燃料电池的报告至今已有 160 余年的历程。从技术上看，新概念的产生、发展与完善是燃料电池发展的关键。如燃料电池以气体为氧化剂和燃料，但是气体在液体电解质中的溶解度很小，导致电池的工作电流密度极低。为此，科学家提出了多孔气体扩散电极和电化学反应三相界面的概念。正是多孔气体扩散电极的出现，才使燃料电池具备了走向实用化的必备条件。为稳定三相界面，开始采用双孔结构电极，进而出现向电极中加入具有憎水性能的材料，如聚四氟乙烯等，以制备黏合型憎水电极。对以固体电解质作隔膜的燃料电池，如质子交换膜燃料电池和固体氧化物燃料电池，为在电极内建立三相界面，则向电催化剂中混入离子交换树脂或固体氧化物电解质材料，以期实现电极的立体化。

与传统的燃烧沼气获取能量资源相比，甲烷（CH_4）燃料电池就是用沼气（主要成分为 CH_4）作为燃料的电池，与氧化剂（O_2）反应生成 CO_2 和 H_2O 的反应中得失电子就可产生电流从而发电。美国科学家设计出以甲烷等烃类化合物为燃料的新型电池，其成本大大低于以氢为燃料的传统燃料电池。燃料电池使用气体燃料和氧气直接反应产生电能，其效率高、污染低，是一种很有前途的能源利用方式。但传统燃料电池使用氢为燃料，而氢既不易制取又难以储存，导致燃料电池成本居高不下。科研人员曾尝试以便宜的烃类化合物为燃料，但化学反应产生的残渣很容易积聚在镍制的电池正极上，导致断路。美国科学家使用铜和陶瓷的混合物制造电池正极，解决了残渣积聚问题。这种新电池能使用甲烷、乙烷、甲苯、丁烯、丁烷等 5 种物质作为燃料。

甲烷燃料电池发电具有能量转化效率高、不污染环境及寿命长等优点。燃料电池将是 21 世纪最有竞争力的高效、清洁的发电方式，它将在洁净煤燃料电站、电动汽车、移动电源、不间断电源、潜艇及空间电源等方面有着广泛的应用前景和巨大的潜在市场。将沼气用于燃料电池发电，是有效利用沼气资源的一条重要途径，这对我国沼气利用技术的发展意义重大。

通过燃料电池进行的电/热电联产，在北美、日本和欧洲，已进入快速发展阶段，未来将成为继火电、水电、核电后的第四代发电方式。日本东芝公司从 20 世纪 70 年代开始，重点研发分散型燃料电池，至今已将 200kW 机、11MW 机形成系列化，其中 11MW 机是世界上最大的燃料电池发电设备，安装在美国和日本的 2 台沼气燃料电池，累计运行时间均已突破 40000h。然而，由于较高的燃料电池投资成本和运行维护成本，沼气燃料电池还处于研发和示范阶段。

4.5.4 沼气利用技术的发展趋势

结合我国餐厨垃圾处理现状和特性，我国的餐厨垃圾处理项目可用于生物柴油和制取饲料。沼气发电项目并不多，更多的是对于沼液发酵产气过程的利用，为设备自身的使用提供参考。严格意义上讲，这并不是真正意义上餐厨垃圾厌氧沼气工程。国外的餐厨垃圾厌氧发酵技术具有很多先进的工程经验，可为我国餐厨垃圾的处理提供可选的方案。

我国对沼气发电机的研究起步较晚，初期主要是改装小功率内燃机为双燃料式或全烧沼气式沼气发动机。20 世纪 90 年代中期以后，随着一些大型沼气工程、垃圾填埋场的建成，沼气发电已具有稳定的充足的气源，促成了沼气发电技术研究的逐步深入，使沼气发动机的性能得到较大改善，发电机组的单机功率也有所增大。不过，目前国内已在使用的国产沼气发电机组，在燃料发电效率上以及部分零件寿命上与国外先进机组相比有一定差距，从而影响其发展进程。

　　沼气发电机在发电的同时，产生出大量的热量，烟气温度一般在 550℃左右。通过利用热回收技术，将燃气内燃机中的润滑油中冷器缸套水和尾气排放中的热量充分回收利用，一般从内燃机热回收系统中吸收的热量以 90℃的热水形式供给热交换部分使用，用于冬季采暖以及生活热水。据有关资料表明，效率较高的沼气发电机，只能把沼气总含能量的 30%左右转化为电能，并可把总能量的 40%左右以余热的形式回收，其余的能量以各种形式被损失掉，如果将这部分损失掉的能量加以充分回收利用，将为我国北方发展沼气工程提供有力的技术保障。

　　沼气作为一种新兴能源正被各个国家重视，但由于我国起步较晚，致使沼气发电技术相对落后。沼气发电市场不规范，没有相应的较为完善的行业标准，也不利于其商业化开发和利用。基于以上分析可以看出，采用厌氧发酵技术生产沼气能源是处理有机固体废物的国际主流方法，但由于我国发展沼气发电起步时间较晚，技术相对落后，导致我国沼气发电技术相对落后。随着国家的重视，加之国内许多科研学者也在加大对这一行业的研究，在原料供给、设备技术研发、沼气产量等方面都会得到提升，这将会使沼气发电行业有大的发展。由此而知，在若干年后，我国也会跻身于国际沼气发电行业先进国家行列。可以预见，沼气发电产业的形势越来越好，发展空间越来越大。

　　据国家有关部门预测，截至 2020 年，我国的天然气汽车保有量将达到 1000 万辆[34]，而 CNG 汽车加气站的数量也将以每年 20%的速度飞速递增。建设沼气提纯项目，产品气可以送入燃气管网或送至加气站供给车用，既可以生产清洁能源，缓解项目所在地区的环保压力，改善环境状况，又是企业一个新增长点，可以很好地形成社会、环境，企业经济、形象的双重结合。项目所产生的清洁能源（生物天然气）可减少社会发展对石油等化石能源的依赖，并对节能减排做出贡献，未来必然有良好的发展前景。

　　在当前能源日益紧张、环保压力不断增加的形势下，沼气的利用对丰富和完善能源结构，缓解能源供需不平衡矛盾，提高可再生资源利用，减少矿物能源消耗，缓解能源紧张，减少废弃物造成的环境污染，降低工业、农牧业、养殖业能源消耗和生产成本，提升副产品利用价值等均具有切实的意义。

参 考 文 献

[1] 安静，常军，朱宗强.城市垃圾填埋与沼气化技术的现状与发展[J].广西农学报，2008，23(5)：60-63.

[2] 许晓杰，冯向鹏，张锋.餐厨垃圾资源化处理技术[M].北京：化学工业出版社，2015.

[3] 王晋.厌氧发酵产酸微生物种群生态及互营关系研究[D].无锡：江南大学，2013.

[4] Weiland P. Biogas production：current state and perspectives[J]. Applied microbiology and biotechnology，2010，85 (4)：849-860.

[5] Drake H L，Küsel K. How the diverse physiologic potentials of acetogens determine their in situ realities[M]// Biochemistry and Physiology of Anaerobic Bacteria. Springer New York，2003：171-190.

[6] 郝春霞，陈灏，赵玉柱.餐厨垃圾厌氧发酵处理工艺及关键设备[J].环境工程，2016(S1)：691-695.

[7] 杨玉楠，熊运实，杨军，等.固体废物的处理处置工程与管理[M].北京：科学出版社，2004.

[8] 李东，孙永明，张宇，等.城市生活垃圾厌氧消化处理技术的应用研究进展[J].生物质化学工程，2008，42(4)：43-50.

[9] 邹辉，吴刚.厌氧消化在餐厨垃圾处理中的应用[J].环境科技，2011，2：16-17.

[10] Zhang R, El-Mashad H M, Hartman K, et al. Characterization of food waste as feedstock for anaerobic digestion[J]. Bioresource technology, 2007, 98(4): 929-935.

[11] 王龙, 邹德勋, 刘研萍, 等. 进料负荷对中试规模餐厨和果蔬混合厌氧消化的影响[J]. 中国沼气, 2014, 32(1): 37-42.

[12] 孟宪武, 许晓晖, 杨智满, 等. 有机负荷对餐厨垃圾单相厌氧发酵的影响[J]. 安徽农业科学, 2011.

[13] 张存胜. 厌氧发酵技术处理餐厨垃圾产沼气的研究[D]. 北京: 北京化工大学, 2013.

[14] 赵宋敏, 李定龙, 戴肖云, 祁静, 王晋. 温度对厨余垃圾厌氧发酵产酸的影响[J]. 环境污染与防治, 2011, (03): 44-47, 64.

[15] Komemoto K, Lim Y G, Nagao N, et al. Effect of temperature on VFA's and biogas production in anaerobic solubilization of food waste[J]. Waste management, 2009, 29(12): 2950-2955.

[16] 吴云. 餐厨垃圾厌氧消化影响因素及动力学研究[D]. 重庆: 重庆大学, 2009.

[17] Kumar M, Ou Y L, Lin J G. Co-composting of green waste and food waste at low C/N ratio[J]. Waste Management, 2010, 30(4): 602-609.

[18] 何仕均, 王建龙, 赵璇. 氨氮对厌氧颗粒污泥产甲烷活性的影响[J]. 清华大学学报: 自然科学版, 2005, 45(9): 1294-1296.

[19] Veeken A, Hamelers B. Effect of temperature on hydrolysis rates of selected biowaste components[J]. Bioresource technology, 1999, 69(3): 249-254.

[20] Zhang C, Xiao G, Peng L, et al. The anaerobic co-digestion of food waste and cattle manure[J]. Bioresource technology, 2013, 129: 170-176.

[21] 吕凡, 何品晶, 邵立明, 等. pH 值对易腐有机垃圾厌氧发酵产物分布的影响[J]. 环境科学, 2006, 27(5): 991-997.

[22] Veeken A, Hamelers B. Effect of temperature on hydrolysis rates of selected biowaste components[J]. Bioresource technology, 1999, 69(3): 249-254.

[23] Rivard C J, Himmel M E, Vinzant T B, et al. Anaerobic digestion of processed municipal solid waste using a novel high solids reactor: maximum solids levels and mixing requirements[J]. Biotechnology letters, 1990, 12(3): 235-240.

[24] 李东, 孙永明, 袁振宏, 等. 厌氧消化处理城市生活垃圾的应用研究进展[J]. 2007 中国可持续发展论坛暨中国可持续发展学术年会论文集, 2007.

[25] 王攀, 李冰心, 黄燕冰, 等. 含盐量对餐厨垃圾干式厌氧发酵的影响[J]. 环境污染与防治, 2015, 37(5): 27-31.

[26] 李荣平, 葛亚军, 王奎升, 等. 餐厨垃圾特性及其厌氧消化性能研究[J]. 可再生能源, 2010(1): 76-80.

[27] 郝春霞, 陈灏, 赵玉柱. 餐厨垃圾厌氧发酵处理工艺及关键设备[J]. 环境工程, 2016(S1): 691-695.

[28] 张晓叶, 孔峰, 姜翠萍, 等. 基于 UASB 反应器厌氧处理厨余垃圾实验研究[J]. 环境卫生工程, 2014, 22(4): 22-23.

[29] 梅冰, 彭绪亚, 王璐, 等. CSTR 反应器厌氧消化餐厨垃圾启动过程的监控[J]. 中国给水排水, 2013, 11: 005.

[30] 吴树彪, 郎乾乾, 张万钦, 等. 微量元素对餐厨垃圾厌氧发酵的影响实验[J]. 农业机械学报, 2013, 44(11): 128-132.

[31] Lay J J. Modeling and optimization of anaerobic digested sludge converting starch to hydrogen[J]. Biotechnology and bioengineering, 2000, 68(3): 269-278.

[32] 李建政, 李伟光, 昌盛, 等. 厌氧接触发酵制氢反应器的启动和运行特性[J]. 科技导报, 2009, 27(14): 91.

[33] 萧芦. 2011—2016 年中国天然气产量[J]. 国际石油经济, 2017, 25(4): 106.

[34] 潘招荣. CNG 汽车加气站的设计要点及相关风险性研究[J]. 低碳世界, 2014(01X): 180-181.

第5章

餐厨垃圾回收制备生物柴油技术与原理

5.1 地沟油与生物柴油

狭义上的地沟油主要是指将宾馆、餐馆或食品加工企业的残留饭菜和排放物（俗称泔水）经过简单的提炼处理制成的油[1]。广义上的地沟油是指人们生活中各类劣质油的总称，包括重复使用的煎炸油、狭义地沟油以及劣质猪肉、猪内脏、猪皮加工提炼后产出的油。

我国每年的动植物油消费总量大约有 $2.250 \times 10^7 t$，其中地沟油消费约占总量的15％。据统计，北京每年产生的餐饮废弃油脂总量达 $9 \times 10^4 t$。一旦这些废弃油脂得不到合理利用必然导致严重的环境污染，甚至简单处理后流向餐桌，直接危害人类健康安全。地沟油质量极差，炼制中发生酸败、氧化和分解等一系列化学反应，产生毒素，一旦食用，会导致白细胞和消化道黏膜遭到破坏，引起食物中毒，甚至致癌。其中"泔水油"中的主要危害物——黄曲霉素的毒性是砒霜的 100 倍[2]。因此，地沟油由于其危害性不适合食用，但是不经处理就直接进入水循环又会造成水体富营养化，寻求一种治理地沟油的有效途径迫在眉睫。

目前，地沟油的利用方式主要包括 3 种[3,4]。

① 简单加工提纯后水解制备低档的工业油酸、硬脂酸和工业油脂等，直接利用。废弃油脂水解分离出各种脂肪酸，而脂肪酸作为油脂加工的基础原料，得到的下游产品广泛应用于纺织、食品、医药、日用化工、橡塑、金属加工、涂料等行业。

② 通过碱皂化反应生成碱皂和甘油，作为肥皂和洗衣粉制备的廉价原料。

③ 醇解制备生物柴油。地沟油制备化工产品，生产工艺复杂，附加值和利用率低等，不再是地沟油资源化利用的首选。而作为生物柴油生产原料，具备生产工艺成熟、产品附加值高，实现了可再生能源资源化利用，减轻了环境污染，逐渐成为地沟油的主流处理方式。

生物柴油是指以油料作物如大豆、油菜、棉、棕榈等，野生油料植物和工程微藻等水生植物油脂以及动物油脂、餐饮垃圾油等为原料油，通过酯交换或热化学工艺制成的可替代石化柴油的再生性柴油燃料，是一种含氧量极高的复杂有机混合物，可作为石化柴油的替代品[5,6]。

5.1.1 地沟油的组成

地沟油的主要成分包括甘油三酯、脂肪酸、磷脂胶质、机械杂质以及甘油三酯水解后的甘油等，其各组分的特点如表 5-1 所列。

表 5-1　地沟油的成分

甘油三酯	甘油三酯呈微酸性，是油脂的主要成分。在中性水中几乎不发生水解反应，但加入少量的酸或碱会使水解程度加大
脂肪酸	脂肪酸是甘油三酯的水解产物，也是评定油脂的一个重要指标，一般用酸值表示。一般植物油脂中脂肪酸的含量很少，不超过 1.5%。而废弃油脂中一般含有大量的脂肪酸，夏季酸值可高达 150mg/g 左右
磷脂胶质	废油脂中的胶质一般包括磷脂、糖类、蛋白质、微量元素等，其中磷脂是主要成分。一般食用油中的磷脂已经过提取，含量很少，但在利用食用油对食品进行煎炸的过程中，食物中的磷脂、蛋白质会进入油脂中，导致废弃油脂中胶质含量增加
机械杂质	机械杂质是指食物烹制过程中加入的调料、菜叶等，在废弃油脂初步过滤时，很难完全分离
甘油	甘油是甘油三酯的水解产物，但因溶于水，含量较低

5.1.2 地沟油的理化特性

地沟油的理化特性包括气味、熔点和凝固点、酸值、皂化值、碘值以及酯值，它们都能在一定程度上反映地沟油的性质，具体理化特性说明如表 5-2 所列[7]。

5.1.3 生物柴油的特性

生物柴油作为一种可再生优质柴油，可以从各种生物质中提炼，在资源日益匮乏的当今，有望成为石油的替代燃料。其具体的优点介绍如下[6]：

1）原料可再生性　生物柴油的生产原料为可再生生物质，因此原料来源广泛，不像石油、煤炭等化石能源一样面临枯竭。

2）优良的环保特性　与石化柴油相比，生物柴油的硫含量较低，不含苯系物，燃烧后尾气污染程度降低。并且由于二氧化碳的生物圈循环，温室气体的排放也大大降低。

3）低温启动性能　生物柴油具有良好的低温启动性能，在无添加剂时的冷滤点达−20℃。

4）良好的润滑特性　生物柴油可以使喷油泵、发动机缸体和连杆的磨损率降低，延长使用寿命。

5）良好的安全性能　与石化柴油相比，生物柴油的闪点较高，因此其在运输、储存和使用过程中具有明显优势。

表 5-2　地沟油理化特性

气味	由于食用油的腐败，地沟油都具有一定的酸臭味，因此在地沟油处理的同时需要采用化学法或者物理法除臭

熔点和凝固点	地沟油受热变为液体的临界温度点称为地沟油的熔点。地沟油分解的脂肪酸冷却由液体变为固体,放出一定的洁净热,当生成的凝固物温度不再降低,反而瞬间升高,达到的最高温度称为脂肪酸的凝固点。 脂肪酸的凝固点与脂肪酸的碳链长度、不饱和度、异构化程度有关。一般碳链越长,双键越少,异构化越少,则凝固点越高。而对于同分异构体而言,如油酸,反式结构比顺式结构凝固点高
不皂化物	不皂化物是指溶解在地沟油中,却不能被碱皂化的物质。不皂化物对于生物柴油的质量具有一定的影响
酸值	酸值是指中和 1g 油脂中游离脂肪酸所需要的氢氧化钾的质量(mg),是鉴定油脂品质好坏的重要指标。油脂腐败越严重,则游离脂肪酸的含量越高,酸值也越高
皂化值	皂化值是指完全皂化 1g 油脂所需要的氢氧化钾的质量(mg)。一般来说,地沟油中脂肪酸的碳链越短,油脂的皂化值越高。不皂化物含量越高,皂化值越低。中性油脂的皂化值数值上等于酯值
酯值	酯值是指皂化 1g 油脂中酯类物质所需要的氢氧化钾的质量(mg)。当油脂中含有游离脂肪酸时,酯值等于皂化值减去酸值。此时油脂中的甘油含量约为酯值的 0.5466 倍
碘值	碘值是指每 100g 油脂所吸收的碘的质量。碘值的高低反映油脂的不饱和度,油脂的碘值越高,则不饱和度越大。通过碘值的测定,可以计算油脂中混合脂肪酸的平均双键数,在油脂氢化时,可以计算出理论耗氢量

6)优良的燃烧特性 与石化柴油相比,生物柴油的十六烷值较高,燃烧性能优良。且燃烧残留物呈微酸性,能够延长柴油发动机废气处理催化剂和机油的使用寿命。

7)可调和性 生物柴油可以与石化柴油以一定比例调和后使用,可达到降低油耗、提高动力、减少污染的效果。

8)可降解性 生物柴油在环境中容易被微生物分解利用,因此具有良好的生物降解性。

5.1.4 生物柴油制定标准

生物柴油制定标准中含有很多指标,有些是与石化柴油共有的,如密度、黏度、闪点、十六烷值等;还有一些是生物柴油特有的,如总酯含量,游离甘油含量,甘油三酯、二酯以及单酯含量,碘值等;此外,还有一些额外的指标可供选择,如馏程、燃烧热值、润滑性、皂化值等[8~10]。

(1)闪点

闪点是表示油品蒸发性和着火危险性的指标,油品的危险等级是根据闪点划分的。为了储存和运输的安全,燃料都具有最低闪点的要求。生物柴油的闪点一般高于110℃,远超过石化柴油的70℃,安全性更高。闪点高于90℃的燃料被认为在存储和使用上都是安全的,而生物柴油的闪点高于100℃,在运输、存储和使用上十分安全。甲醇的含量是影响生物柴油闪点高低的重要因素。即使在生物柴油中含有少量的甲醇,其闪点也会降低。除此之外,较多的甲醇也会对燃料泵、橡塑配件等有影响,并且会降低生物柴油的燃烧性能。

(2)水分

生物柴油中低含量的水可以充当燃烧促进剂,但是水分会大大降低生物柴油的存储稳定性。游离水会导致生物柴油氧化并与游离脂肪酸形成酸性水溶液,水本身对金属就有腐蚀。

（3）机械杂质

机械杂质是指存在于油品中所有不溶于规定溶剂的杂质，对发动机零部件的磨损以及运转是否正常都有严重影响。生物柴油中不允许有机械杂质。

（4）运动黏度

运动黏度是生物柴油在重力作用下流动时内摩擦力的量度，其值为相同温度下生物柴油的动力黏度与密度之比。为了保证燃油具有较好的雾化性能，应尽量降低生物柴油的黏度，以避免压力过大。一方面，对于一些发动机而言，为了防止喷射泵和喷射器泄漏而造成功率损失，可设定一个黏度最小值；另一方面，通过对发动机的设计尺寸、喷油系统特性的考虑，限定了允许黏度的最大值。生物柴油的黏度高于石油柴油，调入 $2\% \sim 20\%$ 的生物柴油到石油柴油中后，柴油的黏度会增加，但也能满足标准对柴油运动黏度的要求。残留甘油和甘油酯会大大增加生物柴油的黏度，因而在标准中对甘油和甘油酯含量也做了严格限制。

（5）硫酸盐灰分

在生物柴油中灰分以固体磨料、可溶性金属皂及未除去的催化剂三种形式存在。固体磨料和未除去的催化剂能导致喷射器、燃油泵、活塞和活塞环磨损以及发动机沉积。可溶性金属皂对磨损影响很小，但却能导致滤网堵塞和发动机沉积。

（6）硫含量

硫含量对于发动机磨损和沉积以及尾气污染物的排放影响很大，清洁燃料的一个重要指标就是低硫要求。生物柴油的一个主要优点就是硫含量低。排放控制方面可以直接减少细小颗粒和二氧化硫的排放，并确保各类柴油汽车的颗粒物和氮氧化物排放控制的工作效能。

（7）铜片腐蚀

生物柴油会腐蚀柴油机，腐蚀试验评估生物柴油的腐蚀性。铜片腐蚀是指在规定条件下测试油品对铜的腐蚀倾向，在 50℃下放置 3h，然后观察铜的变化。酸或含硫化合物的存在能使得铜片褪色，此试验用来评测燃料系统中紫铜、黄铜、青铜部件产生腐蚀的可能性。按照目前的标准，生物柴油的铜片腐蚀一般都能达到要求，但长期与铜接触可能会导致生物柴油发生降解，产生游离脂肪酸和固体物质。

（8）十六烷值（CN 值）

CN 值是指在规定条件下的发动机试验中，采用和被测定燃料具有相同发火滞后期的标准燃料中正十六烷的体积分数。较高的 CN 值能使生物柴油在发动机中运行更流畅，噪声更小。与石油柴油相比，生物柴油的优点就是 CN 值较高。

（9）氧化安定性

氧化安定性也是生物柴油质量的一个重要指标，氧化安定性差的生物柴油易生成如下老化产物：不溶性聚合物（胶质和油泥），这会造成发动机滤网堵塞和喷射泵结焦，并导致排烟增加、启动困难；可溶性聚合物，其可在发动机中形成树脂状物质，可能会导致熄火和启动困难；老化酸，会造成发动机金属部件腐蚀；过氧化物，会造成橡胶部件的老化变脆而导致燃料泄漏等问题。由于生物柴油很难通过纤维素滤膜，所以用于评价石油柴油氧化安定性的方法不适合评价生物柴油。目前已经发展了很多方法用来评定生物柴油的氧化安定性，比较得到公认的标准方法是 ISO 6886《动植物油脂氧化稳定性测定法（加速氧化法）》和基于此的 EN 14112:2004《脂肪酸甲酯氧化稳定性测定法（加速氧化法）》。欧洲标准规定生物柴油在 110℃下的诱导期不低于 6h，美国标准暂时还没有规定这一指标。

（10）低温流动性

柴油在低温条件下的流动性能不仅关系到柴油发动机燃料供给系统在低温下能否正常供油，而且与柴油在低温下的储存、运输、装卸等作业能否进行都有密切关系。柴油的低温流动性能一般用浊点、冷滤点、凝点/倾点等来衡量。在冷滤点方法出现之前，一般用浊点、凝点/倾点来评价油品的低温性能。美国使用浊点和倾点指标划分柴油的牌号。冷滤点与燃料实际使用温度有很好的对应关系，对柴油燃料的使用有实际指导意义，而浊点、凝点/倾点与实际情况有偏差。100％生物柴油的低温流动性普遍较差，冷滤点高于石油柴油。石油柴油与生物柴油调和后，低温流动性与石油柴油的性质、生物柴油的性质、掺入量以及是否使用流动性改进剂等都有很大关系。美国和欧洲标准都未明确规定。

（11）残炭

油品在规定的实验条件下，受热蒸发和燃烧后形成的焦黑色残留物称为残炭。残炭量是用来评测燃料油中炭沉积趋势的重要指标。残炭与生物柴油中的甘油酯、游离脂肪酸、皂、残留催化剂和其他杂质等有关。残炭值越大，在柴油发动机气缸内生成积炭的倾向越大，空气污染物中颗粒物占了很大比重，柴油机的颗粒排放是个重要问题，为了降低颗粒物排放，各国标准要求低残炭量。美国生物柴油标准用 100％的样品来替代 10％蒸余物，并按照 10％蒸余物来计算，其值要求小于 0.050％。欧洲生物柴油标准是直接测试，要求100％蒸余物残炭不大于 0.3％。

（12）酸值

酸值是指中和 1g 油品中酸性物质所需要的氢氧化钾质量（mg）。生物柴油的酸值测定对象是生产过程中残余的游离脂肪酸和储存过程中降解产生的脂肪酸。高酸值的生物柴油能加剧燃料油系统的沉积并增加腐蚀的可能性，同时还会使喷油泵柱塞副的磨损加剧，喷油器头部和燃烧室积炭增多，从而导致喷雾恶化以及柴油机功率降低和气缸活塞组件磨损增加。

（13）游离甘油

高含量的游离甘油可产生喷射器沉积，也会阻塞供油系统和腐蚀发动机以及生成黑烟，同时还能导致储存和供油系统底部游离甘油的形成。游离甘油可以通过水洗除去。

（14）总甘油

总甘油包括游离甘油和结合甘油，其中结合甘油又包括甘一酯、甘二酯和甘三酯。这些指标用来评测油品中甘油的含量，包括游离甘油和未反应或部分反应的油脂。较低的总甘油含量能够确保油脂在转变成脂肪酸甲酯的高转化率。甘油酯的高黏度是植物油燃料在启动和持久性上产生问题的主要原因，甘油酯特别是甘三酯会使喷嘴、活塞和阀门上产生沉积，甘一酯会有腐蚀作用，甘二酯燃烧不佳并会导致炼焦，因而甘油、甘一酯、甘二酯的含量应低于 0.1％以取得最佳发动机性能。

（15）磷含量

高的磷含量会使燃烧排放物中颗粒物增加，并影响汽车尾气催化剂的性能，所以必须要保持它的低含量。在国外，随着排放标准的日益严格，催化转换器在柴油动力设备上的应用越来越普遍，因此低含磷量的重要性将逐渐升高。

（16）90％回收温度

由于可生成生物柴油的动植物油脂主要是由 C_{16} 到 C_{18} 的脂肪酸甘油酯组成，因此所生成的生物柴油的馏程范围一般为 330～360℃。这一指标的作用是防止生物柴油中混入其他高沸点污染物。美国标准规定 90％回收温度不超过 360℃，欧洲标准没有规定这一项目。

（17）金属含量

残留的金属可导致发动机沉积和磨损，并造成泵和注射器失效，使柴油车排烟增大，启动困难。酯交换反应的催化剂可向生物柴油中引入 Na、K、Ca、Mg 等金属。

欧洲和美国早在 2003 年 7 月和 2003 年 11 月就制定了生物柴油的标准（ASTM D 6751），如表 5-3 所示。我国柴油的用途主要集中于农用动力机械及公路、水路及铁路运输动力机械方面，这一点与美国的情况极为类似。2007 年 1 月，国家标准化管理委员会以标准号 GB/T 20828—2007 发布，并定于 2007 年 5 月 1 日起实施我国第一项生物柴油国家标准《柴油机燃料调和用生物柴油》，如表 5-4 所列[5,9]。

表 5-3 欧洲和美国生物柴油标准

项目	美标（检测方法）	欧标（检测方法）
闪点/℃	≥130.0(D 93)	≥120.0(EN ISO 3679)
水分/％	≤0.050(D 2709)	≤500mg/kg(EN ISO 12937)
运动黏度/(mm²/s)	1.9～6.0(D 445)	3.5～5.0(ENISO 3104)
硫酸盐灰分/％	≤0.020(D 874)	≤0.020(ISO 3987)
硫含量/％	≤0.0015(D 5453)	≤0.001(EN ISO 20846)
铜片腐蚀	≤3 级(D 130)	1 级(EN ISO 2160)
十六烷值/min	≥47(D 613)	≥51(EN ISO 5165)
残炭/％	<0.050(D 4530)	≤0.3(EN ISO 10370)
酸值/(mg KOH/g)	≤0.80(D 664)	≤0.50(EN 14104)
游离甘油/％	≤0.020(D 6584)	≤0.020(EN 14105, EN 14106)
总甘油/％	≤0.240(D 6584)	≤0.25(EN 14105)
磷含量/(mg/kg)	≤10(D 4951)	≤10(EN 14107)
甘油单酯/％	—	≤0.80(EN 14105)
甘油二酯/％	—	≤0.20(EN 14105)
甘油三酯/％	—	≤0.20(EN 14105)
90％回收温度/℃	≤360(D 1160)	—
金属含量/(mg/kg)	—	≤5(EN 14108)

表 5-4　GB/T 20828—2007 对生物柴油各指标要求

项目	指标		试验方法
	S500	S50	
密度(20℃)/(kg/m³)		820～900	GB/T 2540
运动黏度(40℃)/(mm²/s)		19～6	GB/T 265
闭口闪点/℃		≥130	GB/T 261
冷滤点/℃		报告	SH/T 0248
硫含量/%	≤0.05	≤0.005	SH/T 0689
残炭/%		≤0.3	GB/T 17144
硫酸盐灰分/%		≤0.020	GB/T 2433
水含量/%		≤0.050	SH/T 0246
机械杂质		无	GB/T 511
铜片腐蚀(50℃,3h)/级		≤1	GB/T 5096
十六烷值		≥49	GB/T 386
氧化安定性(110℃)/h		≥6.0	EN 14112
酸值/(mg KOH/g)		≤0.80	GB/T 264
游离甘油/%		≤0.020	ASTM D 6584
总甘油/%		≤0.24	ASTM D 6584
90%回收温度/℃		≤360	GB/T 6536

5.2　生物柴油制备原理

生物柴油制备的核心反应机理为酯化酯交换反应。根据反应条件的不同，酯交换反应制备生物柴油的方法可分为酸催化法、碱催化法、酶催化法以及超临界甲醇法。

5.2.1　酯化法机理

酯化反应是指醇与羧酸或含氧无机酸生成酯和水的反应。羧酸与醇的反应是可逆的，而且反应速率极其缓慢，所以通常加入浓硫酸作催化剂来加快反应进行。典型的酯化反应是乙醇和乙酸的反应，生成具有芳香气味的乙酸乙酯。

酯化反应中包含一系列可逆的平衡反应步骤，具体如图 5-1 所示。其中步骤 1 是酯化反应的控制步骤，步骤 2 是酯水解反应的控制步骤。该反应为双分子亲核取代反应（SN₂反应），经过加成-消除过程。采用同位素标记方法证实了酯化反应生成的水来自羧酸的羟基和醇的氢，但羧酸与醇的酯化反应中则是醇发生了烷氧键断裂，中间生成了碳正离子[1,11]。

酯化反应中，醇作为亲核试剂对羧基的羰基进行亲核攻击，并且质子酸的存在使羰基碳更缺电子而有利于醇的亲核加成。酯化反应的一般通式为：

$$RCOOH + R^1OH \rightleftharpoons RCOOR^1 + H_2O$$

式中　R——脂肪酸的碳链；

　　　R^1——醇的烷基。

由上式可知，1mol 脂肪酸与 1mol 醇反应生成 1mol 脂肪酸酯和 1mol 水。反应中醇浓度是影响反应速率的重要因素，因为反应中产生了副产物水，随着反应的进行，会使反应物醇的浓度降低，导致生成物酯的产量减少，延长反应时间。所以，在制备生物柴油的过程中，除了使用一定的催化剂加快反应速率，还需要不断移除副产物水，保证醇浓度的同时促使反应向正方向进行，提高生物柴油产率。

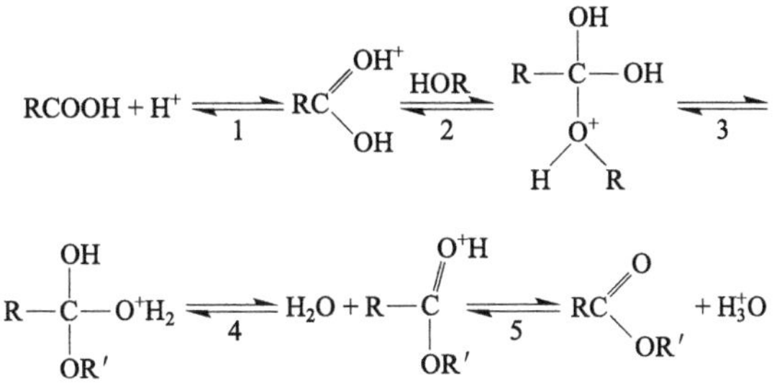

图 5-1　酯化反应机理

5.2.2　酯交换法机理

酯交换反应是指甘油三酯与短链醇（一般为甲醇或乙醇）在催化剂的作用下生成脂肪酸甲酯和副产物甘油的反应，是目前制备生物柴油的主要方法。甘油三酯完全酯化需要三步反应：甘油三酯与甲醇反应生成脂肪酸甲酯和甘油二酯；甘油二酯与甲醇反应生成脂肪酸甲酯和甘油单酯；甘油单酯和甲醇反应生成脂肪酸甲酯和甘油[2,11]。酯交换反应方程式如图 5-2 所示。

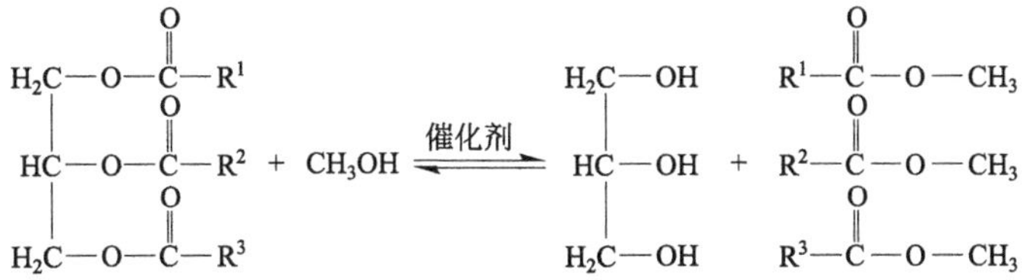

图 5-2　酯交换反应总方程式

由图 5-2 可知，理想条件下，1mol 甘油三酯与 3mol 甲醇反应生成 3mol 脂肪酸甲酯和 1mol 甘油。但是，当使用强碱（氢氧化钠或氢氧化钾）作催化剂时，酯交换反应条件控制不当，容易产生皂化副反应。

酯交换反应通常需要添加催化剂来促进反应的进行，催化剂包括酸性催化剂、碱性催化剂和生物酶催化剂等。其中碱性催化剂可分为均相碱（如氢氧化钠、氢氧化钾等）和非均相固体碱催化剂；酸性催化剂可分为均相酸（如硫酸、磺酸、磷酸等）和非均相固体酸催化剂。

（1）酸催化酯交换反应

酸催化酯交换反应机理如图 5-3 所示。质子与甘油三酯的羰基结合形成碳正离子，碳正离子与亲质子的甲醇结合形成四面体结构的中间体，中间体分解可生成脂肪酸甲酯和甘油二酯，并产生质子催化下一步反应。甘油二酯和甘油单酯重复进行上述反应，最终生成甘油[2]。

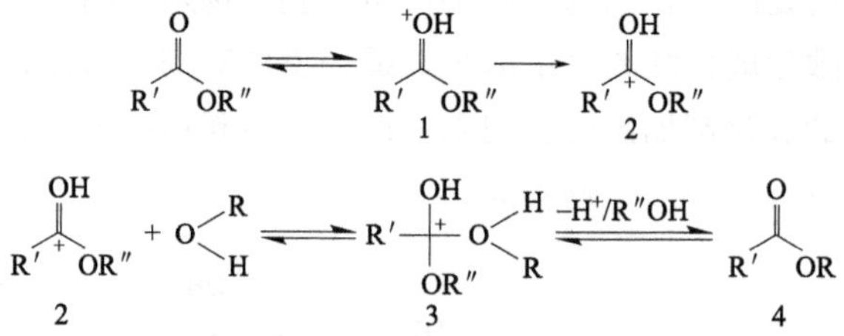

图 5-3　酸催化酯交换反应机理

酸性催化剂可以避免发生皂化反应，反应产率高，适合于高酸值和高水含量的地沟油原料。但也存在反应效率低，对反应器要求高，醇消耗量大的缺点。工业中常用的酸性催化剂是浓硫酸、磺酸或两者的混合物。与磺酸相比，硫酸价格便宜、吸水性好，有利于脱除酯化反应中生成的水，但是腐蚀性强，且攻击碳碳双键，容易造成产物颜色加深。易伍浪[12]等采用磺酸类 Brønsted 酸离子液体作为催化剂，研究了不同工艺条件下催化废油脂制备生物柴油的过程，得到产物中脂肪酸甲酯的最高含量达到 86.8%，在同样的反应条件下，催化剂重复使用 9 次后其活性无明显变化。

强酸型阳离子交换树脂和磷酸盐是两种典型的非均相固体酸催化剂，但面临较高的反应温度和较长的反应时间，且酯交换反应转化率低，限制了工业应用。其他固体酸催化剂如硫酸锆、硫酸锡、氧化锆等也有人研究[13]。另外，据 2005 年 11 月 Nature 报道，日本东京工业大学正在开发从天然有机物如糖、淀粉、纤维素等生产固体酸催化剂。其制备方法是先把有机物如葡萄糖、蔗糖在低温（＞300℃）下进行不完全碳化，然后进行磺化反应，引进磺酸基，得到磺化的非定形碳催化剂。此种催化剂具有价格便宜、酯化活性高、使用寿命长的特点，但还没发现用于酯交换反应方面的报道。

酸性催化剂可以催化游离脂肪酸和甲醇反应生成脂肪酸甲酯，所以适用于加工高酸值的油脂。但是，需要注意的是水对催化剂的活性影响较大。一般处理高酸值的废弃油脂时，为了避免产生的水影响反应进程，工业上常常采用边脱水边反应或者间歇式操作等方法进行定期除水。

目前，国外的生物柴油制备装置中，很少采用酸催化的酯交换工艺。酸性催化剂主要用来高酸值油脂的预酯化。我国生物柴油制备工厂主要采用高酸值的废弃油脂为原料，催化剂多数使用液体酸。使用固体酸催化剂对高酸值油脂进行预酯化，然后再利用碱催化酯交换制备生物柴油，是具有发展前景的工艺路线。

（2）碱催化剂酯交换反应

在碱性催化剂催化的酯交换反应中，真正起活性作用的是甲氧阴离子，如图 5-4 所示。甲氧阴离子攻击甘油三酯的羰基碳原子，形成一个四面体结构的中间体，然后这个中间体分解成一个脂肪酸甲酯和一个甘油二酯阴离子，这个阴离子与甲醇反应生成一个甲氧阴离子和一个甘油二酯分子，后者会进一步转化成甘油单酯，然后转化成甘油。所生成的甲氧阴离子又循环进行下一个催化反应[2]。

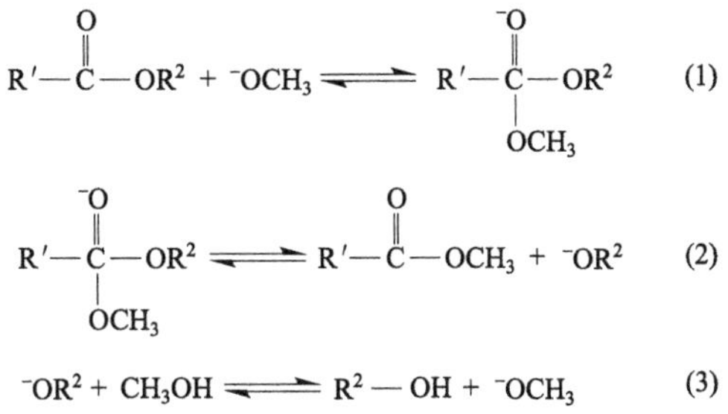

图 5-4 碱催化酯交换反应机理
R'—甲酯；R^2—甘油

目前，利用地沟油为原料，进行酯交换反应制取生物柴油的主要催化剂为均相碱催化法[14]，一般选用 NaOH、KOH、各种碳酸盐以及有机碱等作为催化剂，利用其与甲醇和油脂均匀混合成为均相体系进行反应。均相碱催化最大的缺点在于催化剂难以回收利用，而且在反应过程中产生大量水洗之后的工业废水，造成环境污染，副产物甘油也难于分离，为下一步甘油的深加工以及生物柴油的提纯造成了困难。为了解决上述问题，进一步得到高纯度的甘油和生物柴油，同时避免产生废液，人们开始着力于研究固体碱催化这一均相反应体系[15]。然而，目前绝大多数的生物柴油工业生产装置都采用液相催化剂，用量为油重的 0.5%～2.0%（质量分数）。甲醇钠与氢氧化钠（或钾）用作酯交换催化剂时还有所不同。当使用甲醇钠为催化剂时，原料必须经严格精制，一般酸值要求不超过 2mg KOH/g。少量的游离水或脂肪酸都影响甲醇钠的催化活性，国外工艺中要求两者的含量都不超过 0.1%；但其产物中皂的含量很少，有利于甘油的沉降分离及提高生物柴油收率。而氢氧化钠（或钾）为催化剂对原料的要求相对不严格，原料中可含少量的水和游离脂肪酸，但需要加入过量的催化剂以中和游离脂肪酸，且导致产物中含有较多的脂肪皂，甘油沉降分离困难，甘油相中溶解的甲酯量较高，从而降低生物柴油的收率，因此不宜采取[13,16,17]。对于氢氧化钠和氢氧化钾，当用作酯交换催化剂时也有所不同。主要表现在 3 个方面：

① 在对粗产物进行沉降分离过程中，催化剂主要存在于甘油相中。由于氢氧化钾的分子量大于氢氧化钠，因此会提高甘油相的密度，加速甘油相的沉降分离。

② 当使用氢氧化钾为催化剂时，皂的生成量要比使用氢氧化钠时少，这会减少甲酯在甘油相中的溶解。

③ 以氢氧化钾为催化剂，产物用磷酸中和可生成磷酸二氢钾，这是一种优质肥料，不仅可以减少废物的排放，同时还会增加经济效益。但是相比之下氢氧化钠为催化剂的优点是价格便宜。

固体碱催化剂最近几年正在工业化。与液碱催化剂相比，使用固体催化剂可以大大提高甘油相的纯度，降低甘油精制的成本，"三废"排放少，生物柴油收率提高；但反应速度慢，需要较高的温度和压力，较高的醇油比，且对游离脂肪酸和水比较敏感，原料需严格精制。法国石油研究院开发的 Esterfip-H 工艺是第一个将固体碱作为催化剂成功应用于工业生产的生物柴油生产工艺，其催化剂是具有尖晶石结构的双金属氧化物，已经建成 $1.6×10^5$ t/a 的生产装置[16]。德国波鸿的鲁尔大学也开发了一种固体碱催化剂——氨基酸的金属络合物，催化酯交换反应的温度为 125℃，高于液碱催化剂的反应温度（60℃左右）。日本正在开发强碱性阴离子树脂催化剂，已取得很大进展[18]。不过阴离子树脂只能在低温（60℃以下）操作，否则很快失活，因此开发出耐高温的强碱性树脂具有一定的工业化前景。除此之外，国内外正在开发的固体碱催化剂还包括黏土、分子筛、复合氧化物、碳酸盐以及负载型碱（土）金属氧化物等。

（3）生物酶催化酯交换反应

为了解决传统酸碱催化剂制备生物柴油的缺点和问题，相关技术人员开始尝试使用生物酶催化动植物油脂酯酯化生产生物柴油。一般认为，油脂的醇解机制是基于酶催化的水解机制。酶催化酯交换反应机理如图 5-5 所示，在反应过程中，酶活性位点特异性的酸或碱功能基团通过质子转移实现对反应的催化。

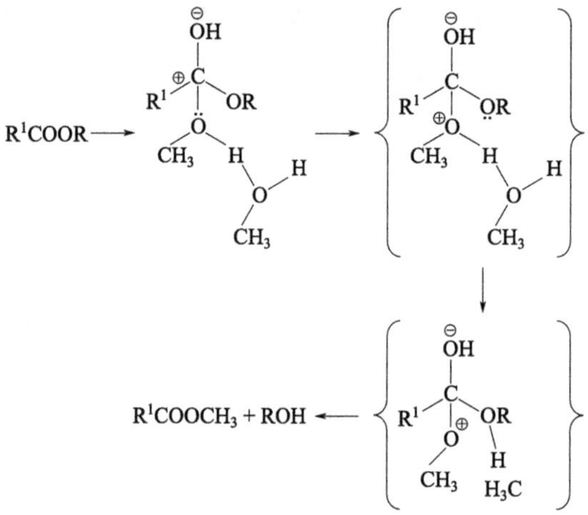

图 5-5 酶催化酯交换反应机理

通过将这些基团上的质子转移到底物，酶完成了活性位点内的酸性或碱性催化反应。这些功能基团是活性位点的一部分，对于催化过程非常重要。一个是作为亲核试剂的羟基，一个是氨基的氮原子，在反应中接受质子并返还质子。从分子的角度来说，就是甘油三酯先将脂肪酶酰基化为酰基酶，同时生成甘油和甘油中间物（DG 或 MG），然后酰基化酶再将酰基转移给甲醇生成目标产物脂肪酸甲酯。甲醇作为第二个酰基受体，而脂肪酶的酰基化只是一个中间的过渡态。

酶催化制备生物柴油具有条件温和、醇用量少、产品易于收集、无污染排放等优点。研究表明，脂肪酶是一种很好的催化醇与脂肪酸甘油的酯交换反应催化剂，酶作为一种生物催化剂，具有较高的催化效率和经济性，因此日益受到关注。Soumanou[19] 等研究了不同有机溶剂对酶催化葵花籽油的影响，非极性溶剂条件下转化率能达到 80%。其中 Pseudomonas 酶催化效果最好，其转化率超过 90%。用于催化合成生物柴油的脂肪酶主要是酵母脂肪酶、根霉脂肪酶、毛霉脂肪酶、猪胰脂肪酶等。由于脂肪酶的来源不同，其催化特性也存在很大差异。文献报道了一些在无极溶剂存在时能够有效地催化豆油醇解的脂肪酶。在含水量很低的反应体系内，南极假丝酵母酯酶能有效地催化植物油甲酯的生成。另外，文献也报道了在有机溶剂存在时脂肪酶的催化作用。如 Kakugawa[20] 等醇化了一种有能合成糖脂的酵母 Kurtzmanomyces sp. I-11 产生的胞外脂肪酶。该酶在一定的 pH

值范围内活性很稳定，在质量分数为 40％ 的各种有机溶剂中其活性也十分稳定。但脂肪酶在有机溶剂中存在聚集作用，并有不易分散、催化效率较低等缺点，因此通常把脂肪酶固定在载体上。脂肪酶固定化技术在工业规模生产中极具吸引力，具有稳定性高，可重复使用，保留酶活性并有获得超活性的可能，容易从产品中分离等特点。诺维信公司（Novozymes）已经开发出一种用于非水系的固定化脂肪酶的廉价方法，并已有固定化脂肪酶成品提供。

我国华南理工大学和北京化工大学等也在研究用酶催化制备生物柴油的技术，该方法以廉价油为原料，以脂肪酶和微生物细胞为催化剂，采用 3～4 级固定床酶反应器进行连续转酯化反应，可简化原料处理及产品回收工艺、降低反应温度、避免催化剂对反应副产品甘油的污染，无污染排放。另外，清华大学针对甲醇对脂肪酶的毒性问题，研究采用短链脂肪酸甲酯代替甲醇进行酯交换制备生物柴油，并已申请专利[16]。

（4）超临界催化酯交换反应

超临界酯交换技术是近几年发展起来的制备生物柴油的新方法。目前，国内外利用超临界法制备生物柴油主要以超临界醇或超临界 CO_2 为介质。随着碳链的增长，醇的碱性减小，空间效应增大，导致反应平衡常数减小，酯交换效率降低。相比于其他醇类，甲醇具有价格便宜、极性强等特点，因此超临界甲醇酯交换在制备生物柴油工艺中最为常见。Kusdiana[21] 等认为超临界甲醇酯交换制备生物柴油的反应属于亲核反应，首先甘油三酯由于电子分布不均匀而发生振动，使得羰基上碳原子显示正价，而氧原子显示负价，同时甲醇上的氧原子攻击带有正电的碳原子，形成反应中间体，中间体醇类物质的氢原子向甘油三酯中烷氧基的氧原子转移形成第二种反应中间体，进而得到酯交换反应产物，具体如图 5-6 所示。

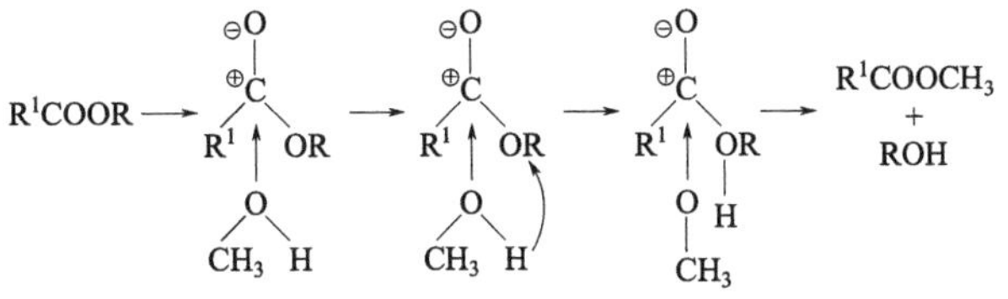

图 5-6 超临界甲醇酯交换反应机理

超临界甲醇法制备生物柴油的最大特点就是对原料的要求低、不需要额外添加催化剂、反应时间短、反应效率高、产物易分离精制。醇与油脂的相容性不好，酯交换反应实际上是在不完全相容的两液相之间进行的。以超临界甲醇为媒介进行酯交换反应，甲醇既是反应物，又是催化介质，与常温常压下的甲醇相比，具有以下特性：

① 在临界点附近调节压力和温度，可控制超临界甲醇的密度从气态到液态的连续性变化，相际界限消失，由此与密度相关的一些性质，如介电常数和黏度均可连续地由气态过渡到液态，进而引起溶剂能力的改变。

② 超临界甲醇的黏度接近于气体，传质导热能力大大提高，可快速扩散到溶质内部。

③ 超临界甲醇扩散系数位于液体与气体之间，是液体自扩散能力的 100 倍以上，具有良好的渗透力和平衡力。

④ 相比于传统有机溶剂，超临界甲醇具有低活度和高扩散系数，能有效克服笼蔽效应的影响，有利于游离自由基的生成，从而提高反应速率，得到分子量分布均匀的产物。

总而言之，超临界条件下，甲醇具有良好的疏水性和低介电常数，可以很好地与甘油三酯溶解，形成单相的混合物，从而极大提高反应效率，简化后续分离处理过程。但也面临着能耗高、安全性低的限制。

5.2.3 生物柴油制备方法的影响因素

5.2.3.1 酯交换影响因素

（1）反应温度

反应温度是影响反应速率的重要参数。Gan[22]等利用煎炸油和甲醇反应，$Fe(SO_4)_3/C$为催化剂，制备生物柴油。发现转化率随着反应温度的升高而增大，75℃以上的最终转化率均可达到90%以上，而65℃时的最高转化率仅为70%。得出，反应温度对酯交换反应转化率有显著影响，制备过程中应根据反应需要，合理设置反应温度。

（2）醇油摩尔比

甲醇/甘油三酯的摩尔比（简称醇油比）是影响脂肪酸甲酯收率的重要因素。由于酯交换反应为可逆反应，过量的甲醇有利于提高产物收率。研究表明，醇油比增大，不仅增加了油脂与甲醇的接触面积，而且提高了反应速率。

醇油摩尔比的大小与酯交换反应的催化剂种类有关。一般传统催化剂（强碱）催化制备生物柴油时，醇油比在（3～25）：1之间。Dorado[23]等在常温常压下，以大豆油为原料，采用NaOH作催化剂，在超声波条件下制备生物柴油，得到醇油比为（3～10）：1时，生物柴油产率由52%升至约100%，表明醇油比相比于其他反应条件影响较大。

（3）原料油中的水分和游离脂肪酸含量

如果使用碱性催化剂，则会和脂肪酸发生皂化反应，不仅消耗了部分催化剂，降低了主反应的催化效果，还会造成凝胶，增加脂肪酸越少，对反应越有利。所以通常地沟油制备生物柴油之前需要进行干燥和预酯化工艺，来减少水分和游离脂肪酸的不利影响。

（4）催化剂

碱性催化剂中最常用的是NaOH、KOH、CH_3ONa，NaOH的催化效率虽不如CH_3ONa，但因其廉价而被作为首选。邬国英[24]等对菜籽油与甲醇在KOH催化下的间歇式酯交换反应进行了酯交换动力学研究，并考察了催化剂用量对反应产率的影响，得到催化剂用量为0.9%～1.3%时，1.1%的催化效果最佳。

5.2.3.2 超临界甲醇酯交换影响因素

（1）反应温度

Demirbas[25]在间歇式反应器中比较了不同温度条件下，超临界甲醇与榛子油制备合成生物柴油。结果表明：超临界条件下，油脂和甲醇的反应速率明显高于同参数下亚临界条件下的反应速率。

（2）水分和游离脂肪酸

当油脂中游离脂肪酸的含量高于0.5%时，反应体系不宜采用碱性催化剂，否则易引起皂化反应，不仅消耗催化剂降低催化效果，还会生成凝胶，增加混合物黏度，使甘油分离困难。而超临界状态下，原料油中的水和游离脂肪酸含量对酯交换反应影响不大，相反可能会加快反应速率。Kusdiana[26]等比较了酸催化、碱催化和超临界三种工艺中水对反应的影响。结果表明：酸催化中，0.1%的水就会导致酯交换率的降低，当水分含量增至5%时，酯交换率仅为6%；碱催化中，当水含量增至2.5%时，酯交换率由97%降至80%；而超临界条件下，水含量高达50%时，酯交换率仍可达98%。

（3）醇油比

部分学者为了测定醇油比对反应的影响，做了醇油比不同的实验研究。当醇油比为42∶1时，反应4min后，甲醇的转化率高达95%以上；当醇油比为21∶1时，反应4min后甲醇转化率约为80%；醇油比降至6∶1时，脂肪酸甲酯的转化率约40%。由此可知，过量的甲醇可以促进酯交换反应的进行，但考虑到成本和分离，需要对甲醇回收循环利用。

5.2.3.3　酶催化酯交换影响因素

（1）反应温度

高松[27]等比较了不同温度条件下，酶催化制备合成生物柴油。结果表明：当温度为30℃时，生物柴油的产率维持在较低水平。随着温度的升高，产率不断升高，当温度升至47℃时，生物柴油产率达到最高值74%。主要因为温度升高，增加了底物分子的热能，酶的活性也随之增高。但随着温度的继续升高，酶本身蛋白质结构的分子热能继续增大，导致维系酶三维结构的非共价键相互作用的破裂，使酶失活。除此之外，温度过高也会导致乙醇对酶的毒害加深，所以选择合适的反应温度至关重要。

（2）含水率

有研究表明，脂肪酶催化制备生物柴油的反应包括酶促酯化和酶促水解。当水分含量增加时，酶促水解反应的发生概率加大，相对转酯化反应的产率降低。除此之外，系统含水率升高会改变酶的活性结构，同时造成固定化酶脱落，进而活性降低。

（3）醇油比

理论上来说，醇油比越大，底物的初始浓度就越高，酶催化反应速率也就越快。而脂肪酶催化高酸值废油脂发生酯交换反应时，过量的甲醇会使脂肪酶发生失活作用。王建勋[28]等研究表明，当醇油比由1∶1增至2∶1时，酯交换速率有所提高；继续增加至3∶1时，转酯化速率几乎保持不变；当醇油比增至4∶1时，酯交换反应速率反而呈现降低的趋势。

（4）酶用量

脂肪酶用量存在一个最佳的浓度范围。初步增加酶用量会增加酯化和转酯化反应速率，但随着酶量的增加，反应体系中的底物被脂肪酶饱和，再增加酶含量对反应不再有促进作用。综合考虑节约酶制剂和成本问题，脂肪酶用量为废油脂的8%为宜。

5.2.4　酯化、酯交换反应动力学

（1）酯化反应动力学

酯化反应是预酯化工艺中的主要工艺，目前酯交换反应动力学研究比较深入，而对于

预处理工艺的动力学探讨相对较少。酯化反应的动力学方程式可以由下式加以描述：

$$r = [H^+] \dfrac{[RCOOH][CH_3OH] - \dfrac{[RCOOH][H_2O]}{K}}{K}$$

式中 r——酯化速率；

K——速率常数，$K = \dfrac{[RCOOH][H_2O]}{[RCOOH][CH_3OH]}$。

张婷、雷忠利[29]等对地沟油制备生物柴油进行了预酯化动力学研究。在无催化剂条件下，考察了真空度为 $-0.095 \sim 0.075Pa$ 时地沟油的游离脂肪酸与丙三醇的酯化反应动力学，得到了能够准确描述酯化反应转化率随反应温度、反应时间以及物料摩尔比变化的动力学方程。经过一系列假设和推算，得到甘油和游离脂肪酸在无催化剂条件下的酯化反应动力学方程：

$$-\frac{dc_A}{dt} = 5670e^{-\frac{67194}{RT}}$$

式中，c_A 为游离脂肪酸 t 时刻的浓度，mol/L。

结果表明：试验测定的转化率数据与反应动力学模型计算出的数据最大偏差仅为 -0.0303，基本相符，证明反应动力学模型是可靠的。

（2）酯交换反应动力学

餐饮废油作为生产原料的主要成分为甘油三酯，完全酯交换反应分三步可逆反应连续进行：

$$TG + CH_3OH \rightleftharpoons DG + ME$$
$$DG + CH_3OH \rightleftharpoons MG + ME$$
$$MG + CH_3OH \rightleftharpoons GL + ME$$

式中 TG、DG、MG 和 GL——甘油三酯、甘油二酯、甘油单酯和甘油；

ME——脂肪酸甲酯。

基于对甘油脂肪酸酯交换反应的认识，在建立动力学模型前，需要做一下假设：a. 忽略油脂中一些杂质对反应的影响，即认为只存在 TG 的酯交换反应；b. 油脂为不同脂肪酸构成的甘油三酯，主要脂肪酸包括棕榈酸、油酸和亚油酸，假定这些异构物均具有相同的反应速率和反应机制；c. 假定反应中催化剂浓度保持不变，因此正逆反应速率遵循质量作用定律，即反应速率与反应浓度成正比。基于这三点假设，可得到 TG 酯交换反应过程中的各组分微分方程：

$$\frac{dc_{TG}}{dt} = -k_1 c_{TG} c_M + k_{-1} c_{DG} c_{ME}$$

$$\frac{dc_{DG}}{dt} = -k_1 c_{TG} c_M + k_{-1} c_{DG} c_{ME} - k_2 c_{TG} c_M + k_{-2} c_{MG} c_{ME}$$

$$\frac{dc_{MG}}{dt} = k_2 c_{DG} c_M - k_{-2} c_{MG} c_{ME} - k_3 c_{MG} c_M + k_{-3} c_{GL} c_{ME}$$

$$\frac{dc_{ME}}{dt} = k_1 c_{TG} c_M - k_{-1} c_{DG} c_{ME} + k_2 c_{DG} c_M - k_{-2} c_{MG} c_{ME} + k_3 c_{MG} c_M - k_{-3} c_{GL} c_{ME}$$

然后利用平衡关系和初始条件解上述微分方程，将计算得到的各组分浓度与实验值对比，加和全部实验值与计算值之间的相对偏差并求出平均相对偏差值 S，以 S 的极小值为优化目标，即得到修正后的反应速率常数。

5.3 废弃油脂的预处理工艺及设备

以地沟油为原料制备生物柴油时，由于地沟油中含有机械杂质、蛋白质以及磷脂等混溶性杂质和水分，且酸性极高。为了保证生产工艺及产品的稳定性、合格性，必须对地沟油进行预处理。对废弃油脂进行预处理是酯交换反应原料的准备阶段，主要包括脱水、脱胶等过程[30]。具体工艺流程如图 5-7 所示。

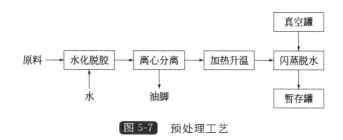

图 5-7 预处理工艺

原料首先经过前处理车间进行简单的处理，除去大颗粒杂质和水分，泵入预处理车间暂存罐中待炼。油脂泵入炼油锅中，搅拌、升温、加磷脂脱胶、热水水洗。经沉淀分离出油脚后闪蒸脱水，预处理油置入暂存罐中存放。油脚集中于油脚池，随后送入酸化油车间继续酸化，作为原料进入原料系统。

预处理各个过程设备之间紧密联系，可以一机多用。下面主要介绍预处理工艺和几种专业的预处理设备[30～32]。

5.3.1 残渣脱除

废弃油脂在产生、收集与运输的过程中往往容易混入一些物理残渣，去除这些机械杂质是预处理阶段的首要工作。地沟油物理残渣的脱除主要分为两种方法：一种是将地沟油适度加热之后直接进行物理脱除；另一种是首先将地沟油水浴加热融化，再静置使大颗粒杂质沉降，最后再对地沟油进行过滤或离心。在物理残渣的脱除过程中，常用的专业设备包括板框过滤机、卧式螺旋离心机、叶片式过滤器、微孔管式过滤器以及碟式离心机等，这些设备的原理及特点如表 5-5 所列。

表 5-5 地沟油残渣脱除设备

设备名称	脱除原理	性能特点
板框过滤机	废弃油脂在输料泵的压力下，从过滤机的进料孔进入到各个滤室，通过滤布，将固体杂质截留在滤室内，逐渐形成滤饼，而液体油脂则经过板框上的出水孔排出机外	板框过滤机价格便宜、操作简单，能耗低且过滤效果好。不仅可以实现地沟油的粗滤，也可以同时用于脱色等精滤工艺。但是，因为机器的体积较大、滤布清洗不便，容易引起环境污染，灵活性低

设备名称	脱除原理	性能特点
卧式螺旋离心机	废弃油脂由进液管进入高速旋转的圆锥形转鼓内,在离心力的作用下,固体杂质颗粒迅速沉降到转鼓内壁。同时在转鼓内壁转轴上的螺旋输送器下,滞后于转鼓的差速,使沉降的杂质从转鼓小端排出。而除杂后的清油在离心力的作用下,位于转鼓中央部分沿着螺旋形通道朝大端流去,最终通过开孔溢流而出	卧式离心机可以实现连续运行,自动排渣,处理量大,环境卫生优于板框过滤机,可以同时用于脱水工艺。但是因为耗能高、噪声大、零部件磨损严重、维护困难。同时,相比于板框式,该设备对原料油的浓度、颗粒度等参数选择性高,因此很难达到理想的分离效果
碟式离心机	废弃油脂由上部进料口进入,沿空心轴顺流而下,在碟的下部和中部分配孔进入转鼓。在离心力的作用下,沉渣(重相杂质)沿碟片表面滑动而脱离碟片并积聚在转鼓内直径最大的部位,由重相出口排出;而轻质油脂顺轴上升由轻相出口排出机外	碟式离心机当量沉降面积、沉降距离小、处理量大、操作简单、工艺稳定,可以在封闭条件下连续进料,有效防止了空气对油脂的氧化,是目前油脂分离中应用最广泛的离心设备
叶片式过滤器	由振动机构、罐体、滤液片、滤液汇集管及蝶阀等构成,两台并联工作即可实现连续作业。其工作过程主要分为四个阶段:过滤层的形成、过滤、滤饼吹干及滤饼卸除。其实质是对板框过滤机的卸料和过滤材料的改进	相比于板框过滤机,它具有劳动强度低、单位过滤面积大、系统封闭、卫生环境好等优点。但需要严格控制过滤速度,滤芯容易损坏,并且振动卸料系统不够完善,容易造成杂质残留,对操作者的要求也很苛刻
微孔管式过滤器	废弃油脂通过泵打入罐内形成一定的压力油脂,通过密集微孔进入金属管内,清油汇集于出油管处排出	分离的杂质无法通过微孔而残留于管外并吸附于管壁之上,所以此种除杂方式需要不断地停止进油,用蒸汽或压缩空气吹扫出油管进行排渣

5.3.2 胶质脱除

废弃油脂中的胶质在生物柴油的制备过程中容易引发焦化、结焦等现象,严重影响工业生产效率以及设备的使用寿命,因此胶质的脱除是影响生物柴油制备的核心工艺之一。主要的胶质脱除方法有4种,包括水化脱胶、酸炼脱胶、特种脱胶与完全脱胶。

水化脱胶是指利用热水或稀碱、盐或其他电解质处理地沟油,使地沟油中的胶质吸水膨胀、凝聚沉淀进而分离的脱除方法,其工艺流程如图5-8所示。

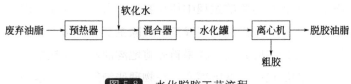

图 5-8 水化脱胶工艺流程

酸炼脱胶是指在粗油中加入定量的无机酸和除杂粗油混合,加入软化水搅拌,进而对胶质进行分离的脱除方法,其工艺流程如图5-9所示。

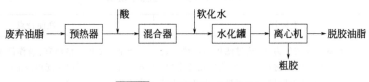

图 5-9 酸炼脱胶工艺流程

特种脱胶是指在酸炼脱胶工艺的基础上增加了中和环节，保证混合物不被分解以及磷酸解离完全，使脱胶油磷含量降至最低的胶质脱除方法，其工艺流程如图 5-10 所示。

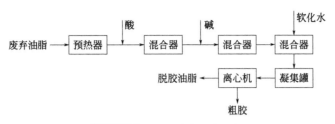

图 5-10 特种脱胶工艺流程

完全脱胶类似于特种脱胶工艺，不同点在于它采用两级分离，第一级分离出贫油油脚，第二级分出富油油脚[33,34]。此工艺油磷含量可降至最低，但过程相对复杂。该工艺流程如图 5-11 所示。

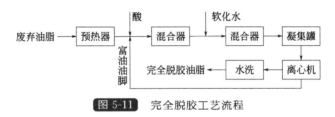

图 5-11 完全脱胶工艺流程

5.3.3　有色物质脱除

废弃油脂中的有色物质包括低微量金属、胶质、油磷、色素等，这些物质使得废弃油脂往往呈现黑褐色，并有着强烈的腐臭气味。有色物质脱除方法一般有物理化学法（吸附法、加热法）和化学法（氧化法、还原法、离子交换树脂法等）。其中，加热法是利用某些热敏性色素的热变性，通过加热至一定温度（140℃左右）使其分解的方法，但操作不当容易导致油脂氧化[35]。而吸附脱色是工业上应用最广的脱色技术，它是利用某些吸附剂对色素有选择性的吸附，从而去除油脂中该种色素及杂质的方法。

吸附法作为工业上应用最广泛的脱色方法，常见的脱色吸附剂主要有活性炭、活性白土、脱色砂及沸石等。这些脱色吸附剂的性能特点如表 5-6 所示。

表 5-6　常见脱色吸附剂

名称	外观	性能特点
活性炭		活性炭的碳含量高达 90%～98%，具有结构细密多孔的特点，比表面积高达 200～1000m²/g。活性炭具有极强的吸附性和疏水性，可以吸附油脂中的高分子有色物质，但价格昂贵，吸油率高且脱色后过滤速率慢

名称	外观	性能特点
活性白土		活性白土是由黏土经过无机酸化处理,再经水漂洗、干燥制成的吸附剂,吸附力极强,能有效吸附有色物质、有机物质。活性白土不溶于水、有机溶剂和各类油脂中,对色素和胶类物质吸附能力极强。但与地沟油接触时容易造成油脂少量水解,使油脂酸值升高,同时活性白土的吸油率较高,滤后白土中约含 $25\%\sim40\%$ 的油脂。一般活性白土的用量需要试验确定
脱色砂		脱色砂是吸附废弃油脂中杂质和颜色的一种常用吸附剂,分为矿物砂和晶体砂。晶体砂是目前市场上首选的脱色吸附产品。脱色砂适用于中小型炼油厂催化、裂化生产柴油工厂的脱色除味,而且用脱色砂洗出的废渣不仅不黏结、不结块、不凝固,而且可以循环使用,具有省时、省力、成本低等优点

5.3.4 水分脱除

废弃油脂中含有的水分是影响生物柴油制备效率以及成品生物柴油性能的一项重要影响因素,因此在废弃油脂的预处理阶段应尽可能地对其水分进行脱除。事实上,在残渣的脱除阶段,废弃油脂中的大量水分已经被去除掉了,但余下的水分仍然需要经过进一步的工艺进行去除。目前工业上最常用的水分脱除工艺为闪蒸脱水,即高压的废弃油脂进入低压的容器中,压力的骤降使废弃油脂中的水变为蒸汽被带走[36]。除了这种方式以外,也有人采用无水硫酸镁和无水硫酸钠等手段进行脱水。具体油脂加工工厂的脱水脱胶工艺设备如图 5-12 所示。

图 5-12 脱水脱胶工艺设备 (图片来源:www.oil68.com)

5.4 废弃油脂制备生物柴油工艺及设备

生物柴油的制备工艺方法主要有直接混合法、微乳法、高温裂解法、化学催化酯交换法、超临界法及生物酶催化酯交换法。酯交换法是所有合成工艺中研究最为广泛的制备方法。其中，生物酶催化酯交换在实验室研究很成功，但工业化未见成功案例；超临界法需要在高温高压下进行，风险性大、能耗高且设备投资大。所以目前国内在工业化的生物柴油制备方法的选择上，化学催化酯交换占据主导地位。

目前国内废弃油脂制备生物柴油的生产工艺多采用酸碱联合催化制备工艺。该工艺需要分2步。

1）将脂肪酸转化为脂肪酸甲酯 由于废油脂中含有大量的脂肪酸，甚至酸值高达150mg KOH/g，因此需要将脂肪酸转化为脂肪酸甲酯。

2）甘油三酯转化为脂肪酸甲酯 待脂肪酸转化为脂肪酸甲酯之后，剩余的甘油三酯在碱催化作用下转化为脂肪酸甲酯。

精炼生物柴油和甲醇回收设备如图5-13所示。

图 5-13 精炼生物柴油和甲醇回收设备（图片来源：b2b. hc360. com 和 news. sciencenet. cn）

5.4.1 均相催化法

（1）工艺介绍

均相催化酯交换工艺中，通常采用的酸性催化剂包括浓硫酸、盐酸、磷酸等，碱性催化剂为氢氧化钠、氢氧化钾、甲醇钠、甲醇钾等。均相催化酯化工艺流程如图5-14所示。

为了去除地沟油的游离脂肪酸，需要首先将地沟油酯化。酯化的原理是在酸性催化剂下，原料的游离脂肪酸与过量的甲醇进行预酯化反应，将游离酸转化为甲酯。一般酯化的反应条件为温度 68～72℃，时间 2.5h，酯化率高达 97％。酯化反应式为：

$$RCOOH + CH_3OH \rightleftharpoons RCOOCH_3 + H_2O$$

酯化后的油脂经过分离、洗涤、抽真空及干燥等工序后，进行甘油三酯和甲醇的酯交换反应。

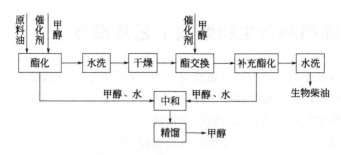

图 5-14　均相催化酯化工艺流程

酯交换得到的粗产品，一般酸值偏高，往往经过真空蒸馏无法满足国家标准，需要利用浓硫酸催化进一步酯化。

酯化釜水洗的水洗水呈酸性，经过分油池分去少量的油之后，在中和罐中进行酸碱中和，生成硫酸钠和水。反应方程式为：

$$2NaOH + H_2SO_4 \Longrightarrow Na_2SO_4 + 2H_2O$$

酸碱中和后的水洗水中除了水和硫酸钠之外，还含有少量的甲醇和甘油，需要根据它们的沸点不同，进一步蒸馏回收分离，以满足国标的要求。蒸馏的工艺流程如图 5-15 所示。

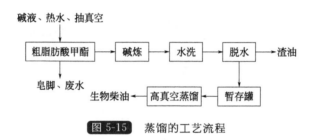

图 5-15　蒸馏的工艺流程

酯交换得到的粗脂肪酸甲酯酸值为 1～3，需要通过蒸馏进行脱酸处理，以降低蒸馏后产品的酸值。粗甲酯打入碱炼锅，加入一定比例的碱液，进行碱炼。反应后静置一段时间，分离出皂脚，将其余的粗甲酯打入分子蒸馏工段，脱水蒸馏后得到最终的脂肪酸甲酯产品。

（2）设备清单

均相催化工艺设备清单如表 5-7 所列[32,37]。

表 5-7　均相催化工艺设备清单

工序	序号	设备名称	备注
酯化酯 交换单元	1	原料油暂存罐	
	2	酯化釜	搪玻璃
	3	中和罐	搪玻璃
	4	冷凝器	不锈钢 316

工序	序号	设备名称	备注
酯化酯 交换单元	5	甲醇、水暂存罐	搪玻璃
	6	中和水暂存罐	
	7	热水储罐	碳钢
	8	室内甲醇储罐	碳钢
	9	甲醇高位罐	碳钢
	10	甲醇碱罐	碳钢
	11	甲醇碱高位罐	碳钢
	12	浓硫酸高位罐	碳钢
	13	溶碱配碱罐	碳钢
	14	液碱高位罐	碳钢
	15	分油池	PPR
	16	捕集器	
	17	蒸汽分配器	碳钢
	18	控制柜	
	19	泵	
	20	凉水塔	
	21	室外甲醇储罐	碳钢
	22	室外浓硫酸储罐	碳钢
	23	污水泵	
	24	浓硫酸泵	
	25	室外甲醇泵	
蒸馏车间 单元	1	炼油锅	碳钢
	2	粗甲酯暂存罐	碳钢
	3	分油池	碳钢
	4	高位碱液罐	碳钢
	5	高位热水罐	碳钢
	6	溶碱配碱罐	碳钢
	7	泵	介质:甲酯;皂脚;碱液
	8	蒸汽分配器	
	9	高真空蒸馏设备	
	10	室外凉水塔	
	11	清水泵	

5.4.2 水解催化法

（1）工艺介绍

水解催化酯化工艺主要是指在脂肪酸酯化前，将甘油三酯进行水解转化为脂肪酸，再进行二次酯化制备生物柴油的过程。该工艺的重点为水解工艺的控制，后期可进行连续酯化反应，对实际运行经验要求不高。但是水解阶段产生的甲醇溶解在水中，造成回收困难。水解催化工艺如图 5-16 所示。

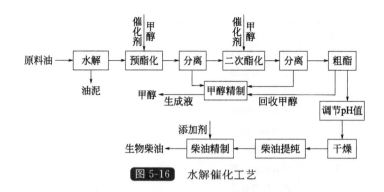

图 5-16 水解催化工艺

该工艺的独特之处在于水解，而水解分为高压水解、中压水解和低压水解。高压水解产生的废水较少，时间短，但是能耗较高；低压水解能耗低，但是产生大量的废水并且时间较长。因此权衡利弊，一般选择中压水解。

水解后的原料油打入预酯化反应器中，并加入一定量混合好的甲醇和催化剂，65～75℃温度下预酯化 1～3h（根据油脂酸值来定）。反应方程式为：

$$RCOOH + CH_3OH \rightleftharpoons RCOOCH_3 + H_2O$$

预酯化的油脂进行沉降分离并脱水处理后，加入定量的甲醇和催化剂，在 65～75℃温度下二次酯化 1～3h。

酯化反应后的粗酯在负压下进行减压脱醇、回收。脱醇后的甲酯加入定量的软化水洗涤，去除催化剂、醇类及残余甘油水等杂质。水洗后的油脂打入蒸馏提纯系统，去除 210～240℃的馏分，得到产品生物柴油。将其进一步低温精制，得到不同指标的成品油。回收的甲醇打入甲醇精馏系统，进行提纯，回收得到高浓度循环甲醇。

（2）设备清单

水解催化工艺设备清单[32,37]如表 5-8 所列。

表 5-8 水解催化工艺设备清单

序号	设备名称	备注
1	反应釜	酯化、酯交换
2	取样器	
3	集液器	
4	甲醇计量罐	
5	喂料泵	甲醇、热水、粗酯、干酯、蒸馏、催化剂喂料泵
6	热水罐	
7	抽出泵	粗酯、干燥抽出泵
8	储罐	原油、甲醇、沥青、粗甘油、粗酯、干酯和吸附酯储罐
9	加热器	粗酯、蒸馏、再沸加热器
10	粗酯干燥塔	
11	液沫捕集塔	
12	冷凝器	干燥、甲醇、尾气、甲酯冷凝器
13	真空泵机组	

序号	设备名称	备注
14	甲醇蒸发泵	
15	甲醇蒸发釜	
16	甲醇精馏塔	
17	甲醇浓度检测器	
18	尾气回收塔	
19	尾气浓度报警器	
20	阻火器	
21	废水泵	
22	中和罐	
23	吸附罐	
24	安全过滤器	
25	甲酯蒸馏塔	甲酯真空蒸馏
26	蒸馏循环泵	
27	甲酯捕集塔	
28	甲酯接收器	
29	分配器	蒸汽、水分配器
30	真空给水泵	密封良好、防爆电机
31	麦氏真空仪器	
32	抛光过滤器	
33	成品罐	
34	流量计	
35	冷却塔和水泵	防爆电机
36	齿轮泵	甘油输送
37	蒸汽锅炉	环保工业锅炉
38	检修设备	
39	配套设施	管网、配电、供水设施

5.4.3 气相甲醇催化法

（1）工艺介绍

气相甲醇催化工艺是在均相酸催化的基础上进行改进的结果，将高温气相甲醇通过原料，由气相甲醇的流动带走酯化水，同时加速反应的进行。该工艺将连续带水、甲醇精馏和气化有机地结合起来，达到快速降酸的效果，提高酯交换反应速率；采用水蒸气蒸馏技术实现生物柴油与未反应原料的有效分离，不需要二次酯化。

具体工艺流程如图5-17所示。预处理后的地沟油进入酯化反应釜后，通过气相甲醇，使之发生化学酯化反应，再将原料泵入酯交换反应釜，在碱性条件下发生酯交换反应。酯化反应釜与酯交换反应釜排出的甲醇进入甲醇蒸馏塔进行蒸馏回收使用，酯交换产物中底层物送入甘油精炼塔进行精炼，上层物为生物柴油，泵入生物柴油蒸馏塔进行精馏提纯。

成品油精馏单元采用双塔连续蒸馏装置，第一塔脱除粗甲酯中的轻组分及臭味物质，第二塔蒸出合格的生物柴油。系统采用电加热系统，比导热油节省30％的能耗，同时减少导热油锅炉的投资。

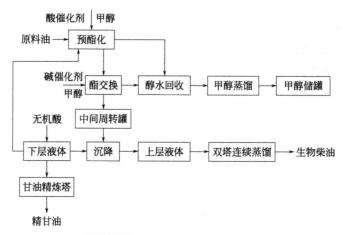

图 5-17 气相甲醇催化工艺流程

（2）设备清单

气相甲醇酯化酯交换工艺设备清单[32,37]如表 5-9 所列。

表 5-9 气相甲醇酯化酯交换工艺设备清单

工序	序号	设备名称	备注
酯化酯交换单元	1	储罐	甲醇、硫酸储罐
	2	泵	进料泵、硫酸泵、出料泵
	3	反应釜	
	4	加热器	
	5	计量罐	
	6	调碱釜	
	7	除液器	
	8	沉降罐	
	9	冷凝器	
	10	甲醇蒸馏塔	
	11	精馏甲醇罐	
甘油精制单元	1	储罐	精甘油罐、粗甘油罐
	2	皂液处理釜	
	3	甘油泵	
	4	粗甘油脱水器	
	5	精馏塔	
	6	精甘油装车泵	
成品精炼单元	1	蒸馏塔进料泵	
	2	成品油蒸馏塔	
	3	低闪点成品罐	

工序	序号	设备名称	备注
公用 设备 单元	1	储罐	成品油、沥青罐
	2	装车泵	成品油、沥青装车泵
	3	循环水泵	
	4	气泵	
	5	消防水泵	
	6	泡沫泵系统	
	7	变压器	
	8	除臭系统	
	9	控制系统	

5.5 生物柴油技术的发展现状及趋势

5.5.1 生物柴油发展现状

面对全球能源日益紧张的今天，生物柴油以其突出的环保性和可再生性，作为一种优质清洁燃料，已成为世界各国能源研究的热点。其中，美国和欧盟已相继建成生物柴油生产装置数十座，欧洲已有多个国家和地区，以及亚洲的新加坡等地先后通过立法，强制要求传统石化柴油中添加一定量的生物柴油配比（5%～10%），才能在市场上销售。

（1）国外生物柴油的发展现状[1,13]

1）欧洲　欧洲是生物柴油发展最早的地区，产业规模化、规范化程度相对较好。目前欧盟生物柴油生产国家中，德国和法国的产量最高，其次为西班牙和意大利。为满足欧盟生物柴油标准 EN 14214 的碘值要求，生产原料多使用菜籽油、大豆油和棕榈油的混合原料。截至 2011 年 7 月，欧盟的生物柴油产量已达到 2.2117×10^7 t，生物柴油生产工厂 254 家。2010 年欧盟生物柴油产量为 9.57×10^6 t，比 2009 年同比增长 5.5%，但增幅却显著下降。

2）美国　美国生物柴油的生产原料主要是大豆油等植物油脂，很少使用动物油脂和回收废油。但随着时间的推移，大豆油等植物油脂的利用有下降的趋势，玉米油、非食用油和废弃油脂等原料油的比重有所增加。早在 1999 年，美国生物柴油的产量就已经达到 1670t，主要用于具有集中加油站的大巴和卡车运输公司。2005 年，为加快生物柴油发展步伐，美国出台了包括"可再生能源标准"等一系列政策和措施，使得生物柴油产量急剧增长。2011 年，美国生物柴油的产能高达 9.0×10^6 t，产量约 3.56×10^6 t；有望实现 2017 年增长至 8.33×10^6 t 的目标。

3）南美洲　南美洲各国中，巴西和阿根廷的生物柴油产业发展最为迅速。两国均为世界大豆油生产大国，原料油选择方面，多以大豆油为主。其中，巴西还有部分牛油、少量棕榈油、葵花籽油等。2011 年巴西生物柴油的产量约为 2.5×10^6 t，位居世界第三。按照 5% 的添加配比，生物柴油的产量呈现出供过于求的趋势。2006～2010 年阿根廷生物柴油产量增长迅速，2011 年达到约 2.3×10^6 t，其中 68％用于出口欧盟等地。

4）亚洲 相比之下，亚洲各国包括韩国、泰国、菲律宾、马来西亚等生物柴油的发展较晚、产业链和基础设施还有很多不成熟之处。韩国的生产原料大量来源于进口，2009 年年消耗油脂原料约 3×10^8 L，其中超过 70％来源于进口大豆油和棕榈油。泰国、马来西亚、印度尼西亚等国家棕榈油产量丰富，可作为生产生物柴油的主要原料来源。虽然亚洲各国的生物柴油合成已经有一定的规模，但是因为各国资源和发展程度的差异，生物柴油的发展现状也不尽相同。例如韩国自 2006 年起全国加油站就开始供应 B5 柴油，随后 B20 也开始供应于某些商用汽车；而马来西亚和印度尼西亚虽然含有丰富的棕榈油资源，但受到棕榈油价格波动的影响，生物柴油生产也受到限制；印度生产技术相对落后，仍不具备商业化推广条件。

（2）国内生物柴油的发展现状[16,38,39]

同欧美国家相比，我国生物柴油产业起步晚，但发展迅速。据不完全统计，自 2002 年国务院开始推广生物柴油发展以来，我国生物柴油规划设计能力近 3.0×10^6 t/a，现有生产能力已超过 10^6 t/a，年产量 4×10^5 t 左右，在建项目 3×10^5 t/a，主要是民营企业采用化学催化地沟油、废酸油和木本油料植物等制备合成生物柴油。其中国内生物柴油生产的典型单位包括海南正和生物能源公司、四川古杉油脂化学公司、福建省龙岩卓越新能源发展有限公司等。1999 年，中国香港九龙巴士公司与香港大学等合作，将餐饮行业收集的烧猪时滴出的废弃油脂提炼成生物柴油作燃料添加剂，并进行测试；2001 年，海南正和生物能源有限公司就建成了年产 1×10^4 t 的生物柴油试验厂，产品经过测试，主要性能可达到美国生物柴油标准，尾气排放量低于石化柴油；四川古杉油脂化学公司利用植物油和泔水油为原料合成生物柴油，产品使用性能与 $0^\#$ 柴油相当，排放物相比于石化柴油下降 70％，经检测主要性能指标达到了德国 DIN51606 标准；2002 年，福建省龙岩卓越新能源发展有限公司建成年产 2×10^4 t 的生物柴油装置。

除此之外，中石化、清华大学、中国农业科学院、中国科技大学、华中科技大学等科研机构和大学也纷纷启动生物柴油技术工艺研究。目前，中石化在石家庄建立年产 3000t 的生物柴油中试生产装置；2006 年，清华大学与湖南海纳百川公司合作，建成了全球首套酶催化工业化生产生物柴油装置，运行良好。

5.5.2 生物柴油技术发展存在的问题

餐饮废弃油脂作为生物柴油的制备原料，不能被生物柴油企业充分利用，主要原因是管理部门（企业）在统一收集餐饮废弃油脂时遇到较大的阻力。从各个城市管理方式看，特许经营以及政府主导、公众参与、公司化运作等模式都实行过，但多年来层层转包，最终使得废弃油脂管理形同虚设，废弃油脂回流餐桌时有发生。餐饮废弃油脂被不明去向地变卖成为餐饮行业的潜规则，餐馆、收运户与餐厨垃圾加工点，已形成一个完整的地下利益链条。政府管理部门及正规企业的介入，使餐馆及收运户、加工点的利益受损，尤其是餐馆由原来的餐厨垃圾赚钱，变成了餐饮废弃油脂赔钱，餐馆、收运户、加工点以各种方式逃脱监管，三者之间的交易由明变暗，餐厨垃圾"经营"变得更加隐蔽，给政府监管带来更大困难。各地实践证明，餐饮废弃油脂的收运管理已成为其资源化处理的瓶颈[16]。

不同来源的餐饮废弃油脂成分复杂多样,导致了其资源化利用方向的不确定性。因此,一方面需要对餐饮废弃油脂进行预处理,得到符合工艺要求的原料;另一方面,需要研发新的对原料适应性强的转化工艺。利用餐饮废弃油脂生产化工产品对原料的预处理要求高,不同来源的废油原料需要用到不同的生产工艺参数,且产品质量波动较大,目前多数研究还处于实验室阶段,工业化应用报道很少。

第一代生物柴油多采用化学催化法制备,酸碱废液污染环境,制备工艺落后且无自主知识产权,而脂肪酶催化法中酶的价格昂贵,超临界法设备投资和操作费用太高,产品中含有氧元素,热值比十六烷值低,导致其市场不景气。生物柴油正在由第一代向第二代过渡。

总的来说,餐饮废弃油脂制备生物柴油在我国已经进入产业化初级阶段。但是同发达国家相比,仍面临着产业化难题。一是原料油的来源问题,虽然我国是全球最大的油菜籽、棉籽及花生生产国,但油料主要用于满足人们食用的要求,而废弃油脂又过于分散,收集困难,难以满足生物柴油的大规模生产;二是产业规模小,需要国家进一步制定鼓励政策,加大科技投入,促进我国生物柴油科学研究和产业化的快速发展。

5.5.3　生物柴油发展趋势

生物柴油是继燃料乙醇后,未来可望得到大力推广的清洁能源。世界上很多国家都致力于生物柴油技术的开发和利用,推行积极有力的措施,制定生物柴油相关标准。整体来看,生物柴油未来发展的趋势主要存在于以下方面[40]。

① 原料来源的多元化,以地沟油为原料制备生物柴油是现阶段废物利用资源化的一个现实考虑,而建立一定规模的植物油脂以及野生油料作物供应基地,才是实现稳定原料来源的大规模产业化生产的有效途径。目前,我国需要建立合理的餐厨废油回收制度,实施多元化的原料来源。

② 现有工艺的改进,主要表现在新型高效低成本催化剂的研发和反应器设计方面,以及分离提纯过程的简化和优化,降低污染负荷。

③ 副产物的增值化利用,制备过程中除了生物柴油以外,还产生很多化学品,可以用于工业溶剂、表面活性剂、黏合剂等,增加利润。

④ 生物柴油配方的研制和评价,包括与石化柴油的调配比例,对不同配比下的调和油进行规格分析、模拟评定等,对燃烧性能和润滑性能进行台架试验和行车试验等。

⑤ 完善相关的监测方案,同时加大对餐厨废油资源化利用的政策支持,实现餐厨废油的净化处理和高效转化,在有效解决餐厨废油带来的餐桌安全、环境污染等问题的同时,取得良好的经济效益。

参 考 文 献

[1] 陈广飞,冯向鹏,赵苗.废油脂制备生物柴油技术[M].北京:化学工业出版社,2015.

[2] 任连海.我国餐厨废油的产生现状、危害及资源化技术[J].食品科学技术学报,2011,29(6):11-14.

[3] Sayed Mohammad Sahafi, Sayed Amir Hossein Goli, Meisam Tabatabaei, et al. The reuse of waste cooking oil and spent bleaching earth to produce biodiesel[J]. Energy Sources, 2016, 38(7): 942-950.

[4] 任连海,聂永丰,刘建国.利用餐厨废油制取生物柴油的影响因素研究[J].环境科学学报,2013,33(4):1104-1109.

[5] H. Zhang, Q. Wang, S. R. Mortimer. Waste cooking oil as an energy resource: Review of Chinese policies[J]. Renewable & Sustainable Energy Reviews, 2012, 16(7): 5225-5231.

[6] 付玉杰, 祖元刚. 生物柴油[M]. 北京: 科学出版社, 2006.

[7] Venu Babu Borugadda, Vaibhav V. Goud. Physicochemical and Rheological Characterization of Waste Cooking Oil Epoxide and Their Blends[J]. Waste and Biomass Valorization, 2016, 7(1): 1-8.

[8] Mangesh G. Kulkarni And, Ajay K. Dalai. Waste Cooking OilAn Economical Source for Biodiesel: A Review[J]. Industrial & Engineering Chemistry Research, 2006, 45(9): 2901-2913.

[9] Huiming Zhang, U. Aytun Ozturk, Qunwei Wang, et al. Biodiesel produced by waste cooking oil: Review of recycling modes in China, the US and Japan[J]. Renewable & Sustainable Energy Reviews, 2014, 38(5): 677-685.

[10] 苏有勇, 王华. 生物柴油检测技术[M]. 北京: 冶金工业出版社, 2011.

[11] 李翔宇, 蒋剑春, 王奎, 等. 生物柴油酯交换反应机理和影响因素分析[J]. 生物质化学工程, 2010, 44(3): 1-5.

[12] 易伍浪, 韩明汉, 吴芹, 等. BrΦnsted 酸离子液体催化废油脂制备生物柴油[J]. 过程工程学报, 2007, 7(6): 1144-1148.

[13] 王九, 吴江, 方建华. 生物柴油生产及应用技术[M]. 北京: 中国石化出版社, 2013.

[14] 山西食品工业编辑部, 山西省食品工业协会山西省食品学会山西省食品工业研究所. 山西食品工业[J], 2001.

[15] 甘筱, 任连海. 地沟油固体碱催化酯交换反应制备生物柴油[J]. 广东化工, 2013, 40(4): 62-63.

[16] 舒庆, 余长林, 熊道陵. 生物柴油科学与技术[M]. 北京: 冶金工业出版社, 2012.

[17] Lambert M. Surhone, Mariam T. Tennoe, Susan F. Henssonow, et al. Transesterification [J]. Betascript Publishing, 2013,

[18] 王存文. 生物柴油制备技术及实例[M]. 北京: 化学工业出版社, 2009.

[19] Mohamed M Soumanou, Uwe T Bornscheuer. Improvement in lipase-catalyzed synthesis of fatty acid methyl esters from sunflower oil[J]. Enzyme & Microbial Technology, 2003, 33(1): 97-103.

[20] K Kakugawa, M Shobayashi, O Suzuki, et al. Purification and characterization of a lipase from the glycolipid-producing yeast Kurtzmanomyces sp. I-11[J]. Bioscience Biotechnology & Biochemistry, 2002, 66(5): 978.

[21] D Kusdiana, S Saka. Effects of water on biodiesel fuel production by supercritical methanol treatment[J]. Bioresour Technol, 2004, 91(3): 289-295.

[22] Gan Mengyu, Pan Deng, Ma Li, et, al. The Kinetics of the Esterification of Free Fatty Acids in Waste Cook- ing Oil Using $Fe_2(SO_4)_3/C$ Catalyst[J]. Chinese Journal of Chemical Engineering, 2009, 17(1): 83-87.

[23] Dorado M P, Ballesteros E, López F J, et al. Optimization of alkali-catalyzed transesterification of Brassica C arinata oil for biodiesel production[J]. Energy & Fuels, 2004, 18(1): 77-83.

[24] 张静雅, 邹国英, 林西平, 等. 助溶剂法管道反应器连续制备生物柴油[J]. 江苏工业学院学报, 2008, 20(2): 6-8.

[25] Ayhan Demirbas. Biodiesel production from vegetable oils via catalytic and non-catalytic supercritical methanol transesterification methods[J]. Progress in Energy & Combustion Science, 2005, 31(5-6): 466-487.

[26] S. Saka, D. Kusdiana. Biodiesel fuel from rapeseed oil as prepared in supercritical methanol[J]. Fuel, 2001, 80(2): 225-231.

[27] 高松. 酶法催化餐饮废油制备生物柴油的研究[D]. 长春: 吉林大学, 2006.

[28] 王建勋. 酶催化高酸值废食用油脂制备生物柴油的研究[D]. 武汉: 华中农业大学, 2007.

[29] 张婷, 雷忠利, 李昌珠, 等. 地沟油制备生物柴油预酯化的动力学研究[J]. 农业机械, 2012, (6): 68-71.

[30] 黄凤洪. 生物柴油制造技术[M]. 北京: 化学工业出版社, 2009.

[31] 刘云. 生物柴油工艺技术[M]. 北京: 化学工业出版社, 2011.

[32] 马传国, 陈启玉. 油脂加工工艺与设备[M]. 北京: 化学工业出版社, 2004.

[33] Ganesh L. Maddikeri, Aniruddha B. Pandit, Parag R. Gogate. Intensification Approaches for Biodiesel Synthesis from Waste Cooking Oil: A Review[J]. Ind. eng. chem. res, 2012, 51(45): 14610-14628.

[34] 谭燕宏. 餐厨垃圾制备生物柴油工艺研究[J]. 再生资源与循环经济, 2012, 5(11): 38-39.

[35] 曲伟国, 王琦, 靳俊平, 等. 餐厨垃圾提取生物柴油技术及其应用[J]. 环境卫生工程, 2013, 21(1): 35-36.

［36］ Amin Talebian-Kiakalaieh，Nor Aishah Saidina Amin，Hossein Mazaheri. A review on novel processes of biodiesel production from waste cooking oil［J］. Applied Energy，2013，104(2)：683-710.

［37］ 张鹏. 餐厨垃圾处理装置研究［D］. 长春：长春理工大学，2013.

［38］ 曾彩明，陈沛全，李娴. 餐饮废油脂制备生物柴油的现状与发展［J］. 东莞理工学院学报，2010，17(3)：92-96.

［39］ 郭旭，郝粼波，张波. 国内外废弃油脂的处理情况及利用方式概述［J］. 中国环保产业，2014，(7)：29-33.

［40］ 王鹏照，刘熠斌，杨朝合. 我国餐厨废油资源化利用现状及展望［J］. 化工进展，2014，33(4)：1022-1029.

第6章

餐厨垃圾水热处理技术与原理

6.1 概述

　　餐厨垃圾来源于人类生活的各个环节，根据天津大学环境科学与工程学院等研究机构联合发布的《国内外餐厨垃圾处理状况概述》数据：我国餐厨垃圾占城市生活垃圾比重大致范围为 37％～62％。同时随着国内人民生活水平的不断提升，大众餐饮的结构和数量也将更为丰富，因而相信这一比例还将继续攀升。目前全国餐厨垃圾的无害化处理率不到10％。一方面由于餐厨垃圾含水率高且易腐败降解，会产生大量的毒素并散发恶臭气体，因此传统的固体废弃物处理方式并不适用于餐厨垃圾；另一方面，虽然餐厨垃圾富含蛋白质、脂肪、碳水化合物等有机物，但其来源复杂，含有各种细菌和病原菌，因而不能满足动物饲料的安全要求。

　　水热处理技术是一种新型的垃圾资源化处理技术。它是指在亚临界或超临界条件下，在反应器中直接将餐厨垃圾和水按一定比例混合反应，生成高能量密度气体（清洁燃气）、液体（生物油）、固体产物（焦炭）的过程。根据反应的温度和压强不同，可将水热处理技术分为水热炭化技术、水热液化技术和水热气化技术三大类，各类水热技术的生成产物比例也有所不同。相对于其他热化学或生物处理技术，水热处理技术具有许多优点，例如无需干燥、能耗低、设备体积小、易于运输等。可见水热处理技术是一项具有前景的垃圾转化技术，以下对此技术的发展和应用做一个简单的介绍。

6.2 水热处理技术原理

　　水热处理技术是目前研究较多的垃圾处理技术，与其他热化学处理技术相比，水热处理技术的反应温度较低，且无需对原料进行干燥预处理，在一定程度上起到了节能的作用。但生物质水热液化过程十分复杂，伴随着一系列复杂的物理和化学变化，例如物质传递、热量传递和水解、聚合等化学反应,其产物种类复杂丰富,主要包括酮、酚、醛、酸和芳香族化合物等。研究餐厨垃圾的水热处理反应,了解生成产物的分布和产生机理,可以帮助我们更好地掌握其内在规律,有效提高生物质的转化效率。

6.2.1 亚临界与超临界水

水是一种量大、价廉且安全环保的溶剂。在标准状况下,水是一种极性溶剂,其密度是 $998kg/m^3$,介电常数在 78 左右,离子积为 10^{-14}。在水热处理过程中,水不仅是反应溶剂,更起到催化剂的作用。水的临界点为 374℃,22.1MPa,温度和压力均高于临界点的水称为超临界水,此时气液两相界面小,为均相体系;反之则称为亚临界水[1]。

在自然界中也存在着超临界水的状态。2005 年,德国不来梅雅各布大学的地球化学家安德里亚教授和她的研究小组在对大西洋底一处高温热液喷口进行考察时发现,这个喷口附近的水温最高竟然达到 464℃,这不仅是迄今为止人们在自然界发现的温度最高的液体,也是第一次观察到自然状态下处于超临界状态的水。在接下来的几年里,安德里亚小组对这个热液喷口进行了长期的跟踪研究,并对热液喷口周围液体的温度进行了测量,发现热液的温度变化为 407~464℃[2]。

超临界水的存在对于自然界中油的产生也起到了重要的作用。研究发现油母质转化为石油的过程也发生在高温高压的水中。在黏土等物质的催化作用下,油母质在地层的水热环境中最终转化形成了石油。在美国密歇根大学的实验室里,Brown 教授[3]等模拟相似的水热环境,利用超临界水快速催化裂解藻类,即可在几百秒内将藻类转化为生物原油,并且生物原油的品质与自然界生成的部分原油品质十分接近。

超临界状态是物质的一种特殊状态。在超临界状态下,物质通常会呈现出不同于常规状态时的特殊属性。例如当物质在超临界状态时,气体与液体的性质十分趋近,可使气体与液体甚至于气体与可溶解性固体互溶,形成均匀相的流体。因此,超临界流体与气体具有相似的可压缩性,不仅可以像气体一样发生泄流,同时又具有类似液体的流动性。当物质处于超临界状态下,其密度一般都介于 0.1~1.0g/mL 之间。对于水而言,随着温度和压力的升高,特别是在临界点附近,水的性质如密度、离子积和介电常数等都会发生改变。表 6-1[4]对比了水室温和超临界时的性质,这些性质的改变都将影响水溶液的运输特性。

表 6-1 不同条件下水的性质[4]

性质	标况下的水	超临界水
温度/K	298	723
压力/MPa	0.1	27.2
密度/(kg/m³)	998	128
扩散系数/(m²/s)	7.74×10^{-8}	7.67×10^{-6}
相对介电常数	78	1.8
$-\lg K_w$	14	21

图 6-1 显示了水在不同温度下密度、离子积、介电常数等性质的变化曲线。由图可见,水的密度随温度的升高而降低。同时,随着温度的升高,水的密度和介电常数会持续

降低。如室温时水的介电常数为 80 左右，而临界点附近则降到了 5 左右[5]。这表明在临界状态下，水的性质与弱极性有机溶剂相似，对有机物和气体有较高的溶解度，尤其是在超临界条件下可以完全混溶，这使得水变为一种均相溶剂，消除了气体和液体的相间界面，利于反应进行。而对无机物的低溶解度也有利于其与产物的分离。从宏观上看，在超临界区域内，超临界水显示出非极性溶剂所具有的特性，在此温度区域内，形成 C—C 键的反应是可能发生的，甚至对于通常需要在有机溶剂中进行的有机金属催化的反应也可能在此区域内进行。

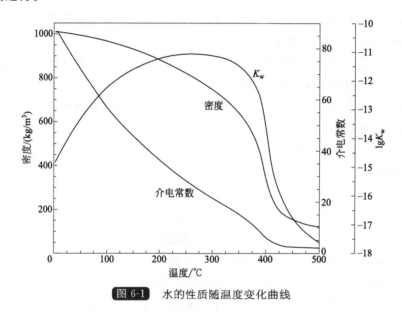

图 6-1　水的性质随温度变化曲线

由图 6-1 还可以看出，水的离子积会随温度的升高先升高后降低，并在 300℃ 时达到最大值[6]。此时水相当于弱酸和弱碱的环境，高的氢离子和氢氧根离子浓度使得水不仅作为反应物，而且作为酸碱催化剂的前驱体，有利于有机物水解等催化反应的进行。而在超临界条件下氢离子和氢氧根浓度很低，主要发生自由基反应。到目前为止，有很多学者已成功地利用亚/超临界水作为反应介质进行了化学合成反应、塑料回收、煤液化和垃圾处理等。

此外，水的黏度随温度升高而降低，水的扩散系数随温度升高而升高。黏度和扩散系数的变化也使得水有利于化学反应突破传质阻力，加快反应速率。因此，利用高温高压水作为有机溶剂，不仅能够有效加快反应速率，而且由于水作为一种无污染、可再生的绿色溶剂，更加符合现代绿色化工的需求。

由于超临界水的温度在 374℃ 以上，压力达到 22.1MPa 以上，因此对设备的要求很高。为了降低对设备的要求，目前部分研究开始在亚临界条件下进行，并探究相关有机物、材料的转化反应。通常来讲，亚临界水是指温度在 300℃ 以上，压力在 12MPa 以上的近超临界状态的水。亚临界水与超临界水的基本特性接近，传质及对有机物的溶解性低于超临界水。虽然在亚临界状态中，亚临界水不能像超临界水那样完全与气体及有机物互溶，但对气体及有机物仍然具有良好的溶解性能。并且在亚临界条件下，当温度达到 320℃ 左右时，水的 pH 值会降低，这使得亚临界水呈现强酸性，因此亚临界水可以催化部分反应并具有绿色酸效应。

水的这些性质使其不仅可以成为化学反应过程中的优良媒介，而且可以作为反应物和酸碱催化剂直接参与反应。水性质的改变在某种程度上影响了反应动力学和反应机理，因此有可能通过控制反应温度来控制反应路径。

6.2.2　水热技术特点

水作为一种良好的环境友好型溶剂，基于其在临界点附近的诸多特性，利用水热处理技术处理餐厨垃圾具有以下优点。

① 由于水热反应是在溶剂中进行，因此该过程无需进行干燥预处理，不必考虑样品水分含量的高低，可直接进行转化反应，节约了热能，尤其适用于餐厨垃圾等高含水率原料。

② 水作为反应介质可以运输、处理餐厨垃圾中的不同生物质组分。高温高压水可以溶解垃圾中的大分子水解产物及中间产物。此外，高压的环境也避免了由于水分蒸发而带来的潜热损失，大大提高该过程的能量效率。

③ 餐厨垃圾的转化速度快且反应较为完全。临界状态下水的密度、扩散系数、离子积常数和溶解性能等特性发生了极大的改变，有利于生物质大分子水解以及中间产物与气体和催化剂的接触，减小了相间的传质阻力。

④ 产物分离方便。由于常态水对餐厨垃圾转化所得产物的溶解度很低，大大降低了产物分离的难度，节约能耗和成本。

⑤ 产物清洁，不会造成二次污染。较高的反应温度可使餐厨垃圾中任何有毒蛋白质和病原体在较短的时间内发生水解[7]。Murphy 和 Gwyther[8,9]等的研究也发现水热技术能够彻底消除原料中的朊病毒，其生物安全性有明显优势。因此，餐厨垃圾经水热技术处理的产物基本不含有生物毒素、病原体和细菌等有毒有害物质。

目前，亚/超临界水主要用于生物质、垃圾等不同原料的水热液化以及液化油改质等方面。不同成分的物料经过水热液化，可最大限度地转化为液体燃料，所得生物油具有能量密度高、附加值大、储运方便等特点。通过水热处理，不仅可以将原料中的油分进行转化，而且其中的碳水化合物和蛋白质等组分也可以进行一并处理。因此，无论样品自身的含油量高低与否，均可以采用水热液化法加以处理，这尤其适用于餐厨垃圾等含油量较高的物质。采用直接水热液化制取的生物油大都呈焦油状、水分高，同时富含氮、硫、氧等元素，因而具有黏度大、热值低、热稳定性差等缺点。此外研究表明，由于催化剂加入以及所加催化剂的类型对所生成液化油的产率及各杂环原子的含量影响并不大，因此无论直接液化或者催化液化所得生物油在使用前均需进行氢化改质。生物油的水热氢化改质是将液化的生物油作为原料，用亚/超临界水作为反应介质，通过氢化脱氮、脱硫及脱氧进而转化为烃含量高、黏度低、热稳定性好的液态烃燃料。随着水热液化技术的日趋成熟，生物原油作为液体燃料和化工原料必将具有巨大的市场潜力。

6.2.3　餐厨垃圾水热反应机理

餐厨垃圾中各组分在水热处理过程中的反应路径，总体上可概括为 3 步：a. 餐厨垃圾的主要化学组分解聚为单体；b. 所得单体进一步发生水解反应，脱水、脱羧为小分子化合物；c. 小分子化合物重排，聚合得到最终产物。

由于餐厨垃圾的组分复杂，各组分的反应路径差异也较大。Biller 和 Ross[10] 通过选取多种模型化合物进行实验，分析它们的反应路径及产油情况，得到了脂质＞蛋白质＞碳水化合物的结论。

6.2.3.1 木质纤维素类组分的反应路径

木质纤维素是地球上最丰富的可再生能源之一，也是构成植物的重要组成部分，因此广泛存在于餐厨垃圾之中。Mok 等[11] 通过研究木本和草本生物质的水热液化过程发现，相同时间内，纤维素、半纤维素和木质素的转化率存在较大差异。纤维素是由葡萄糖单体通过 β-1,4 糖苷键连接而成的具有较高结晶度的支链化合物，其内部的分子之间存在氢键，因而常温下不易溶于水且不易被酶分解[12]。高温高压的水热条件可使纤维素的氢键和 β-1,4 糖苷键发生水解，从而得到葡萄糖单体，实现纤维素制糖。

葡萄糖本身可以通过转化异构为果糖。诸多研究表明，果糖的活性要高于葡萄糖。当它们溶解在水中时，都会以 3 种形式存在，即长链、吡喃环和呋喃环。葡萄糖在水解过程中可与果糖发生互变，并脱水生成 HMF。HMF 进一步脱水可形成甲酸和果糖酸。此外，葡萄糖和果糖还可发生缩合反应，并进一步生成小分子的酮、醛以及羧酸。然而在水热条件下，葡萄糖和果糖的相互转化要小于两者的分解速率。Kabyemela[13] 等在研究葡萄糖和果糖的分解机理时发现，当温度为 $300\sim400℃$，压力为 $25\sim40MPa$ 时，葡萄糖异构为果糖的反应速率较大，因此不能够被忽略。异构所形成的果糖会快速地进一步发生分解，这些分解过程包含了诸多反应，如异构化、脱水、分子重组以及再聚合等。所得到的产物成分也非常复杂，主要包括呋喃、苯酚、羧酸以及醛类等。D-葡萄糖和其他一些单体糖类，在酸性环境中更易于脱水而生成 5-羟甲基糠醛，而在碱性环境中则更偏向于分裂为乙醇醛和甘油醛等产物。这些物质的进一步分解会导致一些低分子的酸类生成，例如甲酸、乙酸以及乳酸等，同时也会有芳香化合物的形成。该过程也会得到一些黑色的焦油，证明该过程有聚合反应的发生。另有研究发现，在磷酸存在的条件下，果糖的分解速率远远大于葡萄糖。由于葡萄糖和果糖之间的转化速率要小于其分解速率，因此两者作为原料来进行水热反应时，其产物存在着明显的差异。普遍认为葡萄糖分解生成小分子产物乙醇醛、丙酮醛和甘油醛。图 6-2[1] 显示了纤维素在亚临界和超临界水中的反应机理。

Rogalinski[14] 等对纤维素、淀粉、蛋白质三种聚合物进行了水解动力学的研究。研究发现，三种聚合物的水解速率存在明显的差异，并且快速升温有利于避免生物聚合体在未到达指定温度之前发生解聚。在 $240\sim310℃$ 下，纤维素的水解速率随温度的升高而明显提高，但仍慢于淀粉的水解速率。当温度达到 $280℃$ 时，纤维素在 2min 时可实现完全转化。而葡萄糖的水解速率也随温度升高，二氧化碳的释放率显著提高，这可能是因为二氧化碳溶于水后形成碳酸，起到了催化剂的作用。

另一个动力学研究[15] 比较了纤维素水解速率和葡萄糖水解速率之间的关系。实验选取微晶纤维素为原料，分析了其在亚临界和超临界下的水解情况。当反应温度达到 $400℃$ 时，水解产物占据主导，而在 $320\sim350℃$ 下，液相中主要为葡萄糖的分解产物，如 $C_3\sim C_6$ 糖、醛类和呋喃类物质。这是因为当反应温度低于 $350℃$ 时，纤维素的水解速率低于葡

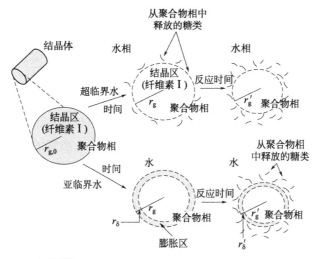

图 6-2 纤维素在亚/超临界水中的反应机理[1]

萄糖的分解速率，而当温度高于350℃时，纤维素的水解速率急剧增加并超过了葡萄糖的分解速率。Kamio[16]等对水热环境下的纤维素进行了研究。研究发现，当温度超过240℃时，纤维素的水解速率会大大提高并初步形成低聚糖，随后再转化成单糖和热解产物。Selhan等[17]在对不同物质水热液化所得的油分进行分析时发现，在280℃的水热条件下，纤维素液化生成的物质以呋喃及其衍生物为主。伍超文等[18]在超临界水中研究了纤维素的水热液化行为，并考察了氮气、氢气、一氧化碳等不同气氛在无催化剂条件和有催化条件下纤维素水热液化过程的差异。研究发现，由于受分子结构的影响，纤维素的热解特性主要表现为较高的起始温度和较窄的热解温度区间。在无催化条件下，反应气氛对纤维素的水热液化影响较小；而加入催化剂KOH后，还原性气氛则对纤维素水热液化影响显著。尤其是在CO气氛下，纤维素总转化率可高达98.5%，其中液相产率达33.3%，热值达39MJ/kg。这表明，在还原性气氛条件下，加入碱性催化剂，可提高纤维素水热液化处理率及液相产率，并且所得生物油的品质也将得到改善。

半纤维素是木质纤维素类物质中的第二大组分，其高效、低成本的转化也是实现生物质及固体废弃物转化工艺实用化的一个技术关键。半纤维素是一种具有随机结构的聚合物，包括木糖、葡萄糖、甘露糖、半乳糖等，由 β-1,4 糖苷键直链单元构成，因此结晶度较低。相比于纤维素，半纤维素含有更多的支链组分以及不规则的半纤维素结构，因而更加容易分解。研究发现，半纤维素在超过180℃的条件下即可发生水解[19]。半纤维素在亚临界条件下的转化方式与纤维素相似，主要通过糖类转化进行降解。Mok 和 Antal[11]研究发现，在230℃、34.5MPa条件下，半纤维素可在2min内100%水解。在半纤维素的水解过程中，也伴随着单糖的分解。木糖是半纤维素中一种主要的单糖，它是一种五碳单糖，是生产糠醛的主要原料。Garrote[20]也得到了相似的结论，研究发现，多糖会分解为低聚糖和糖单体，糖单体会继续分解得到糠醛及其衍生物。在常温水中，木糖通常以吡喃糖、呋喃糖或者开环的形式存在，而其在水热条件下会经过一系列转化生成糠醛。与纤维素类似，在 Sasaki[21]等对D-木糖的进一步亚临界和超临界水解实验发现，D-木糖的主要分解产物是乙醇醛、甘油醛和二羟基丙酮。羟基与醛基的缩合反应是亚临界条件下的主要反应，而脱水反应则只占有较小的比例。呋喃糖环相对比较稳定，不易发生分解；吡喃糖环主要形成糠醛，开环结构主要生成甘油醛、丙酮醛等生产糠醛的原料。同时糠醛在水热条件下也会分解，分解为甘油醛、丙酮醛和乙醇醛等，只是其分解速率要小于木糖转化为糠醛的速率。在水热条件下，木糖除了可以转化为醛类以外，也可转化为芳烃化合物。

木质素是植物的主要成分之一，也是构成植物细胞壁的主要物质。木质素在结构上主要是由对香豆醇、松柏醇、5-羟基松柏醇和芥子醇四种单体醇形成的一种复杂的酚类化合物的聚合物，主要通过C—C键以及C—O—C键连接。木质素的水热液化是使其转化为酚类小分子物质的有效途径。在探究其反应路径时发现，高温下木质素的C—C键可断裂为多环酚类，而具有醚键的可溶化合物容易水解为单环酚类，并进一步分解为甲醇、苯酚以及芳香烃类。难溶解的产物则通过自由基反应热解为气体、烷烃、酚类以及酸、醛。其分解模式可如图 6-3[22] 所示。

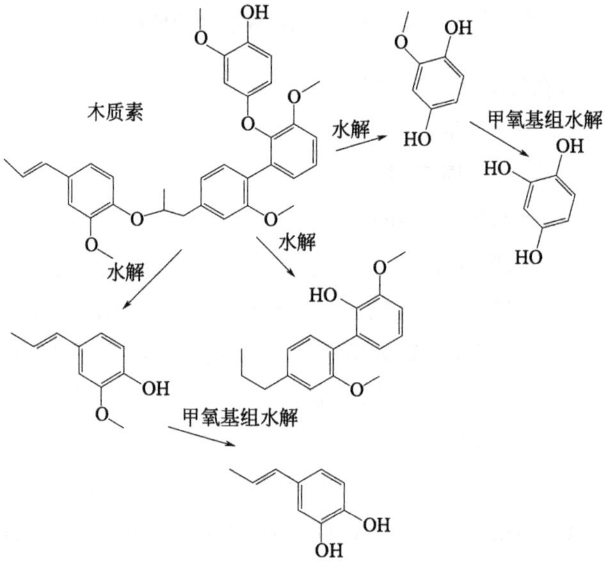

图 6-3　木质素分解机理[22]

木质素的分解过程与纤维素存在较大差异。Kang[23] 等对木质素的水热液化进行了综述。木质素的水热液化一般在 250~450℃，水热液化所得的生物油含氧量在 10%~15%，远低于生物质原料中的含氧量。木质素水热液化的生物油产物中主要包括羧酸、醇类化合物、芳香烃、醇类和酮类。研究发现，木质素水热液化产物中酚羟基的含量高于木质素中酚羟基的含量，表明水在木质素液化中起到了关键作用。Wahyudiono[24] 等研究了木质素在 350~400℃ 下的水解过程，发现其主要分解产物为邻苯二酚、苯酚和甲酚，这意味着在水热条件下甲氧基会发生二次分解。相似的结果在其他研究中也有发现，并探测到了 4-乙基愈创木酚和脱氢枞酸甲酯等产物。脱氢枞酸甲酯是由一个苯环和两个环己烷组成的大分子化合物，主要来源于木质素水解后产物的重新聚合。研究还发现，木质素水解后的酚类物质会继续凝结生成固体残渣。Liu[25] 等通过对核桃壳的研究发现，在碱性催化条件下，所得液化产物主要成分为酚类化合物，同时还含有少量的环戊烯衍生物和 C_{12}~C_{18} 脂肪酸。残渣中可检测到 2-甲基苯酚、3,4-二甲基苯酚等酚类衍生物。Selhan 等[17] 通过对商业木质素水解后酚类化合物的研究发现，较慢的升温和冷却速率也会导致固体残渣产率提高。Resende[26]等人总结了木质素液化机理。研究表明，木质素液化过程中首先会发生水解反应，连接单体的醚桥键断裂使大分子结构水解，产生酚类等主要物质。其后，小分子如甲醛、愈创木酚等部分气化并发生部分交联反应生成生物油等。

6.2.3.2　碳水化合物类组分的反应路径

淀粉是餐厨垃圾中的又一重要组分。它主要是由葡萄糖单体通过 β-1,4 糖苷键和 α-1,6 糖苷键连接而成的多糖，并根据其结构不同，可分为直链淀粉和拥有大量支链的支链淀粉[27]。相比于纤维素，淀粉很容易水解，在 $180 \sim 240℃$，淀粉可以在没有催化剂的情况下水解。高温高压的水热条件可使淀粉中的 β-1,4 糖苷键发生水解，从而得到葡萄糖单体。然而其生成的葡萄糖并不多，主要是由于这个过程中葡萄糖发生了进一步反应，生成羟甲基糠醛。葡萄糖在水解过程中可与果糖发生互变，并脱水生成 HMF。HMF 进一步脱水可形成甲酸和果糖酸。此外，葡萄糖和果糖还可发生缩合反应，并进一步生成小分子的酮、醛以及羧酸。

以下是一些关于淀粉水热处理的研究总结。Nagamori 和 Funazukuri[28]以甘薯淀粉为原料，研究了其在 $180 \sim 240℃$ 下的水热处理过程。研究发现，使用二氧化碳酸化可以提高葡萄糖的产率。为了有效探究淀粉在各条件下的转化过程，每组实验采用快速加热的方式并在 1min 内升至预设温度。研究发现，淀粉原料在 $180℃$ 条件下停留 10min 后全部溶解，其葡萄糖最大产率为 60%，并可在 $200℃$ 停留 30min 时以及 $220℃$ 停留 10min 时获得。当温度升高到 $240℃$ 时，葡萄糖的产率明显降低，此时的主要降解产物为 2-羟甲基呋喃。由此可以看出，低温条件更利于淀粉发生脱水反应获取葡萄糖，而高温则有利于断链酸和醛类重新聚合。

另有研究发现[29]，马铃薯中淀粉的水解率随二氧化碳的释放而急剧增加，且葡萄糖的产率与水中溶解的二氧化碳浓度呈线性关系。通过实验观察发现，在没有催化剂的条件下，当生成的葡萄糖在 $240℃$ 下达到最大产率后，会再次发生水解反应并生成 1,6-脱水吡喃葡萄糖和羟甲基糠醛。淀粉在没有添加酸或者酶的情况下，水解速率要小于酶存在时的速率，这是因为淀粉水解所产生的葡萄糖无法继续分解，以及所生成的多聚糖不能够进一步分解生成葡萄糖。

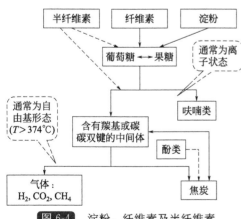

图 6-4　淀粉、纤维素及半纤维素的水解过程[30,31]

在临界环境中，餐厨垃圾中的碳水化合物会迅速成为单糖物质，其中葡萄糖是最主要的水解产物。前人采用模型化合物对葡萄糖和其他单糖的水热转化机理做出了探究，其主要反应路径如图 6-4 所示。

在水热条件下，葡萄糖自身会发生异构化生成果糖（Lobry de Bruyn，Alberda van Ekenstein 反应）。Kabyemela[32] 等研究发现，在水热条件下，葡萄糖异构化是一条重要的转化路径，相比之下，果糖向葡萄糖转化则显得微不足道了。在高温高压下，果糖会迅速地发生水解反应，并经过一系列的水解、断裂、重组生成酚类、呋喃、酸和醛等物质。Srokol[33]等对稀释后的多种单糖进行了水热液化实验，并发现糖类物质在酸性条件下已生成5-羟甲基呋喃，而在中性条件下的分解产物通常为乙醇醛和甘油醛。这些物质经过进一步的分解会形成几种低分子量的化合物，如甲酸、乙酸、乳酸、丙酸以及芳香族化合物。因此，pH值是影响果糖水解的重要因素之一。当使用酸性催化剂时，分解所得的5-羟甲基呋喃产率将提高至原来的3倍。当pH值小于2时，羟甲基呋喃主要通过再水合生成甲酸等物质，而随着pH值的提高，聚合反应逐渐占据主导地位。

6.2.3.3 脂类物质的反应路径

与其他固体废弃物相比，餐厨垃圾中含有大量的脂肪可用于制取生物油。脂肪的化学名称为甘油三酸酯，可以分解为甘油和脂肪酸。尽管在常温条件下很难溶于水，但是临界水的特殊性质使得脂肪具有良好的溶解性，促使反应的发生。King[34]等在对大豆油的快速水解的研究中发现，当温度达到340℃，压力为13.1MPa时，游离脂肪酸的产率可达到90%以上。

在亚临界条件下，游离脂肪酸具有良好的稳定性，但仍可以在水热条件下分解为长链的碳氢化合物，从而具有优良的燃料特性。Watanabe[35]等研究表明，硬脂酸在超临界条件下可转化为碳氢化合物。此外，通过添加碱性催化剂也会使烃类的产率大幅度增加。然而，由于脂肪酸在水热条件下具有良好的稳定性，即便提高反应的温度，其转化率提高也是有限的。因此可以推测，餐厨垃圾通过水热转化制取的生物油中应当含有大量的脂肪酸。

甘油是脂肪水解的主要产物之一，因此也是制备生物油的主要副产物。通常来讲，甘油被认为是一种生产能源或燃料的重要来源，用于合成各种化工产品。然而在水热处理过程中，作为水溶性化合物，甘油本身并不被视为燃料之一。Lehr[36]等研究发现，甘油在$ZnSO_4$催化的亚临界条件下主要转化为丙烯醛，这一结论与甘油在醇类溶剂中的转化结果相近[37]。并且进一步的研究表明，甘油在水热液化条件下的主要产物为甲醇、乙醛、丙醛、丙烯醛、丙烯、乙醇和甲醛。

6.2.3.4 蛋白质类物质的反应路径

蛋白质是餐厨垃圾组成的重要成分之一，主要存在于肉类食品中。蛋白质是氨基酸的聚合物，由一个或者多个肽链连接而成，而肽链是通过肽键将氨基酸中的氨基与羧基相连。氨基酸作为构成蛋白质的基本单体，是蛋白质水解的主要产物。氨基酸的种类较多，然而不同氨基酸的肽键骨架是相同的，因此存在相同的脱羧和脱氨反应。由于蛋白质中含有大量的氮，在水热处理过程中，蛋白质中有相当一部分的氮会转移到液相产物中，从而影响生物油的特性，因此研究生物油的降解机理是非常重要的。

在水热条件中，氨基酸的产率远低于低温条件下水解所得的氨基酸产率，这是因为与其他组分相比，氨基酸在水热条件下会很快发生降解反应。在一项对血清蛋白的研究中发现，氨基酸的产率在290℃条件下反应65s时达到最高，但由于产物的进一步分解，其水解产率仍旧低于其降解的速率。其实，由于蛋白质中的肽键较纤维素和淀粉中的糖苷键更为稳定，因此在230℃以下时水解发生缓慢；当温度超过250℃时，氨基酸的降解速率就会超过其水解的生成速率，但不同种类的氨基酸其反应状态也会有所不同[38]。由于水热液化环境中氨基酸的分解速率要比其他生物质单体快，因而水热液化的产物中氨基酸的含量要远远小于低温时水解反应。研究还发现，水解氨基酸的产率要低于酸降解物的产率，这是因为水解后氨基酸会继续分解。一些研究人员[39]通过使用酸性催化剂来提高氨基酸的水解产率。研究发现，在添加 CO_2 酸化的水热处理过程中，氨基酸的产率由原来的 3.7% 增加到了 15%。同时发现，随着温度的升高，CO_2 作为酸催化剂的影响会逐渐降低。

由于氨基酸的种类多样，且组成结构差异较大，因此描述氨基酸的分解路径也是一项极具挑战的工作。然而所有的氨基酸都具有相同的肽链，发生相似的脱氨和脱羧反应，并且其主要的降解产物均为碳氢化合物、胺、醛类和酸。由于一些降解产物与糖类的降解产物相同，因此蛋白质在水热处理过程中也会发生冷凝现象。

Klingler[40]等研究了甘氨酸和丙氨酸的水热分解过程，发现脱氨和脱羧是降解的主要过程。脱氨基作用有利于除去其中的氮元素，脱羧基作用有利于除去其中的氧元素，而这两种元素的脱除正好是生物油改质的目的，因而脱氨以及脱羧反应有利于得到高质量的生物油品。图 6-5 和图 6-6 描述了甘氨酸和丙氨酸主要的分解机制，从中可以看出水热处理可以有效去除蛋白质中的氮元素和氧元素，从而提高液相产物的品质。研究发现在 350℃ 下，超过 70% 的氨基酸在 30s 内就会发生分解反应，主要的分解产物包括乙醛、二酮哌嗪、乙胺、甲胺、甲醛、乳酸和丙酸等。而在关于丙氨酸及其衍生物的分解研究中发现，丙氨酸在 300℃ 和压力 20MPa 的条件下，产生氨、乙胺、丙酮酸、乳酸、丙酸、乙酸以及甲酸。

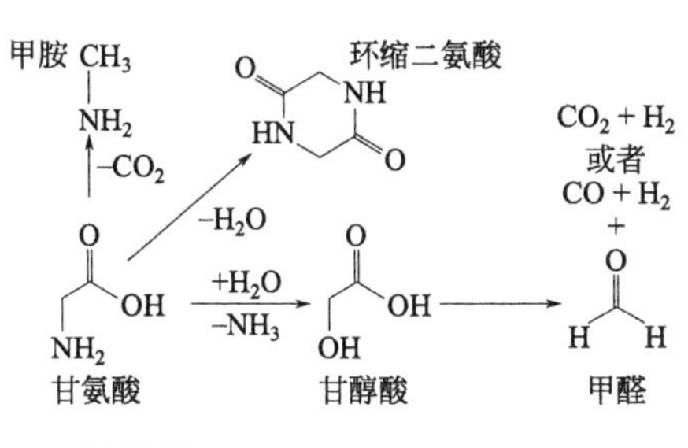

图 6-5 甘氨酸的分解反应机制

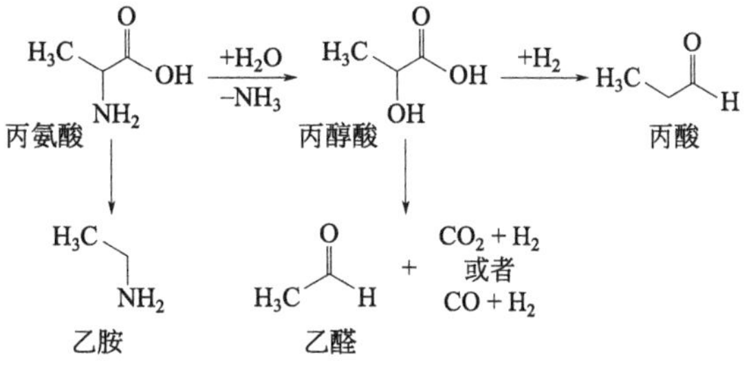

图 6-6 丙氨酸的分解反应机制

在相似的研究中发现水热降解氨基酸主要通过 2 个途径进行：a. 脱氨基生成胺和有机酸；b. 脱羧基生成胺和碳酸。

氨基酸的分解产物主要包括烃类化合物、胺、醛、酸，一部分与糖类的分解产物一样。当蛋白质单独或者和碳水化合物同时存在于水热条件下时，这些分解生成的产物会发生聚合反应。当在水热环境中，氨基酸和糖同时生成时，它们之间会发生美拉德（Mailard）反应。这类反应导致含氮杂环是水热液化中常见的反应产物，可以抑制自由链反应，从而有效地减少在亚临界和超临界水作用下气体产物的形成。由于氨基酸的商业价值很高，所以对于水热法从富含蛋白质的原料中提取氨基酸的研究很多。陈裕鹏[41]等利用石英毛细管作为反应器，研究了蛋白质的模型化合物苯丙氨酸在水热条件下的产物。研究发现，随着反应温度升高和反应时间加长，苯乙烯产率增加。苯丙氨酸先脱羧生成苯乙胺，随着反应的加剧，苯乙胺经脱氨生成苯乙烯，苯乙烯进一步加成生成少量苯乙酸；大部分氮元素先经脱羧反应转移到苯乙胺中，进一步由脱氨反应转移到水溶性较强的NH_4^+中。

6.2.4 水热处理过程及分类

6.2.4.1 餐厨垃圾的水热处理工艺流程

图 6-7[42]所示为水热处理过程的一般工艺流程。由图可见，餐厨垃圾等各类原料首先需要经过预处理，包括研磨、压榨、浸渍等过程后，用泵加压后进入反应器中，生物质浆液经过高温高压反应后进入减压分离装置，形成了最终产物生物油、水相、生物炭和气体。

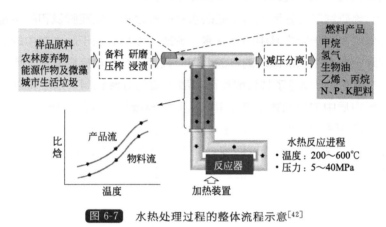

图 6-7 水热处理过程的整体流程示意[42]

（1）餐厨垃圾水热处理的预处理过程

由于餐厨垃圾中的大多数组分都属于亲水性物质，因此可通过水热处理技术进行处理，并在反应前与水混合为固体含量为 5%～35% 的浆料注入到反应器中。对于含水量较低的餐厨垃圾，在反应前必须添加足够的水分对其浸渍。

（2）餐厨垃圾的水热处理过程

餐厨垃圾的水热处理过程主要包括浆料注入、预热、水热反应、减压分离等过程，图 6-8[43]所示为水热处理过程的一般运行装置，由图可见，经过预处理后的餐厨垃圾浆料通过泵 1 和泵 2 注入到反应器中，并经过热交换器 HX1 和 HX2 进行预热。其中浆料注入的流速和压力通过泵 2 来控制。经过预热的浆料进入到反应器中，使其温度和压力均达到预设要求，而停留时间则通过浆料注入的速度来确定。待反应完成后，所得的产物经过热交换器 HX3 降温至 170℃左右，并通过压力阀 PCV 对其压力进行控制，使其减小至 10bar（1bar＝0.1MPa）。产物在经过 HX1 和 HX2 后与原料进行热交换后再次降温，并在通过压力阀 BPRV 后达到常压。已降至室温常压后的产物便可进行气液分离并收集。

6.2.4.2 水热技术的分类及产物特性

基于不同的操作参数及所得不同比率的目标产物，可将水热处理技术分为水热液化、水热气化和水热炭化三大类，如图 6-9 所示。Elliott[44]等研究了反应温度、升温速率和原料组成等因素对水热处理后重油产率及组分的影响。Sevilla[45]等对糖类等物质在 170～240℃进行了水热炭化处理，并从中获得了炭质材料。Gao[46]等选取木质纤维素类原料

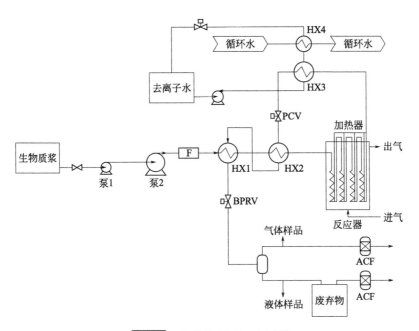

图 6-8　水热处理运行示意[43]

对其分别在 300℃ 和 220℃ 条件下进行了水热液化和水热炭化处理，以此来研究主要产物的理化性质。

（1）水热气化

餐厨垃圾的水热气化技术是近年来发展起来的一种高效制氢技术，通常反应温度为 400～700℃，压力为 16～35MPa。与传统的热化学转化方法相比，利用超临界水热气化制氢显著地简化了反应流程，降低了反应成本。水热气化产物中氢气的体积分数可以超过 50%，并且不会产生焦炭、焦油等二次污染物。另外对于含水量较高的餐厨垃圾而言，水热气化反应也省去了能耗较高的干燥过程。

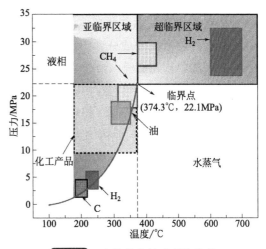

图 6-9　水热转化技术产物分布

一般来说，经水热转化后所得的气体产物成分主要包括 H_2、CH_4、CO_2 以及少量的 C_2H_4 和 C_2H_6。由于餐厨垃圾中含有大量的蛋白质类物质，因此气体中还含有少量的氮氧化物。

根据工艺形式的不同，生物质水热气化可以分为连续式、间歇式和流化床三种主要工艺。连续式适用于研究气化制氢特性、气化过程中的动力学特性；间歇式反应器装置相对简单，适用于几乎所有的反应物料，可用于研究生物质气化制氢的机理和催化剂的筛选。流化床工艺得到的气体转化率相对较高，焦油含量低，但是工艺成本较高，设备复杂不易操作[47]。

东京科技大学、日本东京大学、广岛大学等高校的多位教授经全面分析比较后表明，超临界水气化技术在经济性上比传统的生物质厌氧发酵、裂解、热解等气化技术有显著优势。在超临界水气化的过程中，由于CO_2能被高压水所吸附，可实现与H_2的初步分离，由此得到的高压富氢气体可在高压下与膜分离及变压吸附技术进行集成，实现CO_2的富集分离、H_2的提纯和资源化利用。当此气体作为燃料电池的原料时，能够大幅提高系统能量的综合利用率。夏威夷大学、日本东北大学、美国太平洋国家实验室、德国卡尔斯鲁厄研究中心等对超临界水气化的操作参数的影响、反应机理、催化剂、反应装置等方面进行了实验研究与理论分析，并取得显著进展。近几年，美国 GA 公司正在筹建 1 套 40t/d 的超临界水气化制氢示范装置[47]。

（2）水热液化

餐厨垃圾水热液化技术主要是以水为反应介质，以餐厨垃圾作为原料，制取生物油的热化学转换过程，通常反应温度为 $270 \sim 370℃$，压力为 $10 \sim 25MPa$，在此状态下水通常处于亚临界状态，水在反应中既是重要的反应物又充当着催化剂，其主要产物包括生物油、焦炭、水溶性物质及气体。

Selhan[15]等选取木质素、纤维素、松木屑、米壳 4 种不同生物质作为原料，在温度为 280℃，停留时间为 15min 的条件下进行高压水热液化实验制生物油。经 GC-MS 检测分析表明，相对于松木屑、米壳的液化油，木质素和纤维素的液化油组分相对简单。木质素液化油的主要化学成分有邻苯二酚、甲氧基苯酚及 4-甲基邻苯二酚；纤维素液化油的主要成分是 5-甲基-2-呋喃草醛、2-呋喃草醛、丙酸；米壳和松木屑液化油除具有前 2 种液化油的成分外还有其他成分，组成较复杂。Funazukuri[48]等在间歇式反应器中对磺酸木质素进行亚临界和超临界水液化，结果显示：在 400℃ 时生物油的产率最高且受到温度、水密度及停留时间的影响。经核磁共振氢谱分析，生物油在较短的时间内就能生成，并且其中的甲氧基团含量比较高。陈玮[49]将玉米秸秆放在高压反应釜中进行水热液化，结果表明：在温度为 390℃，停留时间为 15min 时，生物油的产率和热值是最高的。徐玉福[50]等将小球藻粉进行水热催化液化制备生物油，结果表明：在温度为 300℃，停留时间为 20min 时液化率可达到 39.87%，经 FTIR 及 GC-MS 检测其基团发现，其生物油的成分与化石燃油很接近，且热值高达 26.09MJ/kg。

与快速热解相比，水热液化反应不用对原料进行干燥，这在一定程度上达到了节能的效果。另外，水热液化所得的生物油中含酚类物质较多，酸、糖类等极性化合物及焦炭的含量相对较少。当前的研究者们都把注意力集中在如何通过减少有机物在水相的溶解量来增加生物油的收率，现阶段典型的方法是在水热反应中加入强碱、碳酸氢盐及碳酸盐作为催化剂。此时焦炭的生成受到一定程度的抑制，生物油的产率得到提高，油品也得以改善。

（3）水热炭化

餐厨垃圾的水热炭化是在温度为 $150 \sim 350℃$、压力为 $1400 \sim 27600kPa$ 下，将生物质放入密闭的水溶液中反应 1h 以上以制取焦炭的过程，实际上水热炭化是一种脱水脱羧的煤化过程。与传统的裂解炭化相比，水热炭化的反应条件相对温和，脱水脱羧是一个放热过程，可为水热反应提供部分能量，因此水热炭化技术能耗较低。另外，垃圾水热炭化产生的焦炭含有大量的含氧、含氮官能团，焦炭表面的吸水性和金属吸附性相对较强，可广泛用于纳米功能材料、炭复合材料、金属/合成金属材料等。基于其简单的处理设备，方便的操作方法，其应用规模可调性相对较强。

餐厨垃圾中含有纤维素、半纤维素、木质素、蛋白质、无机盐、脂肪及低分子糖类等，所以水热炭化基本上都要经历水解、脱水脱羧、芳香化及缩聚等步骤，在水热的初期阶段都会发生水解反应，而水解所需的活化能比大部分裂解反应的低，所以餐厨垃圾的水热降解所需温度更低。低分子有机物在 150～180℃ 发生水热炭化；半纤维素在 150～190℃ 发生醚键的断裂，生成低聚糖及单糖；纤维素因为含有线型巨分子，炭化温度一般在 220℃ 以上；木质素中的芳醚键需要在 300℃ 以上才能裂解聚合。

6.2.5 水热处理过程的关键影响因素

20 世纪 80 年代开始，越来越多的学者投入到水热处理技术的研究中，他们考察了多种因素（如反应温度、催化剂、停留时间、升温和冷却速率、压强、溶剂等）对水热处理产物的影响。

（1）反应温度

反应温度是餐厨垃圾转化过程中的一个重要影响因素。由于餐厨垃圾结构复杂，主要包括淀粉、木质纤维素、蛋白质和脂肪等组分，且各组分在高温高压水中热稳定性存在明显差异。随着反应温度的变化，液化反应路径也会随之变化。一般而言，反应温度越高，聚合物降解形成液相产物越容易，生物油的产率也会随之提高[51,52]。进一步提高液化温度将促进生物质碎片降解形成气相产物，导致气体和挥发性有机物的增加，不利于生物油的产出。在某一临界温度之下，形成液相产物的反应过程将优于形成气相产物的反应过程。而在某一临界温度之上，趋势则刚好相反。Karagöz[53] 等研究发现，高温下（250～280℃）产油率随反应时间延长而减少，而低温（180℃）时则随反应时间延长而增加，这可能是由于在较长的反应时间下，生物油会发生二次反应，生成焦和气体。Akhtar[53] 提出了类似的观点，在较高的反应温度条件下，二次分解和气化反应（形成气相产物）将变得活跃。总的来说，较高的反应温度更有利于液化中间产物/液相/固相产物发生脱羧基、分解、气化和脱水反应，从而生成更多的气相产物和水。

在以模型化合物为基础研究的液化结果表明，由于半纤维素的聚合度较低，在碱性溶液中，当温度超过 180℃ 后，半纤维素开始溶解。Mok 和 Antal[11] 通过研究纤维素、半纤维素和木质素在水中的溶解温度发现，当液化温度达到 250℃ 时，半纤维素已经完全溶解，同时 22% 的纤维素和 60% 的木质素也发生了分解。Deguchi[55] 等采用光学显微镜观察了纤维素晶体结构变化及结晶度消失的过程，结果表明，纤维素的高结晶度阻止了它的分解。随着液化温度升高，纤维素的结晶度变小，当温度大约在 320℃ 时，β-1,4 糖苷键发生断裂，纤维素结晶度小时，纤维素在此温度下即被分解。蛋白质主要存在于肉类食物中，是由氨基酸聚合物组成的肽链结构构成。与糖苷键相比，肽链更稳定。因此当温度低于 230℃ 时，只发生慢速水解[39]。对于常温下不溶于水的脂类物质，液化过程中水的温度升高导致水显示出非极性特性，脂类与水的互溶度增加，当达到超临界状态下，最终两者完全互溶。

目前，学者们对多种原料的水热处理过程中，温度对过程的影响已做了大量的研究工作。Yuan[56]等通过研究稻草在水中液化时从 200℃升至 380℃的过程中发现，生物油主要形成于 250～300℃之间，并且生物油的产率明显受温度影响。在 280℃、反应时间 10min 条件下，生物油产率最高达 22.4％，继续升高液化温度则生物油产率开始下降。Qu[57]等研究了云杉在 280～360℃的热压缩水中的液化，结果表明，生物油产率在低温时随温度的增加而增加，当温度达到一定值后，油产率随着温度的增加而降低。因此，适当的液化温度有利于餐厨垃圾中的木质纤维素类组分分解，并向有利于生物油生成的方向进行。当温度过高时，产物中的化合物将发生聚合反应或裂解反应，从而导致生物油产率下降。Akhtar 和 Amin[54]综述了温度对不同原料组分的水热处理影响，得到的结论是最优的液化温度应选取在 300℃左右。然而，由于餐厨垃圾的各组分含量及差异较大，最终应根据其组分含量来确定反应的最优温度。

（2）催化剂

由于碳水化合物类物质本身的产油率较低，许多学者试图通过添加催化剂和改变溶剂的方法来提高产率，并提高过程效率。按催化剂的类型可以分为均相催化剂和非均相催化剂。在水热液化过程中一般使用均相催化剂（如碱性催化剂、有机酸等）来增加液体产物产率，而在超临界水热气化过程中经常使用非均相催化剂（如金属催化剂、活性炭、氧化物等）来增加气体产物产率。

目前，在有关水热处理研究报道中，碱性催化剂大多集中于 NaOH、KOH、K_2CO_3 和 Na_2CO_3 等几种。研究结果表明，碱性催化剂能够提高液化过程中的转化率，因此可以增加生物油的产量及品质。此外，碱性催化剂能够提高液化过程中的脱氧反应，因此生物油中氧含量降低，有利于后续生物油加氢脱氧工艺的进行。

Bhaskar[58]等以樱桃木和柏木为原料，比较了木质素含量和添加碳酸钾催化剂对水热液化的影响。Karagöz[59]等分析了碱性催化剂对液化产物的影响，发现加入催化剂后产油率比无催化剂时提高了 3～4 倍，催化效果为 K_2CO_3＞KOH＞Na_2CO_3＞NaOH，所以盐类比氢氧化物催化效果更好，这可能是碳酸盐水解生成碳酸氢盐，充当第二催化剂。在酸性催化剂中，Yip[60]以盐酸为催化剂，比较竹子在不同有机溶剂中的液化情况。实验显示在苯酚溶剂中，纤维素、半纤维素和木质素的水解效果较好，其液体产率最高可达 99％。

近年来，非均相催化剂多数应用于超临界气化过程中，目的在于较低温度下水热处理垃圾原料，增加气体的生成速率。同时，催化剂可以改变反应方向，使得反应向目标产物的方向发生。Azadi 和 Farnood[61]综述了生物质亚临界及超临界水热气化过程中不同种类的非均相催化剂在气化过程中的作用，结果表明，负载 Ni 和 Ru 的金属催化剂更有利于生物质气化。与均相催化剂相比，非均相催化剂的缺陷是随着液化反应持续进行，尤其是在连续或半连续反应装置中，非均相催化剂会出现结焦情况而滞留在反应器中，导致催化性能显著下降。因此，在使用非均相催化剂过程中，需要考虑催化剂的失活问题及失活效率。目前研究者们正在积极地寻找合适的催化剂或对催化剂进行改良来克服此问题，保证水热反应过程能够连续、稳定地进行。

为克服非均相催化剂的缺陷，Hammerschmidt 等[62]采用连续流式反应器对食品加工后的有机物在亚临界水中的液化过程进行了研究，实验中结合使用了均相和非均相催化剂，期望以此提高生物油的品质。实验过程中将有机物与一定量的 K_2CO_3 催化剂混合，混合均匀后投入预热反应器中预先水解 1h，来增加生物质的转化率，并减少中间物质和产物的聚合，预水解后浆液将流入预先装有 ZrO_2 催化剂的主反应器中进行液化，液化温度为 330～350℃。通过联合使用两种催化剂，液化过程中没有出现明显的堵塞问题，较好地解决了由于添加非均相催化剂时形成焦炭的难题。但值得注意的是，尽管均相催化剂不存在失活的问题，但在液化过程中的应用同样存在缺陷，液化反应完成后，它会溶解在溶液中，因此需要通过催化剂回收和再利用来有效地提高液化过程的经济价值。

为进一步提高液化过程的有效性和经济性，Zhai[63] 等采用原料热解后的焦炭作为液化的催化剂。在高压反应釜中，分别考察了以生物质样品在 350℃ 和 400℃ 的液化行为。结果表明，可能由于热解焦炭的加入导致了样品在液化过程中物质种类发生变化，在液化温度 350℃ 时，焦炭的加入增加了生物油的产量和能量密度。研究同时对这两种温度下液化后收集的固体残渣进行了风险估计，以重金属 Cd、Cu、Zn 和 Pb 含量为检测指标，结果表明：350℃ 时液化得到的固体残渣中重金属的风险较 400℃ 时低，但仍需关注 Pb 的含量。

除使用固体催化剂外，Patila[64] 以小麦秸秆为原料，研究了在亚临界条件下水-醇混合物对水热液化的影响。当水和乙醇比为 1:1 时，水热液化转化率和产油率最高。因为混合溶液可以降低液化产品的表面张力，从而提高木质纤维素的溶解度，此外由于乙醇比水的介电常数低，它更容易溶解分子量相对较高的物质。

（3）停留时间

停留时间是影响水热转化过程的又一重要因素。近年来，对各类垃圾的水热转化过程研究集中在使用间歇式反应器。在利用此反应器进行水热转化的研究中，至少有 3 种不同的方法来计算反应时间。第 1 种是先将反应器放入流沙浴中或加热炉中升温，在达到设定温度时开始计算时间。在这种情况下，在达到计算反应时间开始之前，垃圾中的部分组分已经发生了反应，如水解。第 2 种计算反应时间的方法是考虑了加热和冷却过程所需要的时间，与第一种反应时间计算方法相比，此种情况下的反应时间被过度延长。第 3 种计算反应时间的方法是同时考虑到了时间和温度，通过定义强度系数来应用此方法，比前两者更精确。目前，研究中多以第 1 种方法来考察反应时间对液化过程的影响。

Qu[57] 等在 280～360℃ 的亚临界水中，在云杉/水质量比为 8%～12.5% 条件下，分别选取 10min、20min 和 30min 的液化反应时间进行对比研究。研究发现，随着反应时间的延长，生物油产率急剧下降，这主要是由于中间产物的缩合和再聚合形成了固体。因此，在 280～360℃ 区间内，选用 10min 的液化反应时间液化所得的生物油产量最高。Zhang[65] 等在温度 350℃、压力 20MPa 的水中研究预处理后的杨树和玉米秸秆的液化，结果发现，当反应时间由 1min 延长至 10min 时液体产量改变不大。但液化反应时间延长至 30min 时，液体产率明显下降，而气体产率随之增加。同时，对气体产物进行分析结果表明，随着时间的延长，氢气含量增加。因此，如果选用此类间接高压反应釜进行液化时，为得到较高的液体产率，建议反应时间不超过 10min。

为克服传统高压反应釜加热时间长的缺陷，Barbier[66] 等对上述使用的传统反应釜进行了改进，在反应釜之前新增一个加料罐，实现了相对较快的升温速率下（120℃/min）的液化，研究葡萄糖在 370℃、25MPa 条件下水热液化的过程。反应前先将一定质量的水置于反应釜中加热，待釜中的水达到设定温度时通过加料罐加入葡萄糖溶液，并以此开始计时。结果发现，反应时间从 5min 延长至 40min 时，气体产率明显提高，由 5.9％增加至 9.4％。同时也考察了不同反应时间下，产物中碳的含量，发现葡萄糖液化后的水溶性溶液中碳含量从 72.4％减少至 46％，且总有机碳含量降低。而固体中碳含量在反应时间 10min 时最低，较长的反应时间会导致更多固体产物的生成。因此，通过控制反应时间，可以抑制聚合和分解反应发生，因此选择合适的温度对优化生物油产量极其重要。

（4）升温和冷却速率

在餐厨垃圾的快速热解中，为获得较高的生物油产量，选择适宜的升温速率是很重要的。餐厨垃圾快速热解及通过采用快速加热的方式将垃圾中各组分加热到适宜的温度范围内，经过较短的停留时间后将热解产生的有机物蒸气快速冷却而得到生物油，此过程可有效地避免二次反应如缩合和二次裂解反应的发生。类似地，在水热处理过程中同样会发生复杂的二次反应，研究升温速率对水热处理过程的影响十分重要，由最优化水热过程达到较高的生物质转化率和生物油产量，并据此开发动力学模型。

水热处理反应的研究通常是在传统的密闭高压反应釜中进行。通过比较前人的研究发现，采用电加热方式对生物质浆液进行升温时，反应器的加热速率较慢，一般在 3～10℃/min 之间，而采用电感加热和流沙浴加热方式的反应器则可以得到更高的升温速率。然而，迄今为止，只有少数学者考察了一些特定情况下的液化过程中不同升温速率对实验结果的影响，但得到了矛盾的结果。

Nelson[67]等选用了 3mL 和 300mL 两种不同溶积的反应器，进行了纤维素液化生产胶黏剂或沥青替代品的研究。结果表明，在相同的加热速率下，由于大容积反应器需要更长的加热时间来达到液化温度，在慢速升温过程中，液化产生的中间产物可能发生再聚合反应。例如液化过程中产生的反应性强的中间物，如乙偶姻和联乙酰是形成 2,5-二甲基-1,4-苯二酚的前驱体。因此，研究结果表明，采用较快的升温速率对于减少不可避免的初始产物的降解反应和再聚合反应是有利的。

Barbier[66]等在传统的高压反应釜中对葡萄糖的液化进行了研究，葡萄糖作为木质纤维素类生物质的模型物，对其研究具有极其重要的意义。通过间歇式反应器考察加热时间对葡萄糖在亚临界水中（370℃，25MPa）水热液化过程中的影响。研究中应用的反应装置具有两种加热方式：第一种加热方式是室温下，将葡萄糖和水的混合液直接加入反应釜中，密封反应器后加热至指定温度，此种加热方式为传统高压反应釜通用的加热方式；第二种加热方式是先向反应釜中加水后加热至指定温度，通过活塞泵将葡萄浆溶液快速注入已达到预设温度的反应釜中，葡萄糖经历较短的时间即达到了反应预设温度。结果表明，在第一种操作模式下，将混合物加热至指定温度需要 20min，而第二种操作模式则只需 3min。同时研究结果表明，葡萄糖在亚临界水中的液化过程很复杂，通过不断竞争的断裂反应和缩合反应而分解。更为重要的是短的加热时间可以降低缩合产物的产量。利用传统高压反应釜的传统加热方式进行反应时，加热过程中发生的缩合反应明显地影响了生物油的产量，而采用第二种加热方式进行反应时，则可限制缩合产物的生成，有利于生物油的生成。

Zhang[68]等在配置电感加热的 75mL 间歇式反应器中研究玉米秸秆和白杨木屑的水热

液化。他们发现，对于相同的原料，升温速率和生物质的转化率呈线性增加关系。当升温速率从 5℃/min 升高至 140℃/min 时，液体生物油产量从原来 50％增加至 70％，气体和固体产量相应降低。而改变反应器的冷却速率对产物产量并没有显著的影响。对不同升温速率下得到的生物油进行成分分析后，发现升温速率并没有改变生物油的化学组成。Kamio[69]等研究了不同升温速率下（1～10℃/min），纤维素在亚临界水中的分解过程，其结果与 Zhang[68]等得出的结论相反。他们指出，加热速率明显地影响了纤维素的液化产物。较慢的升温速率更有利于纤维素的转化和提高生物油的产量，但在很大程度上取决于反应终温。结果表明，在 250℃液化时，不同的升温速率下液化生物质的转化率有明显的不同，其升温速率为 1℃/min 时，转化率超过 80％；而当升温速率为 10℃/min 时，转化率低于 30％。

Brand[70]等研究了加热速率和冷却速率对木质纤维素类生物质在亚临界水或超临界乙醇中液化的影响。液化过程中液化温度为 250～350℃、停留时间为 1～40min。实验结果表明，当采用水作为液化溶剂时，加热速率是影响生物质在亚临界条件下转化的一个重要参数，而其对在超临界乙醇中液化生物质几乎没有影响。在研究过程中详细分析了液化产物中气体、液体和固体的性质，并识别了液化过程中各个反应步骤，表明水热液化由期望发生的主要反应（热解、水解和降解）和不期望发生的二次反应（如再聚合和二次裂解反应）组成。在超临界乙醇液化过程中，生物质在高温条件下通过热解和醇解分解，并且加入的乙醇可以作为供氢体，该条件下有利于延迟反应中间产物的二次再聚合反应。

Akhtar 和 Amin[54]综述了各种影响参数对不同生物质液化的影响，得出结论是，选取适宜的加热速率可以克服传统反应器加热方式的局限性，从而提高生物油的产量。但由于先前学者得出了相矛盾的研究结果，迄今为止，升温速率对水热反应机理的影响仍处于探索阶段。

6.3 国内外水热技术的研究现状

6.3.1 水热技术的研究背景

20 世纪初，美国、德国和日本率先开展了以煤为原料的直接液化实验研究，在氢气和催化剂的共同作用下，煤中的大分子物质分解为小分子，同时氧、氮、硫等杂质原子被脱除，固体煤转化为高 H/C 原子摩尔比的液体油，发展至今已有一百多年的历史[71]。但后来由于煤液化技术的工艺流程复杂，需要采用价格昂贵的氢气作为还原气，而且投资巨大，因此关于此项工艺的研究陷入了低潮。在 20 世纪 70 年代中期，石油能源危机爆发，原油价格大幅上涨后，各国相继认识到直接液化工艺的价值，此技术又逐渐蓬勃发展起来[72]。进入 80 年代后，热解技术快速发展，尽管热解油中含氧量较高，但由于其在降低成本和提高产量方面的明显优势，因而较液化技术受到了更多关注。而液化技术除成本存在劣势之外，同时缺乏基本的理论基础，因此该项研究发展缓慢。

在生物质液化技术的研究方面，20 世纪 20 年代，学者 Fierz-David[73]率先开展了纤维素在碱性催化剂和氢气存在条件下的液化研究，并对产物进行了分析。随后，许多机构对生物质液化技术又进行了更为系统的研究。1960 年，美国矿务局匹兹堡能源中心的 Appell[74]等研究者首先开发出了生物质液化技术（PERC），并成功地利用此技术将木屑、市政污泥及其他垃圾转化为产量高达 40%～50% 的液体产物，操作条件为：在碳酸钠溶液中、CO 存在的条件下，温度范围为 350～400℃，操作压力为 28MPA。随后，西北太平洋实验室 Elliott 等研究者对 PERC 过程中得到的液体产物进行了特性分析和油品改质等方面的研究。1977 年，美国 Albany 矿务局建立了 PERC 的小规模实验工厂，处理能力为 18kg/h。然而此项工作开展一段时间后，便在过程的可操作性及可行性上出现了一系列问题。例如进料系统设计的物料浓度为 30%，而在实际操作中，即使使用较低浓度的 10% 浆液，设备的进料泵和介质阀控制以及维护上仍出现严重的问题。

随后为克服 PERC 技术在设备堵塞上的难题，加利福尼亚大学伯克利国家实验室[75]开发了另一种液化过程，选取木材为原料，在液化前添加一个预水解反应器，利用硫酸先水解木屑，打断木屑中的大分子量物质，使得水解后的混合物能够用传统泵较容易地泵入反应器内。之后再采用与 PERC 相同的方法，液化水解浆液制备液体燃料。此工艺称为 LBL 过程。然而此过程也存在一定的技术难题，即在进入液化反应器之前，需将水解反应过程中的硫酸中和。与此同时，1970～1980 年间，石油危机爆发及原油价格上涨，许多研究者开始热衷于利用固体废弃物直接液化技术来寻找可替代石油的能源。大多数情况下，液化需在 CO/H_2 气氛下，使用的催化剂与此过程消耗的外加高压 CO/H_2 使成本增加，此后 Miller[76]等学者尝试以苯酚取代 H_2 作为供氢溶剂。Schuchardt[77]等通过在甲酸盐/惰性气体的条件下开展了液化甘蔗渣的研究，并对其液化结果与在使用碱性盐/CO 的条件下得到的结果进行了对比分析。研究结果表明，在特定条件下，使用甲酸盐/惰性气体对于制备液体燃料更有效，转化率更高且生物油产量更高。

6.3.2 水热技术的研究进展

（1）水热技术的发展过程

热处理技术起源于 20 世纪 80 年代 MIT 提出的超临界水氧化技术（SWCO），是指利用超临界水作为反应介质和有机溶剂，在富氧条件下有效地将有机物氧化为液体或分子量较小的气体。与超临界水氧化技术不同，水热技术是在缺氧的条件下分解有机物。由于水热技术能够在特定的压力和温度下高效地将餐厨垃圾转化为液体、气体、固体产物，近年来受到了研究者们的持续关注。

1983 年，Shell 研究中心分别利用高压反应釜和实验室规模的连续反应器开展水热转化实验研究，并开发了水热提升（HTU）过程。大量实验结果证明，在温度为 300～350℃，压力为 100～180bar，反应时间为 5～15min 的条件下，生物质的转化率较高、生物油选择性增加，生物油中的氧以二氧化碳形式被去除，生物油热值在 20～35MJ/kg 之间。随后，Goudriaan[78]等以木材为原料，对利用 HTU 装置处理生产烃类物质进行了成本计算。具体处理过程如下：首先采用 6 个 HTU 处理单元将木材液化为含氧量为 10% 的生物油，并通过催化加氢脱氧过程来提升生物油品质，得到最终产物煤油和汽油。通过简单计算，整个过程的生产费用为 400～450 美元/t，其中资本支出费用占据大约 1/2。1/4 的费用是原料购置费，后续加氢脱氧处理过程大约需要消耗 1/3 的费用。由于经济效益较差，在 1988 年此项研究工作被迫终止。

1997 年后，Stork Engineers & Contractors、荷兰 Shell 公司、TNO-MEP 和荷兰 BTG 公司等又相继开展关于进一步开发 HTU 过程并对其进行商业化的研究，研究过程经历了利用高压反应釜进行实验、产物分析、过程设计和构建小规模实验工厂几个阶段，最终小规模实验工厂处理原料的能力达到了 10～20kg/h。研究结果表明，此技术具有良好的商业发展前景，并为商业化水热转化提供了必要的设计依据。研究过程中针对 HTU 热效率的计算表明，此过程热效率理论最大值可达 79%，实际热效率可以达到 75%[79]。

2004 年，TNO 组织在荷兰阿培尔顿利用 HTU 工艺建立了目前世界上第一套水热液化中试装置，将 100kg/h 的浆液转化为 8kg/h 的生物油，其中生物油中氧含量为 10%～15%，通过对油的品质改质提升获得较高品质的汽油和柴油[80]。然而，针对水热处理的反应器中存在的盐沉积、腐蚀性和运行费用高等问题，仍需进行深入研究，以提高水热处理技术的效率和经济性。

目前，我国天津大学、华东理工大学、湖南大学、中国矿业大学、大连理工大学等研究机构的专家和学者也致力于餐厨垃圾等各类固体废弃物在水及其他溶剂中的液化研究，并取得了一定的研究成果。水热处理过程虽然操作简单，但反应过程极其复杂，短期内此项技术仅限于小规模实验研究。目前大多集中在实验室机理研究层面，包括反应条件等对生物质的转化率、液体产率和产物特性等方面的影响。这些研究将对提高产品转化率、品质及商业化生产起到重要作用。

(2) 水热技术在餐厨垃圾处理上的应用

目前，水热处理在餐厨垃圾处理的实际应用上也得到了长足发展。通常人们会将水热方法与其他垃圾处理方法相结合，共同处理餐厨垃圾。水热预处理后的餐厨垃圾在制取饲料过程中的研究也得到了优化。水热法的高温处理不仅起到了杀菌的功效，也使得垃圾更容易脱水。

熊晨[81]开展餐厨垃圾水热处理制取有机肥的试验研究。研究发现水热处理后的餐厨垃圾腐殖化程度高，有机质超过 2/5 是以腐殖质的形态存在。同时在 205℃、50min 工况下厨余垃圾的腐殖化率达到 1.31，腐熟度很高，这也在红外光谱的分析过程中得到了验证。另外，通过水热处理原生垃圾实现制取有机肥的效果与处理模拟垃圾的效果相一致。在典型工况下对原生垃圾进行水热处理，腐殖质含量达到 33.82%，腐殖化率达到 1.19，虽然相对模拟垃圾偏低，但也较好地验证了水热法制取有机肥的可行性。此外，氢离子对水热过程腐殖质的形成及腐殖化率的提高有一定的促进作用。加酸水热处理过后的腐殖质含量比未加酸要略高一点，而加酸之后的腐殖化率相对未加酸要上升不少。同时在反应温度较高的水热初期，无机弱酸所表现出的促进作用更明显。水热处理能促进重金属向稳定态转化。水热处理过程中，餐厨垃圾中重金属 Cu、Pb 的残渣态和可氧化态的比例明显增加，As 的稳定性也略微增加，Zn 由于易与小分子腐殖质结合，其残渣态变化不明显。另外，水热处理后绝大部分盐分停留在水解液中，固相中的盐分浓度很低。液相中 NaCl 含量占比都在 85% 以上。而添加不同浓度的 NaCl 对腐殖质的含量影响不是很明显，在高浓度的 NaCl 工况下，腐殖化率略微偏低。Bhuiyan[82]等也探究了水热预处理对餐厨垃圾生产液体饲料和肥料的影响。研究表明,水热处理后的餐厨垃圾中病原体等有毒有害物质的含量明显降低,并低于日本的平均含量。综上所述,水热处理是一种有效的餐厨垃圾土地利用技术。通过水热法处理餐厨垃圾,能较快速地达到制肥的效果。水热产物的总养分和有机质含量均在国家农业标准的要求之内,其中总氮磷钾含量在5%以上,有机质的含量在60%~70%,很好地保存了餐厨垃圾中有机质的含量。Cao[83]等将餐厨垃圾与水混合注入搅拌罐中进行水热炭化制备饲料,并获得了专利。Wang[84]等利用水热技术对收集到的餐厨垃圾进行预处理,并从中分离出固体用于发酵制取乙醇。

餐厨垃圾不仅可以通过水热方法制取有机肥,还可以用于制备水热炭。Parshetti[85]利用水热方法使餐厨垃圾转化为水热炭,并用于去除污染水体中的甲基橙和甲基红等染料。通过对水热炭化学成分以及微观结构的分析,发现餐厨垃圾所制备的水热炭对于染料具有较高的吸附性。Flora[86]等利用餐厨垃圾在250℃条件下水热炭化20h,并在去离子水中添加了盐酸、氯化钾及氢氧化钠等催化剂。研究表明,加入盐酸后所制备的水热炭对于草脱净等农药具有良好的吸附效果。Wu[87]等利用蛋壳、葡萄皮、红薯皮和柚子皮等垃圾通过水热液化制备高纯度的羟基磷灰石纳米颗粒,这些合成纳米粒子的具体特征主要通过X射线衍射、傅里叶变换红外光谱和扫描电子显微镜等设备进行研究测定。结果表明,水热反应时间和分子量影响产品形状、产品尺寸和合成HA晶体形态。如柚子皮具有良好的纵横比,具有类似天然骨的结晶HA结构的物理性状。HA合成蛋壳粉含有多种重要的微量元素,如Na、Mg、Sr。

6.4 餐厨垃圾水热技术工艺设备

设备是进行亚/超临界水试验研究及商业运行的基础。由于存在亚/超临界水气化和液化相关过程等,因此设备也存在部分差异。对于反应器,按不同类型,一般可分为间歇式反应器和连续式反应器等,反应器之间存在较大差异。传统间歇反应器由于升温和降温速率较慢,在此过程中原料就已发生反应,因此不能准确控制实际温度和停留时间等参数;微型反应器虽然很好地解决了升降温过程中所带来的影响,但由于物料体积过小,因此增加了产物收集过程中的误差;而连续型反应器在进料过程中所产生的诸多问题仍有待解决。

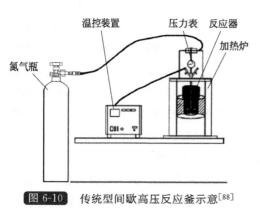

温控装置　压力表　反应器

加热炉

氮气瓶

图 6-10　传统型间歇高压反应釜示意[88]

6.4.1 传统型间歇式高压反应釜

传统型的间歇高压反应釜装置如图 6-10[88]所示。整个实验装置由控制面板、反应釜体、搅拌器、冷却装置等部分组成。通过控制面板可以对加热温度和搅拌器的转速进行调节。反应釜体是液化反应的主要场所。搅拌器用来搅拌样品与溶剂所组成的浆液,保证混合均匀。通过压力机可以测得反应釜中升温压力,热电偶测定反应釜中的温度,当温度达到反应时的指定温度时,反应釜自动停止加热。反应结束后通常通过冷却水或风扇冷却反应器。

图 6-11[89]为威海化工机械有限公司自制的 2L 间歇反应器。反应器主体由奥氏体不锈钢 321 制成,反应可承受的最高温度为 400℃,所承受的最大压强为 35MPa。此装置在控制面板上添加了数据记录系统,以获取实时数据。反应釜内添加了冷却盘管,在反应结束后可通过冷却水降温来提高冷却速率。

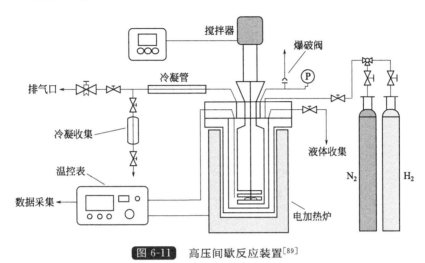

图 6-11 高压间歇反应装置[89]

图 6-12[90]为鑫泰化工机械有限公司制造的配有磁力搅拌器的 GSHA-0.5 型高压反应釜,体积为 500mL,承受的最高温度为 723K,最高压力为 30MPa,冷却时同样通过盘管的循环冷却水进行冷却,图 6-12(a)所示的即为反应釜的实物图。

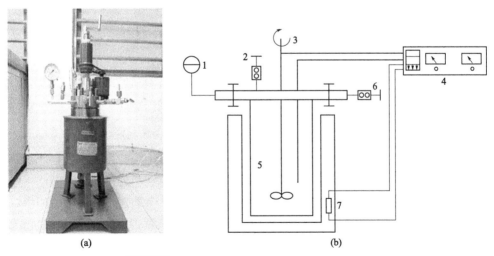

图 6-12 反应釜实物图和高压间歇反应装置[89]

1—压力传感器;2—爆破阀;3—搅拌器;4—温控装置;5—反应器;6—采样器;7—加热装置

6.4.2 微型间歇式高压反应装置

为了对水热处理技术的反应机理做更好的研究,许多学者自行设计了微型反应装置。

微型反应装置的最大特点为反应器主体与加热和冷却装置分离，因此可以达到较高的升温速率和降温速率。此外，由于微型反应装置的体积小，反应时反应器内受热均匀且无需搅拌。

常见的微型反应系统主要由沙浴流化床、反应器、冷却水槽和数据采集系统四部分组成。沙浴流化床一般选择美国 Techne 公司的 SBL-2D 型号，由沙浴、温度控制器和真空泵三部分组成，采用三氧化二铝作为温度传输介质，通过真空泵对热空气循环来提高温度。通过设置沙浴流化床内部的热电偶和温度控制器相连接来控制反应体系的温度。

图 6-13[91] 为 Mosterzro-Romero 等自主设计的微型反应器。反应器由美国 HIP 公司制造，通过不锈钢卡套连接而成。反应器主体部分长 30.48cm，内径 1.43cm，容积约 49mL。反应器底部连有 K 形热电偶以探测反应器内部的实际温度，并通过数据采集系统将实时温度传输到电脑程序中。

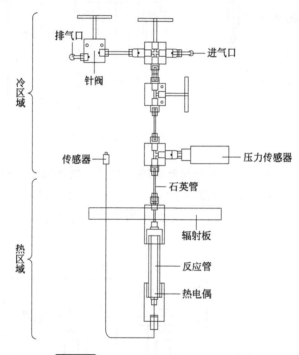

图 6-13　Vogel 微型反应装置示意[91]

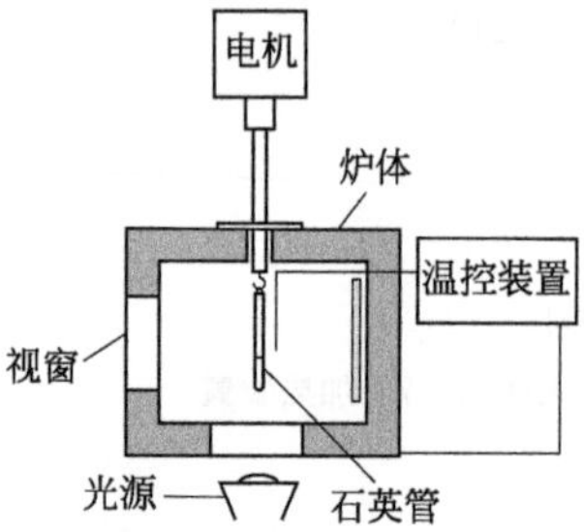

为了更好地观测反应时样品的状态，Knezevic[92] 等选用毛细石英管作为反应装置并通过热空气炉对其进行加热。图 6-14 为反应装置的示意。毛细石英管内径 2mm，外径 4mm，长 150mm，体积约 0.5mL。在实验过程中毛细管被放置在一个预热的热空气炉中加热，炉箱底部留有一个洞口和人工光源，可以观测反应过程中浆料的状态。

图 6-14　Knezevic 微型反应装置示意[92]

6.4.3　连续式高压反应系统

亚/超临界水气化及液化连续式反应器与间歇式反应器的

最主要差别在于反应的进料系统及分离系统的形式。

华南理工大学曾与美国 MIT 合作，由美国超临界流体技术公司加工制造了一套超临界水气化反应装置。该装置主要由进料系统、预热系统、反应系统、冷却降压系统和控制系统组成，具体如下[2]。

1）进料系统　主要由两台高效液相色谱泵和气体增压泵组成，其中两台高压泵的参数为：HPLC 最大流量分别为 100mL/min 和 24mL/min，精度均为 1%，100mL/min HPLC 用于泵入液体。另外，气体增压泵分别用于注入氧气或空气。

2）预热系统　为系统预热，最高能达到 400℃，为 Inconel 625 合金材质，5.5kW 电炉，预热器的体积参数为内径 51mm，长度 154mm，体积 300mL。

3）反应系统　主要为开启式空心柱反应器，由 HIP 公司加工；填充柱、不锈钢网篮主要为催化剂使用提供支撑；3.5kW 电炉提供加热。反应器材质为 Inconel 625 合金，内径 31.8mm，长度 334mm，体积 260mL；反应器配有两根空心填充柱，材质均为 Inconel 625 合金。

4）冷却降压系统　包括冷凝器和背压阀，背压阀出口设置液体取样阀。

5）控制系统　由温控表、K 型热电偶、背压阀、压力控制表、气体质量流量计、防爆片和单向阀等组成。由于该类设备均为耐高压设备，因此由 HIP 提供。温控表为可编程式温控表，可通过调节电炉输出功率将温度误差稳定控制在 1K 之内，背压阀和气体质量流量计的控制精度均为 1%。其中自动控压是设备的核心问题之一，控压阀门为 Badger Meter 公司提供，由气体驱动，自动控制系统由 Eurtherm 提供，实现了高效控制。另外，相关信号检测系统由 Omega 公司提供。

图 6-15 所示为 Elliott[93] 等设计制造的连续运行反应系统。系统主要包括：高压喂料系统（饲料槽、喂料泵、增压泵）、预热搅拌罐以及管式催化反应器三部分。反应后所得的产物通过一个高压固体分离器和一个高压硫解吸塔将其中的矿物质分离。其余产物通过冷却器和背压调节器（BPR）使得液相和气相分开。此系统的生产能力为每小时处理 1.5L 的浆料，一个测试周期为 6~10h。

6.5　水热技术发展存在的问题及展望

亚临界水和超临界水对有机质具有热解、水解、萃取等作用，能实现生物质的高效转化。在热化学转化过程中，亚/超临界水热液化技术是生物质液化的有效手段和技术，也是未来能源获取的重要手段，具有良好的应用前景，超临界和亚临界化学反应技术作为一种新型的化工技术，实际的研究与应用仅仅只有十几年的历史。随着超临界和亚临界水热液化技术的不断发展，新应用领域的研发开拓，尤其是绿色化学工业的迫切需求，以及它本身显示出的高新技术特色，水热液化技术已经在化工和能源领域显示出巨大的优势。

超临界和亚临界水热液化方法的研究目前尚处于起步阶段，该项技术是反应物在反应器中完全缺氧或只提供有限氧条件下的液化。超临界和亚临界状态下的反应过程十分复杂，目前的实验研究只能了解一些如温度、压力等因素对反应及生成物的影响，但无法深入研究诸如反应过程中内部温度场、压力场的变化、传热情况及反应对反应釜的影响等。

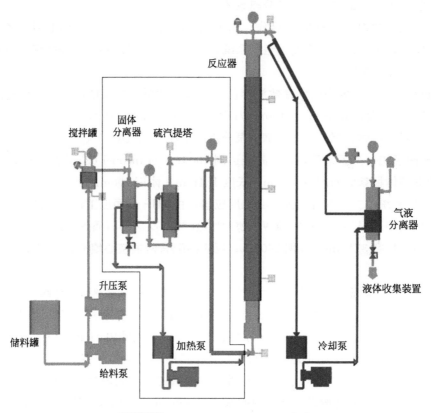

反应器

固体
分离器 硫汽提塔

搅拌罐

气液
分离器

升压泵

储料罐

给料泵 加热泵 冷却泵

液体收集装置

图 6-15 连续高压反应系统示意[93]

数值模拟通过理论分析与计算软件的应用，可以模拟不同实验条件下的反应及内部场的变化，在规避实验风险的同时，能够预见实验过程中可能遇到的问题，是一种指导实验乃至于工业化生产的有效方法，然而目前在这方面的研究还非常缺乏。今后应继续通过过程优化模拟计算的方式优化反应条件。总体来说，水热液化方面目前在相关理论与实验研究方面仍需深入，今后有待重视以下几个方面的研究。

① 不同原料在亚/超临界水体系中液化过程的优化及过程化学机理解析。由于有机质的复杂性，不同有机质的亚/超临界水液化过程、液化效率、产物都存在显著差别，例如蛋白质组分含量较高的有机质液化易产生酸类及含氮化合物等。这不仅与物质本身的结构组分相关，而且工艺条件如温度、时间、水密度等对液化效率及产物也影响显著。分析液化的关键化学过程，最终可实现液化的优化控制，高效产出燃料依然是研究的重要方向。

② 在亚/超临界体系下，催化液化及液化油催化改质的过程研究。目前，虽然水热液化可获得较高的液化油产率，但液化油的产率及品质依然有待提升。所得液化油的催化改质一直都是研究的焦点，开发高效催化剂则是研究的核心内容。另外，加氢脱硫、加氢脱氮、加氢脱氧、加氢脱金属等依然是研究的热点和焦点。

③ 亚/超临界液化的产业化放大过程设备研究。目前，已有相关中试研究报道，但产业化中，设备腐蚀、热传递依然是过程的难点问题。因此，有必要进一步分析相关过程，为技术的运用提供基础。

参 考 文 献

[1] Toor S S, Rosendahl L, Rudolf A. Hydrothermal liquefaction of biomass: A review of subcritical water technologies [J]. Energy, 2011, 36(5): 2328-2342.

[2] 关清卿, 宁平, 谷俊杰. 亚/超临界水技术与原理[M]. 北京:冶金工业出版社, 2014.

[3] Brown T M, Duan P, Savage P E. Hydrothermal liquefaction and gasification of Nannochloropsis sp[J]. Energy & Fuels, 2010, 24(6): 3639-3646.

[4] Galkin A A, Lunin V V. Subcritical and Supercritical Water: A Universal Medium for Chemical Reactions[J]. Cheminform, 2005, 36(27): 24-40.

[5] He C, Chen C L, Giannis A, et al. Hydrothermal gasification of sewage sludge and model compounds for renewable hydrogen production: A review[J]. Renewable & Sustainable Energy Reviews, 2014, 39(6): 1127-1142.

[6] 彭文才. 农作物秸秆水热液化过程及机理的研究[D]. 上海: 华东理工大学, 2011.

[7] Casolari A. Heat resistance of prions and food processing[J]. Food Microbial, 1998, 15(1): 59-63.

[8] Murphy R, Scanga J, Powers B, Pilon J, VerCauteren K, Nash P, et al. Alkaline hydrolysis of mouse-adapted scrapie for inactivation and disposal of prion-positive material[J]. Journal of animal science, 2009, 87(5): 1787-1793.

[9] Gwyther C L, Williams A P, Golyshin P N, Edwards-Jones G, Jones D L. The environmental and biosecurity characteristics of livestock carcass disposal methods: A review[J]. Waste Management, 2011, 31(4): 767-778.

[10] Biller P, Roos A B. Potential yields and properties of oil from the hydrothermal liquefaction of microalgae with different biochemical content[J]. Bioresour Technof, 2011, 102(1): 215-225.

[11] Mok W S L, Antal M J. Uncatalyzed solvolysis of whole biomass hemicellulose by hot compressed liquid water[J]. Industrial & Engineering Chemistry Research, 1992, 31: 1157-1161.

[12] Delmer D P, Amor Y. Cellulose biosynthesis[J]. Plant Cell. 1995, 7: 987-1000.

[13] Kabyemela B M, Adschiri T, And R M M, et al. Kinetics of Glucose Epimerization and Decomposition in Subcritical and Supercritical Water[J]. Industrial & Engineering Chemistry Research, 1997, 36(5): 1552-1558.

[14] Rogalinski T, Liu K, Albrecht T, Brunner G. Hydrolysis kinetics of biopolymers in subcritical water[J]. Journal of Supercritical Fluids 2008;46: 335-341.

[15] Sasaki M, Fang Z, Fukushima Y, Adschiri T, Arai K. Dissolution and hydrolysis of cellulose in subcritical and supercritical water[J]. Industrial & Engineering Chemistry Research 2000, 39: 2883-2890.

[16] Kamio E, Sato H, Takahashi S, Noda H, Fukuhara C, Okamura T. Liquefaction kinetics of cellulose treated by hot compressed water under variable temperature conditions[J]. Journal of the Materials Science, 2008, 43: 2179-2188.

[17] Selhan Karagöz, Bhaskar T, Muto A, et al. Comparative studies of oil compositions produced from sawdust, rice husk, lignin and cellulose by hydrothermal treatment[J]. Fuel, 2005, 84(7-8): 875-884.

[18] 伍超勇, 吴诗勇, 彭文才, 等. 不同气氛下的纤维素水热液化过程[J]. 华东理工大学学报自然科学版, 2011, 37(4): 430-434.

[19] Bobleter O. Hydrothermal degradation of polymers derived from plants[J]. Polymer Science, 1994, 19: 797-841.

[20] Garrote G, Domínguez H, Parajó J C. Hydrothermal processing of lignocellulosic materials[J]. European Journal of Wood and Wood Products, 1999, 57(3): 191-202.

[21] Sasaki M, Hayakawa T, Arai K, Adichiri T. Measurement of the rate of retro-aldol condensation of D-xylose in subcritical and supercritical water. Presented at the proceeding of the 7th international symposium on hydrothermal reactions, 2003: 169-176.

[22] Bobleter O. Hydrothermal degradation of polymers derived from plants[J]. Polymer Science, 1994, 19: 797-841.

[23] Kang S, Li X, Fan J, et al. Hydrothermal conversion of lignin: A review[J]. Renewable & Sustainable Energy Reviews, 2013, 27(6): 546-558.

[24] Wahyudiono, Kanetake T, Sasaki M, Goto M. Decomposition of a lignin model compound under hydrothermal conditions[J].

Chemical Engineering Technology，2007，30(8)：1113-1122.

［25］Liu A，Park Y K，Huang Z，Wang B，Ankumah R O，Biswas P K. Product identification and distribution from hydrothermal conversion of walnut shells[J]. Energy & Fuels，2006，20：446-454.

［26］Resende F L P，Fraley S A，Berger M J，et al. Noncatalytic Gasification of Lignin in Supercritical Water[J]. Energy & Fuels，2008，22(2)：1328-1334.

［27］Peterson A A，Vogel F，Lachance R P，Fröling M，Antal M J，Tester J W. Thermochemical biofuel production in hydrothermal media：a review of sub- and supercritical water technologies[J]. Energy and Environmental Science，2008，1，32-65.

［28］Nagamori M，Funazukuri T. Glucose production by hydrolysis of starch under hydrothermal conditions[J]. Journal of Chemical Technology and Biotechnology，2004，79：229-233.

［29］Miyazawa T，Ohtsu S，Nakagawa Y，Funazukuri T. Solvothermal treatment of starch for the production of glucose and maltooligosaccharides[J]. Journal of the Materials Science，2006，41：1489-1494.

［30］Kruse A，Maniam P，Spieler F. Influence of proteins on the hydrothermal gasification and liquefaction of biomass. 2. Model compounds[J]. Industrial & Engineering Chemistry Research，2007，46：87-96.

［31］Kruse A，Gawlik A. Biomass conversion in water at 330-410℃ and 30-50 MPa. Identification of key compounds for indicating different chemical reaction pathways[J]. Industrial & Engineering Chemistry Research，2003，42：267-279.

［32］Kabyemela B M，Adschiri T，Malaluan RM，Arai K. Kinetics of glucose epimerization and decomposition in subcritical and supercritical water[J]. Industrial & Engineering Chemistry Research，1997，36：1552-1558.

［33］Srokol Z，Bouche A G，Estrik A V，Strik R C J，Maschmeyer T，Peters J A. Hydrothermal upgrading of biomass to biofuel；studies on some monosaccharide model compounds[J]. Carbohydrate Research 2004，339，1717-1726.

［34］King J W，Holliday R L，List G R. Hydrolysis of soybean oil in a subcritical water flow reactor[J]. Green Chemistry，1999，34，1：261-264.

［35］Watanabe M，Iida T，Inomata H. Decomposition of a long chain saturated fatty acid with some additives in hot compressed water[J]. Energy Conversion and Management，2006，47：3344-3350.

［36］Lehr V，Sarlea M，Ott L，Vogel H. Catalytic dehydration of biomass-derived polyols in sub- and supercritical water [J]. Catalysis Today，2007，121：121-129.

［37］Bühler W，Dinjus E，Ederer H J，Kruse A，Mas C. Ionic reactions and pyrolysis of glycerol as competing reaction pathways in near- and supercritical catalytic dehydration of biomass-derived polyols in sub- and supercritical water[J]. Journal of Supercritical Fluids，2002，22：37-53.

［38］Brunner G. Near critical and supercritical water. Part I. Hydrolytic and hydrothermal processes[J]. Journal of Supercritical Fluids，2009，47：373-381.

［39］Rogalinski T，Liu K，Albrecht T，Brunner G. Hydrolysis kinetics of biopolymers in subcritical water[J]. Journal of Supercritical Fluids，2008，46：335-341.

［40］Klingler D，Berg J，Vogel H. Hydrothermal reactions of alanine and glycine in sub- and supercritical water[J]. Journal of Supercritical Fluids，2007，43：112-119.

［41］陈裕鹏,黄艳琴,谢建军,等.藻类蛋白质模型化合物苯丙氨酸的水热反应[J].燃料化学学报，2014，42(1)：61-67.

［42］Peterson A A，Vogel F，Lachance R P，et al. Thermochemical biofuel production in hydrothermal media：a review of sub- and supercritical water technologies[J]. Energy & Environmental Science，2008，1(1)：32-65.

［43］Jazrawi C，Biller P，Ross，A B.，Montoya A，Maschmeyer T，Haynes B S. Pilot plant testing of continuous hydrothermal liquefaction of microalgae[J]. Algal Research，2013，2(3)：268-277.

［44］Elliott D C，Sealock L J Jr，Scott Butner R. Product analysis from direct liquefaction of several high-moisture biomass feedstocks[J]. Pyrolysis Oils from Biomass，1988，376(1)：179-188.

［45］Sevilla M，Fuertes A B. Chemical and structural properties of carbonaceous products obtained by hydrothermal carbonization of saccharides [J]. Chem-Eur J，2009，15(16)：4195-4203.

[46] Gao Ying, Chen Hanping, Wang jun, et al. Characterization of products from hydrothermal liquefaction and carbonation of biomass model compounds and real biomass[J]. Journal of Fuel Chemistry and Technology, 2011, 39 (11): 893-900.

[47] 何选明,王春霞,付鹏睿,等. 水热技术在生物质转换中的研究进展[J]. 现代化工,2014,34(1): 26-29.

[48] Funazukuri T, Wakao N, Smith J M. Liquefaction of lignin sulphonate with subcritical and supercritical water[J]. Fuel, 1990, 69(3): 349-353.

[49] 陈玮. 玉米秸秆水热法催化液化研究[J]. 河南师范大学学报(自然版),2011,39(3): 144-147.

[50] 徐玉福,俞辉强,朱利华,等. 小球藻粉水热催化液化制备生物油[J]. 农业工程学报,2012,28(19): 194-199.

[51] Liu H M, Xie X A, Li M F, Sun R C. Hydrothermal liquefaction of cypress: Effects of reaction conditions on 5-lump distribution and composition[J]. Journal of Analytical and Applied Pyrolysis, 2012, 94: 177-183.

[52] Liu H M. Cypress Liquefaction in a Water/Methanol Mixture: Effect of Solvent Ratio on Products Distribution and Characterization of Products[J]. Industrial & Engineering Chemistry Research, 2013, 52(35): 12523-12529.

[53] Karagöz S, Bhaskar T, Muto A, Sakata Y, Oshiki T, Kishimoto T. Low-temperature catalytic hydrothermal treatment of wood biomass: analysis of liquid products[J]. Chemical Engineering Journal, 2005, 108(1-2): 127-137.

[54] Akhtar J, Amin N A S. A review on process conditions for optimum bio-oil yield in hydrothermal liquefaction of biomass[J]. Renewable & Sustainable Energy Reviews, 2011, 15(3): 1615-1624.

[55] Deguchi S, Tsujii K, Horikoshi K. Cooking cellulose in hot and compressed water[J]. Chemical Communications, 2006, 31(31): 3293-3295.

[56] Yuan X Z, Tong J Y, Zeng G M, et al. Comparative Studies of Products Obtained at Different Temperatures during Straw Liquefaction by Hot Compressed Water[J]. Energy & Fuels, 2009, 23(6): 3262-3267.

[57] Qu Y, Wei X, Zhong C. Experimental study on the direct liquefaction of Cunninghamia lanceolata, in water[J]. Energy, 2003, 28(7): 597-606.

[58] Bhaskar T, Sera A, Muto A, Sakata Y. Hydrothermal upgrading of wood biomass: Influence of the addition of K_2CO_3 and cellulose/lignin ratio[J]. Fuel, 2008, 87(10-11): 2236-2242.

[59] Karagöz S, Bhaskar T, Muto A, Sakata Y. Hydrothermal upgrading of biomass: Effect of K_2CO_3 concentration and biomass/water ratio on products distribution[J]. Bioresource Technology, 2006, 97(1): 90-98.

[60] Yip, J., Chen, M., Szeto, Y. S., Yan, S. Comparative study of liquefaction process and liquefied products from bamboo using different organic solvents[J]. Bioresource Technology, 2009. 100(24), 6674-6678.

[61] Azadi P, Farnood R. Review of heterogeneous catalysts for sub- and supercritical water gasification of biomass and wastes[J]. International Journal of Hydrogen Energy, 2011, 36(16): 9529-9541.

[62] Hammerschmidt A, Boukis N, Hauer E, et al. Catalytic conversion of waste biomass by hydrothermal treatment[J]. Fuel, 2011, 90(2): 555-562.

[63] Zhai Y, Chen H, Xu B, et al. Influence of sewage sludge-based activated carbon and temperature on the liquefaction of sewage sludge: yield and composition of bio-oil, immobilization and risk assessment of heavy metals [J]. Bioresource Technology, 2014, 159(6): 72-79.

[64] Patil P T, Armbruster U, Martin A. Hydrothermal liquefaction of wheat straw in hot compressed water and subcritical water-alcohol mixtures[J]. The Journal of Supercritical Fluids, 2014, 93: 121-129.

[65] Zhang L, Xu C C, Champagne P. Energy recovery from secondary pulp/paper-mill sludge and sewage sludge with supercritical water treatment[J]. Bioresource Technology, 2010, 101(8): 2713-2721.

[66] Barbier J, Charon N, Dupassieux N, et al. Hydrothermal conversion of glucose in a batch reactor. A detailed study of an experimental key-parameter: The heating time[J]. Journal of Supercritical Fluids, 2011, 58(1): 114-120.

[67] Nelson D A, Molton P M, Russell J A, et al. Application of direct thermal liquefaction for the conversion of cellulosic biomass[J]. Industrial & Engineering Chemistry Product Research & Development, 1984, 23(3): 471-475.

[68] Zhang B, Von K M, Valentas K. Thermal effects on hydrothermal biomass liquefaction[J]. Applied Biochemistry

and Biotechnology，2008，147(1)：143.

[69] Kamio E，Takahashi S，Noda H，et al. Effect of heating rate on liquefaction of cellulose by hot compressed water[J]. Chemical Engineering Journal，2008，137(2)：328-338.

[70] Brand S，Hardi F，Jaehoon K，et al. Effect of heating rate on biomass liquefaction：differences between subcritical water and supercritical ethanol [J]. Energy，2014，68(68)：420-427.

[71] 吴春来. 煤炭直接液化[M]. 北京：化学工业出版社，2010.

[72] Behrendt F，Neubauer Y，Oevermann M，et al. Direct Liquefaction of Biomass[J]. Chemical Engineering & Technology，2010，31(5)：667-677.

[73] Fierz-David H E. The liquefaction of wood and cellulose and some general remarks on the liquefaction of coal[J]. Chemistry & Industry，1925,44：942-944.

[74] Appell H R. Fuels from waste，New York：Academic Press，1977：242.

[75] Dgb B，Porretta F. Physical aspects of the liquefaction of poplar chips by rapid aqueous thermolysis[J]. Journal of Wood Chemistry and Technology，1986，6(1)：127-144.

[76] Miller，Amp I J，Fellows S K. Liquefaction of biomass as a source of fuels or chemicals[J]. 1981，289(5796)：398-399.

[77] Schuchardt U，Matos F D A P. Liquefaction of sugar cane bagasse with formate and water[J]. Fuel，1982，61(2)：106-110.

[78] Goudriaan F，Peferoen D G R. Liquid fuels from biomass via a hydrothermal process[J]. Chemical Engineering Science，1990，45(8)：2729-2734.

[79] Goudnaan F，Beld B v d，Boerefijn F R，et al//Progress in Thermochemical Biomass Conversion，ed. Bridgwater A V，Blackwell Science Ltd，2008，DOI：10. 1002/9780470694954. ch108：1312-1325.

[80] Goudriaan F，Naber J E. Berlin,2008.

[81] 熊晨. 厨余垃圾水热处理制取有机肥的试验研究[D]. 杭州：浙江大学，2015.

[82] Bhuiyan M N A，Ito Y，Demachi T，et al. Hydrothermal treatment and characterization of model food garbage，focusing on the effect of additional foreign matter on internal temperature，pressure and products[J]. Journal of Material Cycles and Waste Management，2014，16(2)：227-238.

[83] Cao Y ,Hydrothermal carbonization of domestic garbage used as fertilizer，by processing domestic garbage to obtain slurry，pre-heating，reacting in hydrothermal carbonization tank，flash evaporation processing，and dehydrating. CN103724056-A [P].

[84] Wang C，Zhang W，et al. Production of kitchen wastewater involves sorting kitchen garbage，subjecting collected garbage to hydrothermal treatment，separating solid kitchen waste，and preparing ethanol by adding complex enzyme to solid kitchen waste and fermenting. CN103695526-A. [P].

[85] Parshetti G K，Chowdhury S，Balasubramanian R. Hydrothermal conversion of urban food waste to chars for removal of textile dyes from contaminated waters[J]. Bioresource Technology，2014，161(11)：310.

[86] Flora J F R，Lu X，Li L，et al. The effects of alkalinity and acidity of process water and hydrochar washing on the adsorption of atrazine on hydrothermally produced hydrochar[J]. Chemosphere，2013，93(9)：1989-1996.

[87] Wu S C，Tsou H K，Hsu H C，et al. A hydrothermal synthesis of eggshell and fruit waste extract to produce nanosized hydroxyapatite[J]. Ceramics International，2013，39(7)：8183-8188.

[88] Akalin M K，Tekin K，Karagoz S. Hydrothermal liquefaction of cornelian cherry stones for bio-oil production[J]. Bioresource Technology，2012，110：682-687.

[89] Li H，et al. Insight into the effect of hydrogenation on efficiency of hydrothermal liquefaction and physico-chemical properties of biocrude oil[J]. Bioresource Technology，2014，163：143-151.

[90] Huang H J，et al. Comparative studies of thermochemical liquefaction characteristics of microalgae，lignocellulosic biomass and sewage sludge[J]. Energy，2013，56：52-60.

[91] Mosteiro-Romero M，Vogel F，Wokaun A. Liquefaction of wood in hot compressed water Part 1-Experimental

results[J]. Chemical Engineering Science, 2014, 109: 111.

[92] Knezevic D, et al. High-throughput screening technique for conversion in hot compressed water: Quantification and characterization of liquid and solid products[J]. Industrial & Engineering Chemistry Research, 2007, 46(6): 1810-1817.

[93] Elliott D C, Hart T R, Schmidt A J, Neuenschwander G G, Rotness L J, Olarte M V, Zacher A H, Albrecht K O, Hallen R T, Holladay J E. Process development for hydrothermal liquefaction of algae feedstocks in a continuous-flow reactor[J]. Algal Research, 2013, 2(4): 445-454.

第7章

◀◀◀ ◁◁◁

餐厨垃圾堆肥化处理技术与原理

7.1 概述

（1）堆肥化及堆肥定义

堆肥[1]是堆肥化过程的生物降解和转化产物，是利用自然界广泛分布的细菌、放线菌、真菌等微生物，以及由人工培养的工程菌等，在一定的人工条件下，有控制地促进来源于生物的有机垃圾发生生物稳定作用，使可被生物降解的有机物转化为稳定的腐殖质的生物化学过程。底料是堆肥系统的处理对象，一般是污泥、城市固体废弃物、庭院废弃物等。调理剂可分为两类：一类是能源调理剂，它是加入堆肥底料的一种有机物，增加可生化降解有机物的含量，从而增加混合物的能量；另一类是结构调理剂，它是一种加入堆肥底料的物料（无机物或有机物），可减小底料密度、增加底料空隙，从而利于通风。堆肥化过程分为两个阶段：第一个阶段是高速堆肥阶段；第二个阶段是熟化阶段。高速堆肥阶段的特征是好氧分解速率快、温度高、挥发性有机物降解速率快和有很浓的臭味。

（2）堆肥化的分类

堆肥化系统常用的分类方法有以下 3 种：a. 按需氧程度，可分为好氧堆肥和厌氧堆肥；b. 按温度，可分为中温堆肥和高温堆肥；c. 按场所，可分为露天堆肥和机械密封堆肥。

一般来讲，堆肥化分类主要按好氧堆肥和厌氧堆肥区分，但目前堆肥技术中，堆肥化大多指好氧堆肥，这是因为好氧堆肥具有温度高、基质分解比较彻底、堆制周期短、异味小、可以大规模采用机械化处理等优点。厌氧堆肥是利用厌氧微生物完成分解反应，其特点是空气与堆肥相隔绝、温度低、工艺比较简单以及产品中氮保存量比较多，但堆制周期较长，异味浓烈，产品中有分解不充分的物质。

（3）堆肥的原料特性

堆肥技术对原料的含水量、组分特征等有一定的要求，如下所述。

1）密度　适用于堆肥的垃圾密度一般为 $350 \sim 650 kg/m^3$。

2) 组成　组成中（湿重）有机物含量不少于 20%。

3) 含水率　原料一般需要较高的含水率，40%～60%。

4) 碳氮比（C/N）　适合堆肥的垃圾碳氮比为（20∶1）～（30∶1）。

餐厨垃圾的特点是有机质含量非常高，含水率也相当高，不可堆腐的惰性物质和其他杂质含量很少，有害物质含量甚微，无需像处理生活垃圾那样经过复杂的前处理和后处理，投入的技术力量较少，可生产出高质量的堆肥，是很有前途的堆肥原料。

（4）堆肥的原则

对于任何一种堆肥工艺，都必须保证其中微生物能够充分起到作用，以使有机废弃物充分转化成为肥料。工艺需要控制达到以下要求：a. 堆肥过程应该充分提高微生物的活性，使分解过程更加充分；b. 利用堆肥过程中的升温过程杀灭垃圾中的病原体、有害昆虫卵等；c. 尽可能多地保留里面的养分含量；d. 减少异味、减少堆肥工艺所需的时间以及占地面积。

从以上原则和原料要求上来看，餐厨垃圾由于其较高的含水率和有机质含量，非常适合用作堆肥工艺的原料。堆肥工艺的发展将极大地促进餐厨垃圾利用工程的发展。目前堆肥技术主要分为以下两类：一种是简易高温堆肥技术，这类技术的特点是采用静态发酵工艺，工程规模小，机械化程度低，投资及运行费用较低，但由于环保措施不齐全，容易导致二次污染；另一种是机械化高温堆肥技术，这类技术的特点是工程规模较大，工艺复杂，机械化程度较高，一般采用间歇式动态好氧发酵工艺，有较齐全的环保设施，投资及运行费用均高。下面重点介绍第二种工艺技术及其相关工程设备。

7.2　堆肥原理

7.2.1　好氧堆肥原理

好氧堆肥是在有氧的条件下，借助好氧微生物的作用来进行的，在堆肥过程中，有机废物中的可溶性有机物质透过微生物的细胞壁和细胞膜被微生物所吸收；固体和胶体的有机物先附着在微生物体外，由微生物所分泌的胞外酶分解为可溶性物质再渗入细胞，微生物通过自身的生命活动——氧化还原和生物合成过程，把一部分被吸收的有机物氧化成简单的无机物，并释放出微生物生长繁殖所需的能量，把另一部分有机物转化合成新的细胞物质，使微生物生长繁殖，产生更多的生物体[2]。图 7-1 简要说明了这一流程。

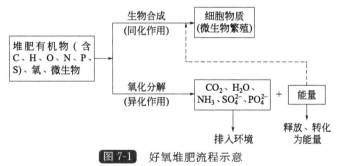

图 7-1　好氧堆肥流程示意

好氧过程大致可分为以下 3 个阶段。

（1）中温阶段

中温阶段也称为升温阶段，这是堆肥化过程的初期，堆层基本呈 15～45℃的中温，嗜温性微生物较为活跃，主要以糖类和淀粉类等可溶性有机物为基质，进行自身的新陈代谢过程。这些嗜热性微生物包括真菌、细菌和放线菌。

本阶段所经历的时间较短，糖、淀粉等基质不可能全部降解，微生物的繁殖也刚刚开始，为数不多，主发酵将在下一阶段进行。

（2）高温阶段

当堆温升至 45℃以上时即进入高温阶段。在这个阶段，嗜温微生物受到抑制甚至死亡，嗜热微生物成为主体。堆肥中残留和新形成的可溶性有机物质继续被氧化分解，堆肥中复杂的有机物如半纤维素、纤维素和蛋白质也开始被快速分解。在此阶段中，各种嗜热性微生物的最适宜温度也有所不同，在温度上升的过程中，嗜热微生物的类群和种群相互交替成为优势菌群。通常在 50℃左右最为活跃的是嗜热性真菌和放线菌；当温度上升到 60℃时，真菌则几乎完全停止活动，仅有嗜热性放线菌和细菌的活动；温度升高到 70℃以上时，大多数嗜热性微生物已不再适应，从而大批进入死亡和休眠状态。现代化堆肥生产的最佳温度在 55℃左右，这是因为大多数微生物在 45～80℃最为活跃，最易分解有机物，其中的病原菌和寄生虫大多数都可被杀死。也有报道称加拿大已开发出能够在 85℃以上生存的微生物，它可在含固率仅 8％的有机废液中分解有机物，使之转化为高效液体有机肥，这对于有机垃圾的降解意义巨大。

微生物在高温阶段的整个生长过程与细菌的生长繁殖意义可细分为 3 个时期，即对数生长期、减速生长期和内源呼吸期。在高温阶段微生物活性经历了 3 个时期的变化后，堆积层内开始发生与有机物分解相对应的另一个过程，即腐殖质形成的过程，堆肥物质逐步进入稳定化状态。

（3）降温阶段

在堆肥化的后期，堆肥原料中的残余部分为较难分解的有机物质和新形成的腐殖质。此时微生物活性下降，发热量减少，温度下降。嗜温性微生物重新占优势，对残余较难分解的部分有机物进一步分解，随后腐殖质不断增多且趋于稳定。待堆肥进入腐熟阶段，需氧量大为减少，含水率也有所降低。

7.2.2　厌氧堆肥原理

厌氧堆肥[3~5]是在缺氧条件下，将垃圾中的可降解有机物通过厌氧微生物的代谢，使其达到腐熟，其最终产物除 CO_2 和水之外，还有氨、硫化氢、甲烷和其他有机酸等还原物质。其工艺流程如图 7-2 所示。

厌氧堆肥可大概分为以下 2 个阶段。

（1）产酸阶段

产酸阶段又可分为水解阶段和酸化阶段。在水解阶段，厌氧菌根据所分解的对象可以分为纤维素分解菌、脂肪分解菌和蛋白质分解菌，它们分别把多糖水解成单糖、蛋白质转化成肽和氨基酸、脂肪转化成甘油和脂肪酸。在酸化阶段，由产醋酸细菌（例如胶醋酸菌

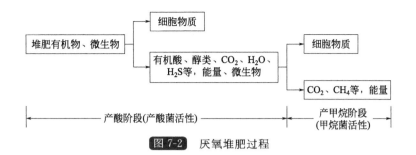

图 7-2　厌氧堆肥过程

和某些梭状芽孢杆菌等）把较高级的脂肪酸分解成醋酸和氢；水解阶段，分解脂肪时产生的长链脂肪酸如硬脂酸，消化蛋白质时产生的芳族酸如苯基醋酸和吲哚酸，也被酸化阶段细菌分解为醋酸和氢。

（2）产甲烷阶段

在产甲烷阶段，甲烷菌把产酸阶段产生的醋酸转化为 CH_4 和 CO_2，或者利用 H_2 把 CO_2 还原成甲烷，或者利用其他细菌产生的甲酸形成甲烷。在这一过程中，不同的物质经过不同的代谢过程，因而有不同的代谢速度。例如乙酸（醋酸）、甲酸可直接转化为甲烷，代谢只要甲烷菌参与即可，转化较快；但较复杂的有机物如葡萄糖的代谢则需要两类微生物参与，速度要慢得多。

好氧堆肥与厌氧堆肥的相同点：a. 都是微生物作用下的有机物降解过程，需要微生物培养的条件，包括营养元素合理分配、温度、pH 值等；b. 降解有机污染物，杀灭病原体，提高 N、P 的比例，使生肥变成植物更易于吸收的熟肥。

好氧堆肥与厌氧堆肥的区别：a. 条件不同，好氧堆肥是在有氧条件下进行的，而厌氧堆肥是在厌氧条件下进行的；b. 菌种不同，好氧堆肥是好氧菌起主导作用，而厌氧堆肥是厌氧菌起主导作用；c. 产物不同，好氧堆肥的最终产物是 CO_2、H_2O，降解终产物没有二次污染，而厌氧堆肥的最终产物是 CH_4、H_2O 等，CH_4 是温室气体，处理不当易造成二次污染；d. 降解能力不同，好氧堆肥可降解的有机物种类比较有限，而厌氧堆肥的能力较强，可以降解一些好氧情况下难降解的有机物。

7.2.3　堆肥中的微生物种类和作用

微生物是垃圾好氧堆肥过程的工作主体，在堆肥反应中对有机物的降解起着主导作用。堆肥微生物种类很多，主要有细菌、放线菌和真菌，有时还有酵母和原虫参加，其主要来自于混入有机垃圾中的土壤、食品废物或植物残体等其他有机废物。这些不同微生物种群在堆肥过程中较迅速地适应堆肥环境以满足自身生长繁殖的需要，并各自独立或协同地分解转化某一种或某一类特定的有机物质。表 7-1 列出了堆肥中主要微生物种群的特征。

表 7-1　不同微生物种群的特征

微生物种群	个体特征	菌落特征
细菌种群	单细胞；球菌、直径 0.5～2.0μm；杆菌直径 0.5～1.0μm，长 1.0～5μm；螺旋菌直径 0.25～1.7μm，长 2～60μm；革兰阳性菌镜检呈紫色，革兰阴性菌镜检呈红色。每克堆肥中细菌含量可达 10^8～10^9 个，耐温性比真菌强，65℃时也能生长迅速，降解有机物	各种细菌的菌落特征因种而异。常表现为湿润、黏稠、光滑、较透明、易挑取、质地均匀及菌落正反面或边缘与中央部位颜色一致等

微生物种群	个体特征	菌落特征
放线菌种群	单细胞,多数为有分枝状菌丝体,少数为杆状或原始丝状的简单形态。菌丝分为:营养菌丝,多数无隔膜,直径 $0.2\sim0.8\mu m$,色淡;气生菌丝,叠生于营养菌丝上,直径 $1.0\sim1.4\mu m$,颜色较深;孢子丝,形状有直型、波曲、钩状、螺旋状,发育到一定阶段形成孢子。每克堆肥中放线菌含量可达 $10^5\sim10^8$ 个,耐温性比真菌强,$65℃$ 时也能生长迅速,降解有机物	一般圆形、光滑或许多褶皱。一类是由菌丝缠绕形成质地致密的小菌落,不广泛延伸,表面紧密或坚实、干燥多皱,难以挑取,如链霉菌;另一类不产生大量菌落体,结构松散、黏着力差、呈粉质状,挑起易粉碎,如诺卡氏菌
霉菌种群	多细胞真菌;由分枝或不分枝菌丝构成,菌丝直径 $2\sim10\mu m$,有或无隔膜,比细菌、放线菌大 $2\sim20$ 倍,分为营养菌丝和气生菌丝等。每克堆肥中真菌含量可达 $10^4\sim10^6$ 个	菌落较疏松,呈绒毛状、絮状或脚蛛网状,表面有颗粒状孢子,一般比细菌菌落大 $2\sim20$ 倍
酵母菌种群	单细胞真菌;球形、卵圆形、圆形成圆柱形等;直径 $1\sim5\mu m$,长度 $5\sim30\mu m$	菌落大且厚,表面湿润、黏稠,易挑取,多为乳白色,少数红色,个别黑色;不产假菌丝的酵母菌落隆起,边缘圆整;形成假菌丝的酵母菌菌落较平坦,表面、边缘粗糙

（1）细菌和放线菌

在堆肥系统中,细菌因其较大的比表面积,可迅速将可溶性底物吸收到细胞中以生长繁殖,数量比真菌明显要多。不同堆肥环境中分离的细菌在分类学上具有多样性,主要包括假单胞菌属（Psmdomonas）、克雷伯氏菌属（Klebsiella）与芽孢杆菌属（Bacillus）等。假单胞菌属是重要的解脂肪菌,芽孢杆菌属则有降解蛋白质、淀粉的功能,它们是堆肥过程中易降解有机物的主要分解者。在堆肥化初期,嗜温细菌占优势,是堆肥系统中最主要的微生物。城市污泥堆肥化初期,嗜温细菌数量往往可达 $8.5\times10^8\sim5.8\times10^9$ cfu/g（colony-forming units, cfu）干重样品,其随着堆温升高而逐渐减少,嗜热细菌则随之增多,成为堆肥高温阶段的优势菌。其中多数为杆菌,能够在 $65℃$ 乃至于 $80℃$ 左右的堆温下生长繁殖,如芽孢杆菌属（Bacillus）的枯草芽孢杆菌（B. circulans）、环状芽孢杆菌（B. circulans）和地衣芽孢杆菌（B. licheniformis）等菌种都是该阶段的代表性细菌。该类细菌因能形成很厚的孢子壁而能耐受高温、腐蚀、营养物缺乏等不良环境条件,而真菌和放线菌在堆温高达 $75℃$ 时很少存活。

放线菌是具有多细胞菌丝的细菌,可较容易地利用半纤维素,并可溶解木质素类复杂有机物和在高温下分解纤维素、角质素等,有利于在堆肥过程中分解树皮、报纸一类的坚硬废物。与真菌相比,放线菌分解木质纤维素类难降解有机物的能力要弱很多,但因其比真菌耐受的温度要高和对恶劣条件适应性强,它们在堆肥过程高温阶段对木质纤维素的分解起着主要作用。诺卡氏菌（Nocardia）、链霉菌（Streptomyces）、高温放线菌（Hiermoactinomyces）和单孢子菌（Micmmonospora）等都是堆肥高温阶段中常见的嗜热性放线菌,其也出现于堆肥降温阶段和腐熟阶段。

（2）真菌

真菌不仅能分泌胞外酶和水解有机物质,而且可通过其菌丝的机械穿插作用,对堆肥物料产生一定的物理破坏作用,从而促进有机物的生物降解。如曲霉（Aspergillus）能够降解果胶、纤维素等,假丝酵母菌（Candida）能降解半纤维素,木霉（Trichoderma）

能降解纤维素，白腐菌（*white-rot fungi*）、褐腐菌（*brown-rot fungi*）则能实现对堆肥反应的限速有机物木质素等的高效降解。因此，在堆肥系统中，真菌影响着堆肥反应的进程，对于堆肥物料的分解转化和腐熟稳定具有重要意义。

与细菌相比，真菌抗干燥能力强，但物料含水量大、通风不良及机械搅拌等都不利于真菌的生长和繁殖，堆温也是影响真菌生长的重要因素之一。堆肥过程中出现的真菌主要分为嗜温真菌和嗜热真菌，耐高温能力均较弱。嗜温真菌地霉菌（*Geotrichum* sp.）和嗜热真菌烟曲霉（*Aspergillus fumigatus*）是堆肥过程中常见的优势种群，担子菌（*Basidiomycotina*）、子囊菌（*Ascomycotina*）等由于具有较强的分解木质素、纤维素能力，是在堆肥过程的中后期呈现明显增殖的真菌种群。堆肥系统中绝大部分真菌是嗜温性菌，可在 5～37℃ 的环境中生存，最适生长温度一般为 25～30℃。酵母菌和丝状真菌等不耐高温，经过堆肥高温阶段后数量大大减少。嗜热真菌通常也只在 40～50℃ 最为活跃，当温度高于 60℃ 时真菌几乎完全停止活动、死亡或处于休眠状态。待进入堆肥降温阶段时，部分嗜温真菌和嗜热真菌又会重新出现在堆肥系统中。烟曲霉、嗜热毛壳菌（*Chaetomium thermophile*）和橙色嗜热子囊菌（*Thermoascus aurantiacus*）等嗜热真菌因具有较强的纤维素、半纤维素分解能力，在堆肥过程的中后期也能迅速生长，而一些仅能利用简单碳源、不能利用木质纤维素的嗜热真菌，在升温阶段和高温阶段都增殖缓慢。

（3）病原微生物

由于有机废物中往往带有如沙门氏杆菌、伤寒杆菌、类大肠杆菌和无钩绦虫等病菌和寄生虫卵，采用堆肥法处理有机废物时，除了要达到稳定有机废物的目的，还需杀灭堆肥系统中存在的病原微生物。此类有害微生物的有效杀灭与堆肥过程中堆体温度的高低和高温持续时间密切相关。通常，堆肥处理过程中，微生物作用下堆体温度会迅速升高，若仅升至 50～60℃，需持续 10～20d 才可达到堆肥物料灭菌目的，若升至 60～65℃，则只需维持约 3d。当堆体温度高于 65℃ 时，更利于杀死病原微生物，但其他能产孢子的微生物在该高温下易进入孢子形成阶段，由于孢子呈不活动状态，致使微生物分解能力减弱，对堆肥反应不利。故在垃圾堆肥处理过程中，常常通过强制通风或人工翻堆等方法来调控温度，以利于堆肥化的进行和病原微生物的杀灭。此外，堆肥化中后期，微生物产生的许多抗生素类物质也有利于病原微生物的杀灭。

7.2.4　影响堆肥过程的因素分析

堆肥是一个复杂的物理、化学与生物过程，堆肥原料内部混合物相互之间的作用机理比较复杂，从而导致堆肥影响因素较多[6]。根据前人的研究，可控工艺技术主要包括水分、供氧、温度、C/N、添加剂等。通过合理地调控以上因素，可以促进堆肥化进程、加快堆肥腐熟、提高堆肥效率。

（1）水分

水分是堆肥过程中比较容易控制的因素，是堆肥能否顺利达到腐熟的首要条件。堆肥过程主要是基于微生物降解有机物的过程，但是微生物缺乏有效的保水机制，对水分变化极为敏感。合适的水分含量能够有效地促进堆肥过程中微生物的生长与繁殖，促进堆肥化进程，缩短堆肥时间。一般堆肥最佳含水率为 50％～70％，根据不同的堆肥反应系统及堆肥原料，最佳含水率会有所差异。堆肥过程中，当水分含量过低时，微生物会因为缺水而休眠或死亡，从而导致有机质降解速率下降甚至完全停止；而当水分含量过高时，会因为堆肥原料孔隙度的减少，导致氧气供应受阻，使得堆体内部形成厌氧环境，不仅使得堆体升温减缓、腐熟时间延长，还会导致 H_2S 等恶臭气体的产生，污染周围的空气环境。随着堆肥的进行，水分会通过挥发、渗滤流失，所以在堆肥过程中应对水分进行合理调控，以达到微生物生存的适宜需求。

（2）供氧

供氧是堆肥过程中比较容易控制的因素。目前主要的供氧措施包括强制通风（主要用于反应器系统）、自然通风和翻堆（主要用于条垛式堆肥）。通风可以为好氧微生物的生长繁殖提供足够的氧气，同时可以将堆肥中滞留的 CO_2 等气体排出。通风还可以带走多余的水分，保持堆体内部适宜的孔隙度。

（3）温度

温度能够直观地反映堆肥过程中微生物降解有机物的强度。根据温度变化，一般将堆肥过程依次分为升温期、高温降解期和降温腐熟期三个阶段。升温期位于堆肥的早期，微生物首先降解简单碳水化合物、糖类、磷脂脂肪酸等易降解有机物并释放出大量热量，使堆体的温度迅速升高。当温度达到 45～50℃ 时，堆肥进入高温降解期，嗜热菌开始活跃。这一时期有机质降解最剧烈，一些相对稳定的有机质，如纤维素、半纤维素、木质素等都在这个时期被微生物作为碳源消耗。如果不对温度加以控制，高温期的最高温度可以达到 70℃ 以上，在这么高的温度下很多微生物将呈孢子状态，活性降低，从而影响堆肥的正常进行，而且高温环境还会加快有害气体、氨氮等的挥发释放。当堆肥温度逐渐下降时，预示着堆肥进入了腐熟期，腐熟期意味着堆肥中有机质的稳定化。当堆肥温度降低到周围环境温度时，标志堆体中有机质已经完全腐熟，堆肥过程终止。堆肥最适宜的温度为 40～65℃，而 55℃ 是堆肥过程中杀死病原生物的必要条件，所以 52～60℃ 是堆肥有机质降解的最佳温度。一般采取以下几种方式来控制堆肥温度：通过控制堆肥原料的形状和规模减少热量的产生；通过翻堆措施来均衡堆肥物料温度；通过控制通风频率来带走堆肥中产生的多余热量。

（4）C/N

C 是微生物生长繁殖所需要的能源之一，又是微生物体的重要组成成分，N 则是组成微生物体蛋白、核酸的重要元素。所以 C/N 直接影响着堆肥化进程。堆肥过程中很多指标的变化，包括 N、P 等都和 C/N 有关。合理的初始 C/N 能够减少堆肥过程中 N 的挥发损失，加快堆肥的进程。一般情况下，堆肥初始 C/N 在 15～30。当 C 含量过高时，N 将会成为限制微生物生长繁殖的重要因素，从而影响到有机质降解。而且高 C/N 会因为带入了多余的有机质，使得堆肥降解时间延长；而当 C/N 过低时，过多的 N 将转化为氨氮而挥发，或者渗滤流失，从而加大堆肥过程中 N 的损失，这时可以添加适量的调理剂，以提供微生物所需的 C 源。C/N 也是指示堆肥过程的重要指标，很多研究都认为当 C/N＜12 时，堆体中有机质已经完全腐熟。

（5）养分平衡

微生物代谢必须保证足够的 P、K 和微量元素，P 是磷酸和细胞核的重要组成元素，也是生物能 ATP 的重要组成成分，一般堆肥原料的 C/P 以（75～100）：1 为宜。通常这些营养元素不是限制条件，因为这在餐厨垃圾中都是很充足的。

（6）pH 值

微生物的降解需要微酸性或中性的环境条件，最佳的 pH 值为 5.5～8.5。当细菌和真菌消化有机物质时，将释放出有机酸，在堆肥的最初阶段，这些酸性物质会积累。pH 值的下降会刺激真菌的生长，并分解木质素和纤维素，通常有机酸在堆肥过程中会进一步分解。如果系统变成厌氧，将使 pH 值降至 4.5，会严重限制微生物的活性。通过曝气可使 pH 值回升到正常区域。一般认为堆肥的 pH 值在 7.5～8.5 时，可获得最大的堆肥速率。

（7）添加剂

堆肥添加剂可以分为有机调理剂和无机添加剂两类。有机调理剂主要是指秸秆、草炭、木屑、竹炭等，这类添加剂的主要作用是增加堆肥原料的碳源，以适应微生物快速生长的需求。调理剂的添加还可以降低堆肥原料的含水率，使得堆肥原料孔隙度增大，保证堆肥过程中的好氧环境；同时调理剂的添加可以改变堆体的有机质种类与含量，影响堆肥进程和产品质量。添加木屑的堆体会由于木质素较难降解，堆肥的时间相比添加秸秆的堆体长，最终产品中有机质的含量也比秸秆堆体多。而添加草炭的堆体增加了不少有益的微生物，可以加快堆肥腐熟的进程。有机调理剂的添加还可以稀释畜禽废弃物中的重金属等有害物质。随着堆肥的进行，调理剂中有机质的降解形成的腐殖质还可以与重金属络合，从而降低重金属的生物有效性。研究表明，添加树叶和木糠的堆肥所形成的腐殖质能有效降低堆肥中重金属的生物有效性。无机添加剂主要是一些矿物质材料，如磷矿粉、硫酸亚铁、氧化钙等。无机添加剂的作用主要有以下几个方面：a. 增加堆体的养分含量；b. 促进堆肥腐熟进程；c. 减少 N 的损失；d. 钝化重金属。研究表明，堆肥中加入磷矿粉促进了磷矿粉中 P 的释放，从而增加有机肥的肥效与肥力。添加磷矿粉还可以促进堆肥过程中重金属形成硅酸盐、碳酸盐、氢氧化物沉淀，从而降低重金属的生物有效性。添加乙酸可以通过调节堆肥过程中 pH 值变化来降低生活垃圾堆肥过程中的 N 损失。添加合适比例的石灰可以加速污泥堆肥的升温过程，从而缩短堆肥的腐熟时间，而且添加石灰所形成的碱性环境还可以固定堆肥中的重金属，从而降低重金属的生物有效性。

（8）原料的颗粒尺寸

由于微生物通常在有机颗粒表面活动，因而降低颗粒尺寸，增加其表面积，将有效促进微生物的活动并加快堆肥速度；同时，若颗粒太细，又会阻碍堆层中空气的流动，减少堆层中可利用的氧量，反过来将会减缓微生物的生存活性，影响其活动能量使降解速率减慢。

一般来说，适宜的颗粒范围是 12～60mm，其最佳粒径随垃圾物理特性变化而变化，如果堆肥物质结构坚固，不易挤压，则粒径应小些，否则粒径应大些。可根据实际情况确定合理的颗粒尺寸。

7.3 堆肥技术分类

堆肥技术的主要区别在于维持堆体物料均匀及通气条件所使用的技术手段，这些技术可以简单到把混合的堆料堆成条垛式，然后定期翻堆倒垛以提供好氧条件，或者复杂到把堆料放入发酵仓中，用机械设备对物料进行连续的混匀，通过通气设备进行连续的通气。根据技术的复杂程度一般分为条垛式、通气静态垛式和发酵仓系统三类[7,8]。

（1）条垛式堆肥系统

在堆肥系统中存在着技术水平等级之分。一般来讲，条垛式被认为是堆肥系统中最简单的一种。这是一种最古老的堆肥化系统，将堆肥物料以条垛状堆置，可以是一条，也可以是排成多条平行的条垛，垛的断面可以是梯形、不规则四边形或三角形，条垛式的堆肥特点是通过定期翻堆来实现堆体中的有氧状态。翻堆可以采用人工方式或特有的机械设备。翻堆通气是通过把堆体破坏使环境中空气进入到物料中，然后重新堆成条垛形。最普遍的条垛形状是宽 3~5m、高 2~3m 的梯形条垛。最佳的尺寸根据气候条件、翻堆使用的设备、堆肥原料的性质而定。不管是为了便于操作和维持堆体形状，还是为了周围环境和渗漏问题，条垛式堆肥都应堆在沥青、水泥或者经证明是坚固的地面上。

翻堆的频率受许多条件限制。首先，翻堆的目的是提供堆体中微生物群的氧气需求，因此，翻堆的频率在堆肥初期应显著高于堆肥的后期。其他因素如腐熟程度、翻堆设备类型、能力、防止臭味发生、占地空间的需求及各种经济因素的变化。条垛式堆肥一次发酵周期为 1~3 个月。

作为一种古老的堆肥系统，条垛式一直被普遍采用。美国 1993 年普查，条垛式系统占 321 个堆肥项目的 21.5％，1993 年加拿大普查全国 121 个运行的堆肥中，其中 90 个是条垛式系统。条垛式系统在美国和加拿大等国使用比例较高的原因，是因为这些国家有足够的土地可以进行条垛式操作。

（2）通气静态垛式堆肥系统

相对条垛系统而言，通气静态垛式堆肥系统更能确保高温环境并提供病原菌灭活的条件，该系统是由 Beltsiville 通气快速堆肥（BARC）法发展而来的，而 BARC 法是由 Epstein 等提出的。

通气静态垛式与条垛式系统的不同之处在于，堆肥过程中不进行物料的翻堆，堆体内的有氧状态是通过鼓风机向堆体内通风来提供。在静态垛式堆肥中，通气系统包括一系列管路，位于堆体下部，这些管路与鼓风机连接，达到通气的目的。在这些管路上应铺一层木屑或者其他填充料，这些填充料可以使通气达到均匀，然后在这层填充料上堆放堆肥物料（污泥和填充料）构成堆体，在最外层覆盖上过筛或未过筛的堆肥产品进行隔热保温。整个堆体应在沥青或水泥地面上进行，以防止渗滤液对土壤的污染或对地面的腐蚀。通气静态垛式堆肥技术中，关键的是通气系统，包括鼓风机和通气管路。

通气静态垛式系统在美国使用最普遍。在 1993 年的普查中，美国 321 个堆肥项目中有 136 个通气静态垛式系统，占总量的 42.3％。

（3）发酵仓系统

发酵仓系统是将物料置于部分或全部封闭的容器内，控制通气和水分条件，使之进行生物降解和转化的体系。发酵仓系统与另两类系统的本质差别是该系统是在一个或几个容器内进行，是高度机械化和自动化的。堆肥基本步骤与另两类系统相同。

堆肥的整个工艺包括通风、温度控制、无害化控制、堆肥的腐熟等几个方面，作为发酵仓系统，不仅应尽可能地满足工艺的要求，而且要实现机械化大生产。作为动态发酵工艺，堆肥设备必须具有改善、促进微生物新陈代谢的功能。例如翻堆、曝气、搅拌、混合，通风系统控制水分、温度，同时在发酵的过程中自动解决物料移动及出料的问题，最终达到缩短发酵周期、提高发酵速率、提高生产效率、实现机械化大生产的目的。发酵仓系统按物料的流向划分可分为水平流向反应器和竖直流向反应器[9]。

发酵仓系统在发达国家使用较普遍[10]。法国目前拥有 70 多个堆肥厂，许多工厂几乎都实行了半机械化操作，多采用滚筒式发酵系统。美国 1993 年普查，321 个堆肥项目中发酵仓系统占 30.1%。

7.4 堆肥腐熟度及其测定

对堆肥产品和应用来说，堆肥腐熟度是一个非常重要的指标，腐熟度与植物毒性有关，稳定度与堆肥的微生物活性有关。腐熟度与稳定度是相互关联的，这是因为微生物在不稳定的堆肥中产生了植物毒性物。作为衡量反应过程的控制指标，腐熟堆肥的基本含义在于：通过微生物的降解作用，要达到稳定化、无害化，亦即对环境不产生有害的影响；堆肥产品的使用，不给作物的生长和土壤微生物活动带来不利影响，改善土壤理化性质，维持地力。多年来，国内外许多学者为了建立一个合理、统一的腐熟度标准，对堆肥化过程中生物降解和物质转化等机理做了大量细致的研究[11,12]。根据分析手段的不同，将堆肥腐熟度的研究分为表观分析法、化学分析法、生物活性法、波谱分析法、植物毒性分析法、安全性测试等六大类。

7.4.1 表观分析法

将堆肥的某些表观特征归纳为腐熟标准。其特征为：堆肥后期温度自然下降；不再吸引蚊蝇；不会有令人讨厌的臭味；由于真菌的生长，堆肥呈现白色或灰白色，堆肥产品呈现疏松的团粒结构。但这些表观指标只是经验的定性总结，难以进行定量分析。

7.4.2 化学分析法

化学分析法是通过分析堆肥产品的某些化学指标来判断堆肥的腐熟度。主要的化学指标有 C/N、氮化合物、阳离子交换量、有机质、腐殖质等。

（1）C/N

固相 C/N 是堆肥腐熟度最常用的评估方法之一。一般堆肥开始的 C/N 为 20～30 时最佳，有利于微生物对有机物快速降解和利用。微生物体的 C/N 在 16 左右，在堆肥过程中，多余的碳素将转变成 CO_2。因此，一些研究者认为，腐熟堆肥的 C/N 理论上应趋向于微生物菌体的 C/N，即 16：1 左右。有研究提出，当堆体中的 C/N 从最初的 30：1 降到 15：1 时，可以认为堆肥达到腐熟。但对一些原料（污泥、鸡粪等）来讲，其本身的 C/N 不足 15：1，所以 C/N 为 16：1 左右难以作为广义的腐熟指标来使用。

有研究提出，WSC/N（水溶态有机碳与水溶态有机氮之比）的变化可以判断堆肥的腐熟程度。不论原料如何，完全腐熟的堆肥 Co（W）/No（W）几乎都在 5～6 左右，并且该数值与原始材料的 C/N 无关。

（2）氮化合物

铵态氮（NH_4^+-N）、硝态氮（NO_3^--N）及亚硝态氮（NO_2^--N）的浓度变化，也是堆肥腐熟度评估常用参数。有人提出，当总氮量超过干重的 0.6%，其中有机物氮达 90% 以上和 NH_4^+-N＜0.04% 时，堆肥达到腐熟。由于有机和无机态氮浓度的变化受温度、pH 值、微生物代谢、通气条件和氮源的影响，这一类参数通常作为堆肥腐熟的参考，不能作为堆肥腐熟的绝对指标。

（3）阳离子交换量（CEC）

有人在研究城市垃圾堆肥（60d）过程中发现，样品中 CEC 从 40mmol/L 增加到 80mmol/L，建议 CEC＞60mmol/L 时，作为堆肥腐熟的指标。但也有研究认为，堆肥过程中 CEC 增加与腐殖化过程有关，CEC 不能作为堆肥腐熟的指标。有研究指出，不同类型的原料，经过 210d 堆腐后，CEC/TOC（阳离子交换量与总有机碳之比）值从 1.2～2.4 升到 3.5～4.2。所以一些研究者认为，CEC/TOC 可以用作供试材料的腐熟指标，但是它也受堆肥原料及堆肥过程的影响。

（4）有机质

在堆肥过程中，最易降解的有机质被微生物用作能源而最终消失，因此人们认为它们是有效的腐熟度参数指标。在堆肥过程中，可溶性糖首先消失，接着是淀粉，最后是难降解的木质素、纤维素等。淀粉和可溶性糖是堆肥原料中典型的易降解物质。有试验显示，垃圾中含量分别为 5% 及 2%～8% 的可溶性糖和淀粉，经过 5～7 周的堆腐可完全降解。有人提出，当碱性浸提碳的浓度减少到相对稳定时，此时堆肥可以认为已达到腐熟。

在有氧堆肥初期，所有原料都会以二氧化碳（CO_2）形式释放出一部分有机质，可降解有机质越多，释放 CO_2 越多。随堆腐过程进行，可降解并放出 CO_2 的有机质中，能降解放出 CO_2 的有机质少于 500mg/kg 时，该堆肥达到腐熟。但是此参数的测定周期较长，其实际应用价值受到限制。

（5）腐殖质

在堆肥进程中，堆料中的有机质在微生物的作用下被降解的同时，还伴随着腐殖化过程，腐殖物质作为腐熟（总腐殖酸碳，CHS；胡敏酸碳，CHA；富里酸碳，CFA；胡敏素碳，CNFA）指标相继被提出。有报道表明，在牛粪堆肥中测定了不可浸提的腐殖质总量，其 CHS 有机质含量从 377g/kg，提高到 710g/kg。但使用市政固体废物进行堆肥时，在堆腐期 CHS 没有变化，而 CHA 和 CFA 却各有增减。可见，原料对堆肥过程中的腐殖质化反应影响很大。

腐殖酸含量的变化也是有机物发酵过程的特点，在牛粪的堆制过程中，胡敏酸（HA）和富里酸（FA）总量增加了 1 倍，伴随腐殖酸的增加，CEC 值也相应提高。高温堆肥下畜禽粪便腐殖化作用明显，不仅腐殖酸增加，而且有利于胡敏酸的形成，HA/EA＞1，随着胡敏酸比率的增加，发酵后腐殖质品质亦有改善。

7.4.3　生物活性法

（1）呼吸作用

堆肥过程中微生物吸收 O_2 和释放 CO_2 的强度，通常用来判断微生物代谢活动的程度、堆肥的稳定性。有研究提出，当堆肥释放的 CO_2 在 $5mg(C)/g$（堆肥碳）以下时，达到相对稳定，在 $2mg(C)/g$（堆肥碳）以下时，达到腐熟。也有研究指出当堆肥达到腐熟时，耗氧速率为 $0.02\% \sim 0.1\%$ O_2/min。但耗氧速率的变化，也与堆肥有机物含量有关。

（2）微生物量

堆体中微生物量及种群的变化，也是反映堆肥代谢情况的依据。反映微生物数量的变化，通常采用记数法和生物量的测定。三磷酸腺苷（ATP）的分析是土壤中生物量的测定方法之一。近年来开始应用于堆肥研究，结合单一组分和变量分析统计技术，研究堆肥中微生物群体的变化。结果表明，磷脂脂肪酸法（PLFA）可以反映不同堆肥阶段的微生物特性，并具有可预见性。

（3）酶学分析

堆肥过程中，多种氧化还原酶和水解酶与 C、N、P 等基础物质代谢密切相关酶活力，可间接反映微生物的代谢活性和酶特定底物的变化情况。有研究者等分析了污泥堆肥中脲酶、磷酸酶、蛋白酶的活性变化。结果表明，水解酶的较高活性反映了堆肥的降解代谢过程，较低活性则反映堆肥达到了腐熟。

（4）波谱分析法

为了从物质结构的角度认识堆肥过程，研究者们采用了波谱分析法。迄今为止，使用较多的方法有 ^{13}C 核磁共振法和红外光谱法。红外光谱法可以辨别化合物的特征官能团。核磁共振可提供有机物骨架的信息，能更敏感地反映碳核所处化学环境的细微差别，为测定复杂有机物提供帮助，有了碳谱的化学位移及其他必要的分析数据，基本上可以确定有机物的结构。

（5）植物毒性分析法

敏感植物种子和花粉管发芽试验是测定植物毒性物质最直接快速的方法。未腐熟堆肥的植物毒性主要来自乙酸等低分子量有机酸和大量 NH_3、多酚等物质。

（6）安全性测试

污泥和城市垃圾中含有大量致病细菌、霉菌、病毒及寄生虫和杂草种子等，直接影响堆肥的安全性。但这些致病微生物对温度非常敏感，当堆肥温度高于 55℃，并保持 3d 以上时，可杀死绝大多数致病微生物。致病微生物的再生现象取决于堆肥的湿度、微生物多样性及可利用碳源的多少。沙门氏菌、肠道链球菌等常用作监测堆肥安全性的指标。有研究者提出，腐熟堆肥应达到的卫生标准为：1g 堆肥干样中小于 1 个沙门氏菌和 0.1～0.25个病菌嗜菌斑。不同国家和地区的卫生标准略有差异，而堆肥过程中的合理操作和管理，是保证堆肥安全使用的关键。

总的来讲，目前对堆肥中有机物质转化规律及堆肥机理的认识有限，只用某单一参数很难确定堆肥的化学及生物学的稳定性，需要由几个参数共同来确定。随着分析技术和微生物技术的发展，先进、快捷的堆肥评估方法不断出现，有些研究已经把腐熟度指标的确立引入一个相当深入的理论领域。

7.5 堆肥产品的质量和卫生要求

7.5.1 堆肥产品指导方针

堆肥产品最终都要应用到土壤中,或者作为简单的土壤改良剂,或者生产出一种高养分含量的有机肥,用于粮食及园艺作物生产[13,14]。考虑到堆肥既涉及废弃物的处理,又作为一种肥料(改良剂)产品用于农林业,堆肥产品的质量事实上就会受到环境和肥料两方面标准的影响,既要满足废弃物处理的相关环境标准,如堆肥卫生标准、堆肥农用标准,又要满足有机肥料、土壤改良剂的标准。堆肥产品质量涉及众多因子,既有理化指标,又有卫生指标,还有生物学指标。堆肥质量一般包括颗粒大小,pH 值,可溶盐含量,产品稳定性、杂草种子、重金属、植物毒素等有害组分的存在情况,以及杂质情况。好的堆肥应表现在:颗粒直径小于 1.3cm,pH 值在 6.0~7.8,可溶盐浓度小于 2.5mS/cm,低呼吸比率,没有杂草种子,污染物浓度低于国家标准。这种堆肥的使用一般不会受到限制。呼吸比率是通过测定耗氧量求得的,呼吸率高,就说明堆肥尚未稳定。如果堆肥产品不符合上述要求,则其使用就会受到限制。例如可溶盐浓度在 7.5mS/cm 以上的堆肥要用在一些植物上时,就需要用其他物料来稀释,堆肥 pH 值在 7.8 以上的则只限在酸性土壤或者需要高 pH 值的作物上使用。

表 7-2 按堆肥最终用途提供了一些堆肥质量的指导原则。表中不同用途表明了堆肥的质量:用于盆栽基质的为较高级别,用于土壤改良剂的为较低级别。

腐熟时间也影响到堆肥的质量。腐熟好的堆肥往往有较低的 pH 值,良好的堆肥结构,较高的硝态 N 含量。堆肥成品的质量还取决于它的储藏环境,虽然在储藏过程中微生物活动基本停止,堆肥温度已降低,但堆肥还没有全部完成,还会继续直至所有可利用碳被耗尽为止。这意味着在一次堆肥后期,堆肥必须保持干燥或堆成小堆,以有利于有氧呼吸和进一步的发酵。一旦堆肥环境变成厌氧状态,就很可能产生臭味和一些有机酸类物质,这些物质对植物是有害的。当把含有这些物质的堆肥施到一些敏感植物或根比较浅的作物上时,会对这些作物造成危害。当堆肥储藏在厌氧环境中一段时间后,它的 pH 值会降至 3.0 附近,虽然这只是暂时的,但这种酸性堆肥若直接施用必然会产生危害。

表 7-2 堆肥产品指导方针

特性	堆肥产品使用的指导原则			
	园林基质	园林培养土	有机肥	土壤改良剂
建议使用	作为一种生长介质,不需其他添加物	作为盆栽植物的部分生长基质,要求 pH 值小于 7.2	主要用在地表底肥	改善农业土壤,恢复被破坏的土壤,要求 pH 值小于 7.2 的景观植被的种植和维护
颜色	深棕色到黑色	深棕色到黑色	深棕色到黑色	深棕色到黑色
气味	应有生土气味	应没有令人不悦的气味	应没有令人不悦的气味	应没有令人不悦的气味
颗粒大小	<13mm	<13mm	<7mm	<13mm

特性	堆肥产品使用的指导原则			
	园林基质	园林培养土	有机肥	土壤改良剂
pH 值	5.0～7.6	范围依要求定	范围依要求定	范围依要求定
可溶盐浓度 /(mS/cm)	<2.5	<6	<5	<20
杂质	玻璃、塑料等在3～13cm 间的杂质不超过总干重的 1%	玻璃、塑料等在3～13cm 间的杂质不超过总干重的 1%	玻璃、塑料等在3～13cm 间的杂质不超过总干重的 1%	玻璃、塑料等杂质不超过总干重的 5%
重金属	不超过国家标准	不超过国家标准	不超过国家标准	不超过国家标准
呼吸速率 /[mg/(kg·h)]	<200	<200	<200	<400

7.5.2 堆肥无害化指标

堆肥的无害化指标应符合表 7-3 的规定。

表 7-3 堆肥无害化指标

序号	项目	单位	标准限值		
			农作物用堆肥	园林用堆肥	其他用堆肥
1	总镉(以 Cd 计)	mg/kg	≤3	≤10	≤39
2	总汞(以 Hg 计)	mg/kg	≤5	≤3	≤17
3	总铅(以 Pd 计)	mg/kg	≤100	≤350	≤500
4	总铬(以 Cr 计)	mg/kg	≤150	≤300	≤1200
5	总砷(以 As 计)	mg/kg	≤30	≤75	≤75
6	蛔虫死亡率	%		≥95%	
7	粪大肠菌值			10^{-2}～10^{-1}	

7.5.3 堆肥技术指标

(1) 堆肥的理化性质

应符合表 7-4。

表 7-4 堆肥理化性质指标

序号	项目	单位	标准限值		
			农作物用堆肥	园林用堆肥	其他用堆肥
1	杂物(干基)	%	5mm 以上小石块等≤5 2mm 以上小玻璃等≤0.5	5mm 以上小石块等≤5 2mm 以上小玻璃等≤1	
2	粒度	mm	≤12	≤22	≤50
3	含水率	%	≤25	25～35	≤40
4	外观		茶褐色或黑褐色粒状、松散、无异臭味		
5	pH 值		5.5～8.5		

（2）堆肥的营养物质含量

应符合表 7-5。

表 7-5　堆肥的营养物质含量

序号	项目	单位	标准限值	
			农作物用堆肥	园林用堆肥
1	有机质（以 C 计）	%	≥12	≥8
2	总氮（以 N 计）	%	≥0.5	≥0.4
3	总磷（以 P_2O_5 计）	%	≥0.3	≥0.2
4	总钾（以 K_2O 计）	%	≥1.0	≥0.8

（3）堆肥的腐熟度评价

应符合表 7-6 中 A 组及 B 组内的任何一样测试。

表 7-6　腐熟度评价指标

A 组	B 组
（表征堆肥中有机物质的降解程度）	（表征堆肥可能对植物产生的毒性作用）
发酵温度≤40℃	C/N≤25
氨试验：显色反应定性表征含较多的硝酸盐和很少氨氮	种子发芽指数≥80% 耗氧速率≤0.1% O_2/min

7.5.4　堆肥质量分级

堆肥的质量分级应符合表 7-7 的规定。

表 7-7　堆肥质量分级

分级		无害化指标	理化性质	营养物质	腐熟度
优质	农作物用堆肥	√	√	√	√
	园林用堆肥	√	√	√	√
合格	农作物用堆肥	√	√	√	
	园林用堆肥	√	√	√	
	其他用堆肥	√	√		

优质堆肥分级应根据其重金属含量和营养物质含量不同来界定作为农作物用堆肥或园林用堆肥。

合格堆肥主要指未达到腐熟度评价指标，分级应根据其重金属含量和营养物质含量不同来界定作为农作物用堆肥、园林用堆肥或其他用堆肥[15,16]。

7.6　餐厨垃圾堆肥工艺发展现状

7.6.1　我国餐厨垃圾堆肥工艺发展现状

在我国农村，自古以来就广泛利用堆肥、沤肥和厩肥，堆肥技术可追溯到古代的野积式堆肥，但这些大多都是以家禽粪便为主的。随着我国经济水平和城市化进程的加快，餐厨垃圾的产生量越来越多，有关餐厨垃圾堆肥工艺才开始发展起来。由于这一系列的工艺技术是在借鉴禽畜粪便等堆肥技术工艺的基础上发展起来的，堆肥技术发展可分为 3 个阶段[17]。

（1）原始阶段（20 世纪 50～60 年代）

本阶段主要是在农村传统堆肥基础进行较为简单的堆肥，堆肥方式为开放式堆垛，用土覆盖保温，通风方式主要是自然通风或厌氧发酵，没有专用的机械设备，采用手工活振动筛进行筛选。该阶段的工艺较为简单，发展缓慢，且因为当时经济条件所限，餐厨垃圾还很少在堆肥技术中应用。

（2）开发研究阶段（20 世纪 70～80 年代）

随着我国经济的发展和城市化水平的提升，城市生活垃圾和餐厨垃圾的产生量不断增长，对我国城市环境产生了严重的危害，已经成为不可忽视的生态和环境保护的重要问题。这阶段城市生活垃圾和餐厨垃圾逐渐成为堆肥工艺的原料，堆肥技术的研究发展也进入兴旺时期，新工艺、新技术不断涌现，堆肥专用的机械设备得到开发，堆肥机理得到深入研究。

（3）推广应用阶段（20 世纪 90 年代至今）

在评估研究基础上，对一些堆肥技术进行推广，从而促进畜禽粪便处理。陈世和介绍了中国大陆城市生活垃圾的堆肥技术概况，将堆肥工艺分为一次性发酵工艺和二次性发酵工艺。陈世和等总结了城市生活垃圾动态堆肥工艺的特点和参数，并提出了气量与消化污泥堆肥平均反应速率的函数关系式。李国建等对堆肥中氧的传递过程进行研究，提出堆层中几种供氧方式的氧扩散模式，根据扩散模式可求得堆肥表层氧扩散的极限深度值。赵子定等采用自然通风堆肥技术对化纤污泥进行了无害化处理。薛澄泽等采用通风静态垛堆肥技术处理污泥，并用腐熟的堆肥制作复合肥料。金家志等研究了不同堆肥原料堆肥化处理的最佳工艺条件。李国学、姚政等利用植物种子发芽特性作为评判堆肥腐熟度指标。已有大量报道显示，各种微生物接种剂及快速腐解调理剂在堆肥过程中得到了良好的处理效果。陈世和等在城市餐厨垃圾堆肥过程中，堆体温度达 45℃和 55℃时，进行微生物分离，发现 55℃分离菌株的平均酶活高于 45℃以下分离菌株的平均酶活。刘庆余等研究指出，微生物类群的数量变化与毒性有机物降解率呈相关关系。毒性有机物的降解是以细菌、放线菌为主的微生物综合作用结果。沈其荣等在模拟条件下研究畜禽粪便堆肥制作过程中的生物化学变化特征，结果表明堆肥制作过程中 C/N 不断下降，但全氮相对含量上升；堆肥制作过程中，碳、氮的腐殖化作用明显，过氧化氢酶和蛋白酶均出现两个高峰；所有处理的微生物态氮均在堆制后第 16 天达到最大值，随后下降。到目前为止，国内在有机固体废弃物的堆肥化研究方面有了一定的进展，但仍远落后于许多发达国家，存在不少尚待解决的问题。

在工程设备上，国内由国外引进或自行研制生产这种设备，2011 年南京第一台餐厨垃圾处理机在南京审计学院食堂投入使用，每天能处理 500kg 泔水，这台机器由我国台湾一家农业科技开发公司为环保而赞助提供的设备，经高温发酵分解 6h 后变成褐色粉末。废弃部分在处理过程中，分解成无害的水蒸气、二氧化碳及热量，并以气体的形式排出；天津科恩达科技有限公司研制开发的餐厨垃圾处理容器，8h 内实现无害化，产生有机肥料，该成果在微生物菌种培养方面实现突破，培养出高效菌种，能适应我国餐厨垃圾特点，即在高盐、高油的环境下生存并在常温下复活，使菌种适应性更强，为有机垃圾的分解提供了更加广泛的适用范围；宜兴国豪公司生产的垃圾处理机，引进日本BIO-TECH21微生物菌群，采用好氧工作原理，通过加热、机械搅拌和强制通风等手段，在60～80℃的高温下，经过24～48h的快速发酵和干燥、脱水、除臭、排毒，有效降解餐厨垃圾中的盐分、脂肪，将动植物蛋白转化为菌体蛋白，作为园林、花卉的高效有机肥料。

在工程案例上，有些处理厂采用了厌氧堆肥技术，如重庆黑石子餐厨垃圾处理厂日处理餐厨垃圾500t；内蒙古鄂尔多斯市传祥生活垃圾处理厂日处理生活垃圾400t（其中餐厨垃圾60t），均是采用厌氧发酵工艺，产沼气的同时，沼渣再经简单处理成为良好的有机肥。也有部分餐厨垃圾处理厂采用好氧式堆肥处理，如上海浦东新区有机垃圾综合处理厂生产好氧堆肥处理量达100t/d；中国台湾阜利生物科技公司与合肥市合作，将来自本地的专利技术转化为生产力，采用微生物高温好氧发酵技术处理工艺，将餐厨垃圾变成液态或固态有机肥；2009年5月建立的北京市高安屯餐厨垃圾资源化处理厂是目前我国最大的餐厨垃圾处理厂，日处理能力400t，餐厨垃圾被倒入发酵罐，再喷上益生菌，餐厨垃圾经生物高温十几个小时好氧发酵，变成了肉松状、无异味的生物有机肥，制成腐殖酸肥料，运往郊区草莓生产基地，供不应求。

今后，主要研究方向有如下几个方面：a. 继续深入进行有机固体废弃物高温堆肥基础理论研究；b. 研究开发促进堆肥进程的各种添加剂和接种剂，并尽快商品化；c. 分离、筛选分解纤维素和木质素等难分解物质的微生物；d. 研究机械化、半机械化的堆肥新工艺，促进堆肥工厂化、商品化；e. 对堆肥腐熟度指标进行系统深入的研究，制定一个合理统一的评判腐熟度的标准。

7.6.2　国外餐厨垃圾堆肥工艺发展现状

堆肥已成为世界范围内处理生物质废弃物的一种普遍工艺。国外堆肥产业化开始较早，技术成熟，工艺繁多，有较完善的堆肥产品质量认证体系，堆肥产业呈持续发展趋势。据报道，美国早在1997年就有8500座堆肥设施，且根据原料的不同分类明细，其中15座用于处理城市混合垃圾，250座处理城市污泥，138座处理食品垃圾，3316座处理园林废弃物，5700余座用于处理农业固体废弃物。德国年收集到的 8.8×10^6 t 有机固体废弃物中，83%经堆肥处理，17%经厌氧处理，其中厌氧处理的剩余物只有5%缺乏后期的堆肥处理。荷兰、意大利等其他国家也有类似趋势。例如，WILP采用干式厌氧发酵结合通气静态堆肥，年处理能力 7×10^4 t；HENELO采用干式高温发酵隧道堆肥，年处理 5×10^4 t。

（1）美国

美国年产餐厨垃圾 2.98×10^7 t，占生活垃圾总量的11.4%；其中马萨诸塞州每年产生餐厨垃圾 9×10^5 t，该州15%餐厨垃圾被堆肥处理。美国对餐厨垃圾多进行堆肥处理，目前应用较多的是蚯蚓堆肥（Vermicomp-sting）、密闭式容器堆肥（In-vessel. composting），Bruce R Eastman 研究蚯蚓堆肥对致病菌的抑制作用，G•Tri-pathi 等研究了蚯蚓堆肥处理餐厨垃圾和牛粪的混合物。

（2）日本

日本餐厨垃圾的年产量约为 2×10^7t，占生活垃圾总量的 4.44％，由于日本倾倒、运输餐厨垃圾的费用很高，约为 250～600 美元/t，因此，促进了餐厨垃圾处理机的推广和使用。目前已开发出了多种型号生物降解餐厨垃圾处理机器，以及高效的微生物菌剂，在食堂、饭店甚至家庭大量推广使用，并拥有绝大部分相关技术专利。如日本相川铁工株式会社的生鲜垃圾快速干燥发酵机和生鲜垃圾分解消灭机，一些机型还可实现物料破碎、干燥等操作，并保证无臭、无有害废水的排放，可在 24h 内分解成有机肥料。另外，日本的科研人员经过多年研究，从自然界中筛选出数种能快速分解厨房废弃物的有益微生物，这些微生物具有对纤维素、蛋白质、脂肪、甲壳质等物质的分解能力，在 45～60℃高温条件下，可将餐厨垃圾如菜叶、米饭、鱼骨、蛋壳和果皮等有机物分解成水、二氧化碳和有机质，利用这些菌种处理餐厨垃圾，消化率高达 90％，减少了城市生活垃圾的总量，且经分解后的少量残渣可作为高效生物有机肥。

（3）韩国

韩国年产餐厨垃圾达 1.058×10^7t，约占生活垃圾年产量的 50％。由于餐厨垃圾焚烧产生二噁英等有害物质，并且浪费能源，韩国政府限制焚烧处理。同时由于餐厨垃圾填埋引起的渗滤液、气味等问题，韩国目前所有餐厨垃圾都不再采用填埋方式处理。目前，韩国餐厨垃圾的处理方式以堆肥为主，现阶段所采用的堆肥技术有微生物厌氧消化和两级厌氧消化堆肥、生物反应器浆状的好氧堆肥等处理方式。

7.7　餐厨垃圾堆肥工艺设备

餐厨垃圾堆肥的方法多种多样，下面根据堆肥技术的种类简要介绍几种堆肥技术相关的设备[18,19]。

7.7.1　翻堆式条垛堆肥设备

翻堆式条垛堆肥的翻堆设备主要有螺旋式翻堆机和链板式翻堆机两种类型（见图 7-3）。螺旋式翻堆机采取四轮行走设计，可前进、倒退、转弯，由一人操控驾驶。行驶中整车骑跨在预先堆置的长条形肥基上，由机架下挂装的旋转刀轴对肥基原料实施翻拌、蓬松、移堆，车过之后篡成新的条形垛堆，既可在开阔场地，也可在车间大棚中实施作业。翻抛时，物料在托板上停留时间长，高位抛散，与空气接触充分，既提高了物料供氧的时间，又便于水分挥发，促进好氧发酵快速完成，非常适合处理量大、气候潮湿、连续发酵的场合。

翻堆式条垛堆肥的料堆高度一般在 2～4m，宽度在 2～6m，长度可达 120m。一般每周搅拌 1～3 次，在翻堆过程中可以根据具体工艺的需要向料堆内补充水分，以满足堆肥过程中物料对水分的要求。

翻堆式条垛堆肥系统尽管是一个低水平的系统，但也有很多优点：a. 所需设备简单，投资成本较低；b. 翻堆会加快水分的散失；c. 干燥的堆肥易于把填充剂筛分；d. 产品腐熟度高，稳定性好。

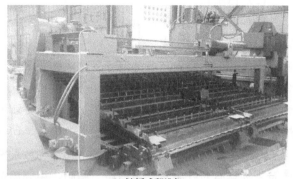

(a) 螺旋式翻堆机　　　　　　　　　　　(b) 链板式翻堆机

图 7-3 翻堆式条垛堆肥的翻堆设备 （图片来源：www. pro. user. img38. 51sole. com）

但翻堆式条垛堆肥系统也有很多的缺点，如下所述：a. 占地面积大，腐熟周期长；b. 需要大量的翻堆机械和人力；c. 产生的臭气难以控制；d. 受气候环境的影响。

因此，翻堆式条垛堆肥法比较适合场地不受限制、对环境要求不高的地区。近年来，为了克服上述缺点，人们对这种方法进行了一些改进，如改露天操作为室内操作，解决了环境气候对堆肥操作的影响；在条垛堆内增加通风管道，通过翻堆机的机械搅拌与通风管路强制通风的联合手段，改善物料的供氧状况，从而提高堆肥效率。

7.7.2　发酵仓式翻堆发酵设备

（1）搅拌机式翻堆发酵池

该方法主要由长条形的发酵池、搅拌翻堆机、进出料装置、供气装置等构筑物和设备组成。翻堆机的功能分为行走和搅拌两部分，整机工作架置于发酵槽上，可沿槽上轨道纵向前后行走，同时搅拌装置也在进行工作，对物料进行翻动、搅拌、混合、破碎，并把物料向出料口推送（见图 7-4）。该堆肥系统一般设计多个发酵池平行布置，当一个发酵池的物料搅拌、翻堆结束后，翻堆机可以水平横向移动到相邻的发酵池继续工作。

搅拌式翻堆发酵池的搅拌装置有多种形式，常见的有水平螺旋耙齿式、水平螺旋搅龙式和垂直旋转桨式。图 7-4 中的翻堆机搅拌装置即为水平螺旋耙齿式，当螺旋上的耙齿改成叶片时，螺旋耙齿式就变成螺旋搅龙式了。翻堆机对物料进行搅拌的过程就是为物料提供通氧的过程，但为了提高供氧能力，有时会在发酵池底部铺设带有小孔的缝隙地板，用于强制通风。另外，还需要设置洒水及排水设施以调节物料的含水率，一次发酵周期大约 8～12d。

图 7-4 搅拌式翻堆发酵池及设备
（图片来源：www. i00. c. aliimg. com）

搅拌式翻堆发酵池可根据具体工艺要求，定期对物料进行搅拌，操作灵活，处理量大，在实际应用中比较广泛，但该系统占地面积较大，敞开式的发酵池存在着臭气不易处理的问题。

（2）链板式翻堆发酵池

链板式翻堆发酵池与搅拌式翻堆发酵池的原理和过程基本相同，也是由发酵池、翻堆机、进出料装置、供气装置等构筑物和设备组成，不同之处在于翻堆机的形式。前者的翻堆机是带螺旋耙齿、搅龙或桨的搅拌形式，后者是可移动式的循环链板，其结构如图 7-5 所示。

图 7-5　链板式翻堆发酵池及设备（图片来源：www. img2. cn. china. cn）

该系统工作原理如下：翻堆机工作架置于发酵槽上，可沿槽上轨道纵向前后行走。翻抛小车置于工作架上，翻抛部件和液压系统安装在翻抛小车上。工作架到达指定的翻抛位置时，翻抛小车的翻抛部件经由液压系统操纵缓慢深入槽中，翻抛部件不断攫取槽内物料并斜向输送到工作架后方落下，落下的物料重新置堆。沿槽完成一个行程的作业后，液压系统将翻抛部件抬升到不与物料干涉的高度，工作架整体连同小车后退至发酵槽翻抛作业的初始端。如果是宽槽，翻抛小车横向朝左或朝右移动一个链板幅宽的距离，然后放下翻抛部件深入槽中，开始另一幅物料的翻抛作业行程，这样一个翻堆车就可以同时对多个发酵池进行工作。为了强化通风供氧，还常在发酵池的底部铺设带有缝隙的地板或铺设带有小孔的管道，通过风机强化空气的供给。每个发酵槽翻抛次数取决于发酵槽的宽度和物料性质，一般情况下 1d 翻抛 1 次，发酵时间通常为 7～10d。

该方法机械程度高、翻抛效果好，既提高了物料供氧时间又便于水分挥发，促进好氧发酵快速完成，非常适合处理量大、气候潮湿、连续发酵的场合。但该系统占地面积较大，由于发酵池是敞开的，气味问题比较严重，发酵池的宽度受链板宽度的限制，发酵池的利用率低。

7.7.3 塔、仓式（立式）堆肥设备

多层堆肥发酵塔是立式发酵设备之一，通常由 5～8 层组成，主要分为多层移动床式发酵塔和多层搅拌式发酵塔两种（见图 7-6 和图 7-7），内外层均由水泥或钢板组成。经分选后的堆肥物料由塔顶进入塔内，在塔内堆肥物料通过不同形式的搅拌翻动，逐层由塔顶向塔底移动，最后从最低层出料。一般经过 5～8d 的好氧发酵，堆肥物料即由塔顶向塔底完成一次发酵。塔内温度分布从上层至下层逐

图 7-6　多层移动床式发酵塔（图片来源：www. file10. zk71. com）

渐升高，最高温度在最下层，通常以风机强制通风对塔内进行供氧。立式堆肥发酵塔通常为密闭结构，堆肥时产生的臭气能较好地进行收集处理，条件比较好。此外，此堆肥设备具有处理量大、占地面积小的优点，但一次性投资较高。

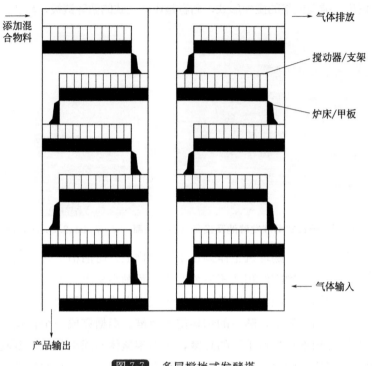

图 7-7 多层搅拌式发酵塔

7.7.4 滚筒式堆肥设备

达诺式（Danot）滚筒是世界各国最广泛采用的发酵设备之一。其工作过程是：滚筒在齿轮带动下以一定的速度转动，滚筒内的物料在滚筒转动和筒内抄板的带动下被反复抄起、升高、跌落，使物料的温度、水分均匀化，同时获得氧气，以完成物料的发酵过程。此外，由于筒体斜置，当沿选择方向提升的物料靠自重下落时，物料逐渐向筒体出口一端移动，这样回转滚筒可自动稳定地供料、传送和排出堆肥物。图 7-8 是达诺式发酵滚筒示意。

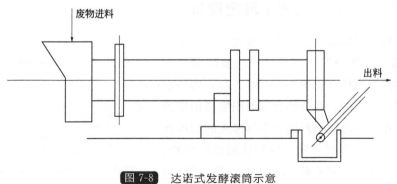

图 7-8 达诺式发酵滚筒示意

达诺式发酵滚筒系统通常为连续操作，通风量为 $0.1m^3/(m^3 \cdot min)$。若仅为一次发酵，只需 $36\sim48h$；若全程发酵，则需要 $2\sim5d$ 的发酵时间，滚筒填充率小于 80%。该滚筒设备有如下优点。

① 结构简单，管理方便。

② 对不同成分物料的适应性强，预处理要求低。

③ 发酵速度快，生产效率高。

④ 还可以与其他发酵设备组合起来进行大规模自动化生产。

但该滚筒也有如下几点不足：a. 原料滞留时间短，发酵不充分；b. 易产生压实现象，通风性能差；c. 产品不易均质化等。

7.7.5 其他辅助设备

（1）曝气设备

封闭仓式发酵系统中餐厨垃圾与空气接触面积较露天条垛式发酵系统小，因此曝气设备成为必不可少的一环。通过曝气，餐厨垃圾可以与空气充分接触，利于发酵过程的进行。曝气设备主要由曝气管、风机以及控制阀等部件组成。仓式发酵系统的曝气设备主要分为槽式曝气和管式曝气两种。槽式曝气需要在发酵仓搭建前对仓底地面开设沟槽并设置曝气孔，这对于土建提出了较高的要求，并且无法准确控制沟槽曝气量，很难实现分段曝气。

管式曝气只需在仓底铺设曝气管路即可，结构简单且曝气效果好。为防止曝气气孔堵塞，可在管路上铺设鹅卵石、加盖防堵层、调整气孔形状及位置等，但堵塞问题仍存在。

（2）除臭设备

广泛应用的堆肥化系统脱臭装置有堆肥过滤器，当臭气通过此装置后，臭气被堆肥吸附，进而被好氧微生物氧化分解脱臭；这种过滤器又叫底吹风过滤器或土壤脱臭装置；此外还可以通过木炭、沸石、活性炭等吸附剂进行脱臭或者导入填料塔进行酸洗脱臭。

7.8 餐厨垃圾堆肥存在的问题与展望

7.8.1 餐厨垃圾堆肥存在的问题

纵观中国的城市餐厨垃圾处理现状，存在的问题可以归纳为两个方面：一是政策层面；二是技术层面。在政策层面，国家相关法律法规不全，城市餐厨垃圾排放企业责任意识淡薄，缺乏规范化管理。在技术层面，城市餐厨垃圾收运和资源化预处理工艺及技术水平参差不齐，餐厨垃圾源头处理模式不健全、缺乏相应的关键技术。很多研发部门将城市餐厨垃圾资源化处理问题只局限于单一处理阶段，缺乏对整个循环利用系统全过程的产业化研发，导致城市餐厨垃圾有效利用循环产业链的各环节衔接不畅，难以形成良性循环利用体系和组织体系。

堆肥处理技术是实现餐厨垃圾减量化、无害化和资源化的有效途径。目前国内外也在大力开展这方面的研究与应用，但是真正将现行的堆肥工艺和技术应用于实际还存在许多问题。

（1）堆肥工艺技术应用时存在的问题

① 餐厨垃圾中油脂、盐分对堆肥品质的影响　堆肥的品质在一定程度上受到餐厨垃圾中油脂含量、盐分含量等因素影响，高盐分的堆肥产品将抑制植物的生长，如果长期使用还会导致土壤的盐碱化。因此，如何降低盐分在堆肥产品中的含量以及对植物的影响还有待进一步的研究。

② 为加快堆肥化进程或提高堆肥效率，人们对堆肥添加剂的研究从未停止过，但传统的微生物接种剂大多都是用一种或多种已知的微生物组合在一起，这些微生物在纯培养条件下可能会发挥一定的作用，但在环境条件十分复杂的堆肥化过程中，发挥的作用可能就非常小。

③ 餐厨垃圾处理设备的研制及对应工艺的研究不够成熟　简洁、方便地处理餐厨垃圾不仅能实现餐厨垃圾的有效利用，而且还有利于实现环境的资源化。

④ 缺乏成熟的餐厨垃圾好氧堆肥腐蚀度判据　以往的有机固体垃圾堆肥腐熟度判据是否适用于餐厨垃圾尚不清楚，限制了餐厨垃圾堆肥技术的发展。

⑤ 堆肥质量　餐厨垃圾含水量不均，因此前段水分调节是影响堆肥质量的关键，并且发酵时间应得到保证，根据情况可能需要二次发酵，因此需要后处理和储藏仓库。

⑥ 堆肥过程中的污染问题　餐厨垃圾堆肥处理是针对垃圾中能被微生物分解的易腐有机物的处理，而不是全部垃圾的最终处理，仍有10％以上的堆肥残余物需要另行处置，并且堆肥过程中所产生的难闻气体将严重影响周边环境。

⑦ 堆肥销售　目前我国农资领域实行国家监管体制，因此在国家政策调整之前大规模销售十分不现实，生产出的肥料只能作为土壤改良剂或腐殖土。销路取决于堆肥厂所在地区土壤条件的适宜性，堆肥产品的经济服务半径一般较小，质量较差的堆肥产品只能就近销售。此外，堆肥产品销售有其季节性，而垃圾堆肥处理则是连续性的，生产与销售之间存在这种"时间差"，增加了生产成本。

（2）堆肥处理技术中注意事项。

① 分散处理与集中处理关系的问题　餐厨垃圾采用分散处理还是集中处理的问题目前还存在争议。分散处理减少了运输中存在的泄漏危险，尤其是运输路程过远的情况，但分散处理效率低、处理不彻底、单位投资和运行费用高、管理不便。饲料化和堆肥化均不适合分散处理。

② 集中处理的运输问题　实现集中处理的关键是收集和运输。收集主要依靠政府部门的行政手段和居民的素质来保证，而运输则需要特殊的运输技术手段，目前我国还没有专用的餐厨垃圾运输车辆，而其他环卫专用运输车辆在收集和倾倒等方面不能完全适应餐厨垃圾的特点，因此在运输手段和安全可靠性方面还应加强研发。

③ 资源化过程的安全和二次污染问题　垃圾处理应遵循"减量化、资源化、无害化"原则，其中无害化一方面是要求垃圾本身无害化，另一方面是要求整个处理过程无害化，不产生二次污染。餐厨垃圾含水率高、有机物含量高，易腐烂变质，在处理过程中产生大

量污水和臭气。这就要求餐厨垃圾处理技术必须考虑到二次污染问题和解决办法。此外餐厨垃圾处理系统应提高自动化水平，以实现现场无人化管理，确保操作人员的身体健康[20,21]。

7.8.2　餐厨垃圾堆肥技术的发展前景

目前我国截至 2012 年无害化处理餐厨垃圾的能力约为 $4 \times 10^6 t/a$，处理率不足 10%。堆肥是餐厨垃圾的主要利用方式之一，因餐厨垃圾作为堆肥原料比传统堆肥物料更具备能源优势，且堆肥化处理技术操作简单、运行周期短、应用比较普遍，成为目前餐厨垃圾资源化处理的首选途径，有广阔的市场前景和良好的环境效益、社会效益、经济效益[22]。

（1）环境效益

堆肥化利用餐厨垃圾堆肥后生产有机肥料，能减少废物的排放，减少蚊蝇等的滋生机会，降低病原菌存活时间，切断了病原菌传播到人类的途径，在保护环境的同时，又解决了农业上存在的偏施化肥使土壤养分比例失调、土壤退化等问题，有利于农业生态环境良性循环和绿色农业的可持续发展。

（2）社会效益

把餐厨垃圾等有机废弃物综合利用生产生物有机肥，为农业部门提供了优质、价廉、高效的生物肥料，也使作物增产增收，同时变废为宝，既发展了环保产业，也为地区增加了新的就业机会。

（3）经济效益

我国生物有机肥料有着广阔的市场发展空间和前景。据估计，未来市场生物有机肥将以每年 5% 的速度增长，实施以质量替代数量、以有机（肥）替代无机（肥）的发展战略，生物有机肥将成为农业生产的必需品。这将给有机肥的发展带来巨大的经济效益和潜在市场。

餐厨垃圾堆肥化处理可以实现环境效益、社会效益、经济效益的有机统一。在全球倡导废物资源化利用，绿色农业、有机农业、安全食品，经济快速发展的今天，利用餐厨垃圾生产绿色高效有机肥，弥补目前有机肥普遍肥效低劣的不足，对倡导有机农业，减少化肥使用，保护环境将起到巨大的推动作用。针对目标植物生产绿色无污染有机肥，如针对有机蔬菜、园林绿化植物、盆景、花卉等，制备专用有机肥，并朝着专用、精致、高效发展。由餐厨垃圾生产制成的有机肥产品作物易吸收、肥效快，增加土壤肥力，是真正的绿色无污染肥料，可大幅填补目前绿色农业的空白。因此，在我国利用"餐厨垃圾制备精致绿色有机肥料"有着强大的市场竞争力和广阔的发展空间[23]。

参 考 文 献

[1] 王星，王德汉，张玉帅，等. 国内外餐厨垃圾的生物处理及资源化技术进展[J]. 环境卫生工程，2005，13(2)：25-29.

[2] 王桂才，李洋洋. 餐厨垃圾堆肥化处置方式探讨[J]. 再生资源与循环经济，2013，6(10)：38-41.

[3] 张存胜. 厌氧发酵技术处理餐厨垃圾产沼气的研究[D]. 北京：北京化工大学，2013.

[4] 任维琰，李勇，顾广发. 餐厨垃圾厌氧发酵产甲烷综述[J]. 安徽农业科学，2012，40(6)：3525-3528.

[5] 刘会友，王俊辉，赵定国. 厌氧消化处理餐厨垃圾的工艺研究[J]. 电力与能源，2005，26(4)：150-154.

[6] 王巧玲. 餐厨垃圾厌氧发酵过程的影响因素研究[D]. 南京：南京大学，2013.

[7] 赵由才.固体废物污染控制与资源化[M].北京:化学工业出版社,2002.

[8] 陈海滨,杨禹,刘晶昊,等.园林/餐厨垃圾联合堆肥工艺研究[J].环境工程,2012,30(3):81-84.

[9] 梁宁.食堂餐厨垃圾堆肥技术探析[J].绿色科技,2016,18:115-117.

[10] 王妮娜,郑立柱.餐厨垃圾资源化处理技术[J].广州环境科学,2011,3:20-22.

[11] 李小建.餐厨垃圾连续堆肥处理系统中试研究[J].环境工程学报,2013,7(1):341.

[12] 李国学,张福锁.固体废物堆肥化与有机复混肥生产[M].北京:化学工业出版社,2000:13-29.

[13] 李澄.江苏省餐厨垃圾资源化处理研究[C].多元与包容——2012中国城市规划年会论文集(07.城市工程规划),2012:1-8.

[14] 白倩.餐厨垃圾与绿化废弃物换向通风堆肥及其草坪施用研究[D].河北:河北科技大学,2012.

[15] 占美丽,董蕾,孙英杰,李成立,封琳.青岛市餐厨垃圾与菜市场垃圾混合高温厌氧消化研究[J].环境工程学报,2013,05:1945-1950.

[16] 刘长海.生态城高效分解餐厨垃圾厨余8h变新资源[DB/OL].[2013-07-26].http://www.enorth.com.cn.

[17] 尚谦,曾光明.试谈垃圾堆肥的历史与发展[J].有色金属加工,2001(5):21-26,50-154.

[18] 林宋.餐厨垃圾处理关键技术与设备[M].北京:机械工业出版社,2013.

[19] 李来庆,张继琳,许靖平编.餐厨垃圾资源化技术及设备[M].北京:化学工业出版社,2013.

[20] 吴修文,魏奎,沙莎,王军,袁修坤.国内外餐厨垃圾处理现状及发展趋势[J].农业装备与车辆工程,2011,12:49-62.

[21] 纪涛.城市生活垃圾堆肥处理现状及应用前景[J].天津科技,2008,35(5):46-47.

[22] 伍华琛.城市餐厨垃圾资源化技术应用现状与展望[J].再生资源与循环经济,2015,8(4):24-27.

[23] 谢炜平,梁彦杰,何德文,等.餐厨垃圾资源化技术现状及研究进展[J].环境卫生工程,2008,16(2):43-45.

第8章

餐厨垃圾综合利用新技术进展

◀◀◀ ◀◀◀

8.1 概述

随着全球人口的增长，餐厨垃圾的排放量逐渐增大，大量的餐厨垃圾一方面给世界各国带来了严重的环境污染，另一方面导致了大量生物质能的浪费。传统的餐厨垃圾处理方法（如焚烧、填埋等）虽然能将餐厨垃圾处理，但会产生二次污染，不利于环境保护。作为生物可降解性较强的半固体有机垃圾，餐厨垃圾的资源化综合利用技术也越来越受到各国政府的重视。特别是在我国，随着餐厨垃圾造成的环境危害逐渐加剧，各种餐厨垃圾处理技术不断升级，新的处理工艺也不断涌现。本章主要介绍国内外餐厨垃圾处理过程中采用的新技术和新工艺，尤其突出餐厨垃圾综合资源化利用的新型实用技术。同时，结合近年来国内外餐厨垃圾处理领域的实际情况，介绍相关科技文献和各类餐厨垃圾处理技术发展状况。描述适合我国国情并具有一定发展潜力的餐厨垃圾处理技术。

8.2 厌氧制沼气最新进展

作为一种绿色环保的处理工艺，厌氧发酵技术不但可以通过微生物将餐厨垃圾降解，还可以回收餐厨垃圾中的生物质能并将其转化为能源气体甲烷。但传统的厌氧发酵技术无法应对成分复杂多变的餐厨垃圾物料，同时升流式厌氧污泥床、膨胀颗粒污泥床等多数厌氧反应器针对高固体含量的餐厨垃圾很难平稳进行。基于此，餐厨垃圾厌氧发酵制沼气工艺主要向分割厌氧反应流程和改变厌氧反应混合物料的特征两个方向发展。此外，近年来在沼气的应用方面也向多个领域发展。

8.2.1 双相厌氧反应工艺

国内外关于餐厨垃圾厌氧发酵制沼气研究的报道很多，但大多数采用的是单相工艺。

双相厌氧技术因其消化达到稳定所需时间短，可承受的有机负荷高，出水化学需氧量（COD）浓度低，单产和累积甲烷产量高，运行参数变化幅度小，系统抵抗外界冲击的能力强、周期短等特点，越来越受到人们重视。与单相工艺相比，双相发酵工艺有许多自身的优点，餐厨垃圾首先在酸化反应器中酸化，酸化过程会产生一定量的 H_2 和 CO_2，气体可以通过气体储罐收集，酸化后的发酵物主要含有乙酸、丙酸等小分子物质。

吴云等以重庆餐厨垃圾为研究对象，对餐厨垃圾的水解、酸化进行了理论分析，发现破碎预处理和碱液浸泡预处理可以增加餐厨垃圾水解速率，提高水解效率；通过提高温度的方法来达到同时提高水解速率和挥发性固体的去除效率，也发现扩散阻力作用是大粒径有机餐厨垃圾水解速率的主要控制因素，减小颗粒粒径能够加快餐厨垃圾水解过程的进行，并且建立了新的有机垃圾水解经验动力学模型。研究也发现，污泥的接种水平和消化温度并不是决定餐厨垃圾产酸阶段发酵类型的主导因素，但控制系统 pH 值能够使产酸发酵类型趋势发生改变：当 pH 值为 4～5 时趋向于产乙酸型发酵，pH 值为 5～6 时趋向于丙酸累积型发酵，pH 值为 8～9 时趋向于产丁酸型发酵；热碱预处理能够提高酸化阶段产物累积速度和累积量。发酵有机酸进入产甲烷发酵罐，由于第一阶段排出的发酵液以小分子有机酸（如乙酸）为主，因此第二阶段中微生物可直接利用有机酸进行产甲烷，避免了水解步骤，提高了产甲烷速率。根据有机负荷和指标变化情况，单相厌氧消化的产气过程划分为启动阶段、发展阶段、适宜负荷阶段和超负荷阶段。而双相厌氧消化的产气过程划分为启动期、增长期和稳定期。与单相厌氧消化相比，双相厌氧消化达到稳定所需时间更短，累积甲烷产量更高，出水 COD 浓度更低，可承受有机负荷更高，消耗单位质量有机质产甲烷量更高，且运行参数变化幅度较小，系统抵抗外界冲击的能力较强。但是，双相厌氧消化单位反应器体积有机质去除量更低，且出料生物降解率更低，因此不利于减少投资，降低沼渣处理难度。经济指标分析结果表明，双相厌氧的耗电量较单相厌氧高很多，双相厌氧用药剂量较单相厌氧高。

餐厨垃圾中油脂含量高，脂类的代谢产物长链脂肪酸会影响产甲烷菌的产甲烷活性，因此过高的油脂含量会降低餐厨垃圾厌氧发酵产甲烷效率。Komatsu 等研究了脂类物质对双相厌氧系统的抑制作用，结果发现，脂类可以在 1 个双相厌氧滤池系统得到满意的降解，而在单相系统中其降解就相对较差。

8.2.2　混合厌氧发酵制沼气工艺

国内外餐厨垃圾研究领域的主要科研技术团队，均已注意到餐厨垃圾成分复杂多变，要想提升厌氧发酵制沼气的稳定性，混合厌氧发酵是未来发展的重要方向。混合厌氧发酵是指将多种有机废弃物按照一定的比例混合，共同作为厌氧发酵的底物进行厌氧发酵反应，使得发酵过程的营养成分更加均衡，提高发酵效率，获得更大的产气率。混合厌氧发酵可以通过对发酵基质的调理，在消化物料间建立起一种良性互补关系，对消化物料的C、N、P、水分以及其他厌氧微生物的必需生长因子进行调整，创造良好的消化条件，从而提高厌氧发酵的沼气产量。混合厌氧发酵实现了设备共享，其投资、运行成本远远低于单独进行餐厨垃圾和市政污泥厌氧发酵的成本，具有更好的经济效益。

李荣平等研究了餐厨垃圾与牛粪的混合发酵，将餐厨垃圾与牛粪的特征做了对比，牛粪中纤维素含量和碱度较高，而脂类含量较低；餐厨垃圾中纤维素含量和碱度较低，脂类含量较高。根据餐厨垃圾与牛粪特征的互补性，将二者进行混合发酵，结果表明：餐厨垃圾与牛粪的 VS 之比为 1∶1 时，沼气的产率最高，负荷为 10gVS/L 时，对应的甲烷产率和 VS 去除率分别为 310.8mL/gVS 和 65.8％。与餐厨垃圾单独发酵相比，混合后的沼气产量提高了 44％。分析结果表明，餐厨垃圾与牛粪混合后的营养元素更适宜产甲烷菌生长，牛粪的加入使得发酵体系的营养元素更为平衡。分析结果还表明，混合体系中的有机酸可以促进牛粪中的纤维素降解，进而提高沼气产量。李荣平等还利用氢氧化钠对餐厨垃圾预处理，产气结果表明，向餐厨垃圾中加入氢氧化钠不能提高沼气的产量。Gelegenis 等在连续搅拌釜反应器内将乳清废水和家禽粪便进行了混合，研究结果表明，混合时乳清废水中的碳水化合物更容易被降解，混合后的沼气产量提高了 40％。Wu 考察了猪粪与三种秸秆（玉米秸秆、燕麦秸秆和小麦秸秆）混合的产气效果，研究证明：a. 粪与三种有机质混合后，甲烷的产量均有所升高；b. 猪粪与玉米秸秆混合时甲烷产量最高，对应沼气中的甲烷浓度可达 68％。适宜的 C/N 是混合后甲烷产量提高的主要原因。

8.2.3　餐厨垃圾厌氧反应器的新进展

餐厨垃圾固体废物厌氧反应器是在污水及污泥厌氧反应器基础上开发的，是厌氧消化系统的核心构筑物。按餐厨垃圾进入厌氧系统物料的固体含量（TS）不同可分为湿式和干式；根据厌氧消化反应是否在同一个反应器中进行，分为单相、双相以及多相厌氧消化。

（1）单相厌氧反应器

单相厌氧反应器与双相厌氧反应器相比，其具有系统操作简单，维修管理也比较方便等特点，在有机垃圾处理领域占据了较大的市场份额，欧洲有机垃圾厌氧处理 90％以上都采用单相厌氧反应器。

1）单相湿式厌氧反应器　单相湿式厌氧反应器多采用完全混合的反应器形式，多适用于含水率较高的有机垃圾。消化物料通常经过预处理后制成 TS＜15％、物性均一的浆状物质后进入厌氧主反应器。物料的混合搅拌是单相湿式反应器需重点考虑的问题。混合搅拌不均容易导致反应器内部局部酸化，并出现严重的浮渣和重物质沉积现象，这些都会对厌氧消化反应的顺利进行产生影响。反应器内部常见的混合搅拌方式有机械搅拌、沼气回流与水力搅拌、机械搅拌与沼气回流和水力搅拌相结合的方式。

2）单相干式厌氧反应器　单相干式反应器适于处理含水率低的有机垃圾，物料多以活塞流形式在反应器内部运动。目前在欧洲应用较广的 Valorga、Kompogas 和 Dranco 均为单相干式厌氧消化工艺，其反应器多为水平或垂直的塞流式反应器。塞流式反应器能够在推流过程逐步实现厌氧消化的水解酸化和产甲烷功能，避免完全混合造成反应器酸化，从而将双相厌氧消化在不同相中进行厌氧消化的功能在单相厌氧反应器的推流过程中得以实现。塞流式反应器可通过塞流运动与沼气回流搅拌等方式实现物料的均匀混合，因此反应器内部可以不另设机械搅拌。Dranco 和 Valorga 工艺就采用的是这种搅拌形式，而 Kompogas 工艺是一种卧式厌氧反应器，物料在反应器内部的推流是依靠叶轮的缓慢转动。

3）其他单相反应器　除了上述几种单相反应器外，还有一些设计思路与构造形式都比较新颖的单相反应器，由于没有指明其适合消化的含固率（TS）的范围，故没有办法按照 TS 的含量来分类。

① 具有密度调节功能的厌氧消化装置。该装置由丹麦有机废物系统公司开发，设计为立式单相厌氧反应器形式，设计目的是防止新加入的物料进入反应器内部后，由于密度比已消化了的物料大而快速下沉导致短流或停留时间不够。该装置采用的调节物料密度方式如下：一种是通过预先膨胀来降低密度，即将 1 份物料和 1～10 份已消化物质混合，进入发酵腔前在膨胀管内生物预发酵 15min～3h；另一种是添加化学药剂在物料中生成膨胀。待调节后的物料密度等于预发酵出口处物料密度时，才可进入不带搅拌装置的发酵腔内。

② 改进的折流式厌氧消化装置。该装置由澳大利亚某公司开发。该反应器的设计采用的是内外槽组合的方式，消化物料首先在反应器内部第一反应室进行厌氧发酵，第一反应室内设置有气体搅拌装置，物料在气体搅拌装置的作用下形成剧烈扰动，下沉的淤泥则通过底部流至外部的第二反应室继续消化，完成后物料被导入内设厌氧滤器的第三反应室进行气液固三相分离。消化物料在反应器内外槽中沿曲折路径流动，这保证物料有足够的发酵时间，从而有效避免物料在反应器内部短流。

（2）多相厌氧消化反应器

多相（主要指双相）厌氧消化系统的特点是，水解酸化相和产甲烷相分别在不同的厌氧反应器中进行，它能根据厌氧消化不同的降解阶段分别优化相应的反应条件，使系统具有更强的生物稳定性，UASB 与固定膜等反应器能够实现固体停留时间和水力停留时间相分离，同时能保持大量的活性微生物量，因此产甲烷相反应器多采用这两种形式的反应器。目前 Biopercolat、Arrow Bio 与 Pacque 等工艺采用"水解酸化＋UASB"的反应器形式，而 BTA 工艺则采用"水解反应器＋固定膜反应器"，此外，anaerobic phased solids（APS）工艺采用了批式双相厌氧消化反应器。

总之，各地区结合区域的实际情况和条件，开发能长期稳定运行的餐厨垃圾厌氧发酵制沼气工艺，是未来餐厨垃圾厌氧发酵制沼气处理技术的主要途径之一。

8.2.4　沼气制备燃料电池技术

燃料电池是一种等温进行、直接将储存在燃料和氧化剂中的化学能高效（50%～70%）、无污染地转化为电能的发电装置。它的发电原理与化学电源一样，电极提供电子转移的场所，阳极催化燃料如氢的氧化过程，阴极催化氧化剂如氧等的还原过程；导电离子在将阴阳极分开的电解质内迁移，电子通过外电路做功并构成电的回路。但是燃料电池的工作方式又与常规的化学电源不同，而更类似于汽油、柴油发电机。它的燃料和氧化剂不是储存在电池内，而是储存在电池外的储罐中。当电池发电时，要连续不断地向电池内送入燃料和氧化剂，排出反应产物，同时也要排除一定的废热，以维护电池工作温度的恒定。燃料电池本身只决定输出功率的大小，其储存能量则由储存在储罐内的燃料与氧化剂的量决定。

燃料电池发展的历史是一个自动运行的发电厂。它的诞生、发展是以电化学、电催化、电极过程动力学、材料科学、化工过程和自动化等学科为基础的。回顾燃料电池发展的历史，1839 年格罗夫发表世界上第一篇关于燃料电池的报告至今已有 160 余年的历程。从技术上看，我们体会到新概念的产生、发展与完善是燃料电池发展的关键。如燃料电池以气体为氧化剂和燃料，但是气体在液体电解质中的溶解度很小，导致电池的工作电流密度极低。为此，科学家提出了多孔气体扩散电极和电化学反应三相界面的概念。正是多孔气体扩散电极的出现，才使燃料电池具备了走向实用化的必备条件。为稳定三相界面，开始采用双孔结构电极，进而出现向电极中加入具有憎水性能的材料，如聚四氟乙烯等，以制备黏合型憎水电极。对以固体电解质作隔膜的燃料电池，如质子交换膜燃料电池和固体氧化物燃料电池，为在电极内建立三相界面，则向电催化剂中混入离子交换树脂或固体氧化物电解质材料，以期实现电极的立体化。

与传统燃烧沼气获取能量资源相比，甲烷（CH_4）燃料电池就是用沼气（主要成分为 CH_4）作为燃料的电池，与氧化剂 O_2 反应生成 CO_2 和 H_2O，反应中得失电子就可产生电流从而发电。美国科学家设计出以甲烷等碳氢化合物作为燃料的新型电池，其成本大大低于以氢为燃料的传统燃料电池。燃料电池使用气体燃料和氧气直接反应产生电能，其效率高、污染低，是一种很有前途的能源利用方式。但传统燃料电池使用氢为燃料，而氢既不易制取又难以储存，导致燃料电池成本居高不下。科研人员曾尝试用便宜的烃类化合物作为燃料，但化学反应产生的残渣很容易积聚在镍制的电池正极上，导致断路。美国科学家使用铜和陶瓷的混合物制造电池正极，解决了残渣积聚问题。这种新电池能使用甲烷、乙烷、甲苯、丁烯、丁烷 5 种物质作为燃料。

甲烷燃料电池发电具有能量转化效率高、不污染环境及寿命长等优点。燃料电池将是 21 世纪最有竞争力的高效、清洁的发电方式，它将在洁净煤燃料电站、电动汽车、移动电源、不间断电源、潜艇及空间电源等方面有着广泛的应用前景和巨大的潜在市场。将沼气用于燃料电池发电，是有效利用沼气资源的一条重要途径，这对我国沼气利用技术的发展意义重大。

8.3 生物发酵制氢技术

氢气是一种清洁、高效的能源，且燃烧发热量高，有着广泛的工业用途，潜力巨大，制氢的研究逐渐成为人们关注的热点，但将其他物质转化为氢并不容易。传统的化学产氢法（电解水或热解石油、天然气）能耗大且生产成本高，而生物制氢（主要利用光合细菌产氢和发酵产氢）法反应条件温和、能耗低，因而受到关注。新兴的生物制氢法是利用某些微生物以有机物为基质产生氢气的一种制氢方法，由于该方法可以在降解有机物的同时产生氢气，来源丰富，价格低廉，将可再生资源利用、污染治理和制氢联合进行，被认为是最具潜力的氢能生产技术之一，因此已成为目前的研究热点。

8.3.1 生物制氢原理

生物制氢过程可分为厌氧光合制氢和厌氧发酵制氢两大类。其中，前者所利用的微生物为厌氧光合细菌及某些藻类，后者利用的则为厌氧化能异养菌。与光合制氢相比，发酵制氢过程具有微生物比产氢速率高、不受光照时间限制、可利用的有机物范围广、工艺简单等优点。因此在生物制氢方法中，厌氧发酵制氢法更具有发展潜力。生物发酵产氢的代谢途径主要有 3 条。

1）糖酵解（EMP）途径中的丙酮酸脱羧产氢　相关的发酵微生物一般含有与产氢密切相关的氢化酶和铁氧化还原蛋白。在丙酮酸脱羧过程中，产氢微生物将丙酮酸首先在丙酮酸脱氢酶作用下脱羧，形成硫胺素焦磷酸-酶的复合物，同时将电子转移给铁氧还蛋白，还原的铁氧还蛋白被铁氧还蛋白氢化酶重新氧化，产生分子氢。而丙酮酸脱羧之后形成了甲酸、二氧化碳、乙醇、乙酸等一系列末端产物。

2）在肠道杆菌存在的情况下，丙酮酸脱羧后形成的部分甲酸裂解，形成二氧化碳和氢气。

3）Tanisho 等对产气肠杆菌发酵产氢进行研究后，发现了发酵产氢的第 3 条主要途径，提出了辅酶Ⅰ的氧化与还原调节平衡产氢假设，进一步完善了微生物发酵产氢主要途径的机理研究。在该假设中认为，膜结合氢化酶具有 2 个活性位点，分别位于细胞膜的两侧，在细胞质的位点与 NADH 相互作用，而位于胞外周质的一侧位点与质子相互作用产生氢气。还原型辅酶Ⅰ（$NADH^+$）可以与一定比例的丙酸、丁酸、乙醇或者乳酸发酵相偶联，被氧化成氧化型辅酶Ⅰ（NAD^+），确保了代谢中辅酶Ⅰ还原型与氧化型的平衡，同时该过程使发酵产氢的最终产物成分种类与含量发生了变化，成为划分发酵类型的重要依据。

通过多年研究发现，发酵产氢的微生物主要有肠杆菌属（*Enterobacter*）、梭菌属（*Clostridium*）、埃希氏肠杆菌属（*Escherichia*）和杆菌属（*Bacillus*）四大类，其中有关前两类的研究与应用报道最多。Fang 等对混合菌种反应器中的微生物种群进行研究发现，肠杆菌属和梭菌属微生物是反应器中主要微生物种群。Gray 将产氢微生物按发酵产氢过程中氢的电子供体不同，将产氢微生物分为三大类，分别是：a. 通过丙酮酸或丙酮酸式二碳单位产氢的专性厌氧细菌类群，以梭菌属细菌最为典型；b. 以细胞色素为电子供体，通过甲酸产氢的兼性厌氧细菌类群；c. 介于前两类之间的过渡型，在无硫条件下产氢的脱硫弧菌属（*Desulfovibrio*）。

8.3.2　餐厨垃圾生物制氢技术发展

长期以来，氢气被认为是一种清洁能源，也是最理想的能源物质之一，用氢气替代普通化石燃料可以有效避免大气污染与温室效应等环境问题。然而，氢气制取缺乏经济高效的技术手段，至今未能突破工程应用的难题。发酵制氢技术是一种既能降解有机废水或废物，还能产出清洁能源的生物制氢工艺，具有巨大的发展潜力和工程应用前景，得到了越来越多科研工作者的重视。餐厨垃圾有机物含量极高，在去除动物骨头、餐巾纸、筷子等少量杂质之后，挥发性固体与总固体含量的比值（VS/TS）达到 90% 以上，十分容易被生物降解。此外，餐厨垃圾营养成分丰富，配比均衡，是十分理想的厌氧发酵底物。利用餐厨垃圾生物降解获取清洁能源的发酵制氢工艺，对我国固体废弃物污染控制及节能减排工作具有重要意义。

目前，产氢微生物的研究工作大致可以分为纯菌种的筛选与混合菌种的培养两类。从纯菌种的筛选研究现状来看，国外研究者们早期对可以从自然界直接获得的产氢菌种（以梭状芽孢杆菌和肠杆菌为主）进行了大量研究，希望通过筛选适合的产氢微生物，提高氢气产量与产生效率。Taguchi 等分离得到了一株产氢能力很高的菌种 *Clostridiumheijerincki* AM21B，产氢能力达到 $1.8 \sim 2.0 \text{mol H}_2/\text{mol}$ 葡萄糖。随后，他们又从白蚁体内分离出 *Clostridium* sp. No.2，该菌种对木糖和阿拉伯糖具有很高的降解产氢能力。该研究为发酵餐厨垃圾中最难降解的纤维素物质提供了很好的思路。Perego 等利用产气肠杆菌 *Eenterobacter aerogenes* NCIMB10102，以玉米淀粉的水解产物为底物，最大比产氢速度为 $10 \text{mmol H}_2/(\text{gVSS} \cdot \text{h})$。我国学者的研究虽然起步较晚，但近年来发展较快，任南琪等研究发现了新一类的发酵产氢细菌，通过 16S rDNA 碱基序列的测定，分析得到了 Rennanqilyf1、Rennanqilf3 和 B49 等菌种，并将这些微生物命名为 *Biohydrogenbacterium genus* sp.，极大丰富了产氢菌种。除了从自然界直接筛选高效产氢菌株以外，利用各菌种之间的协同作用提高产氢效率也引起了研究者的重视。不同菌种利用的最佳底物也往往各不相同，因此不同菌种混合培养可以提高如餐厨垃圾这样的复杂有机物的产氢效率，这一点在众多的研究中得到了证实。Kim 等在实验室的血清瓶试验中，将餐厨垃圾与污泥（以梭菌属为主）混合，产氢率达到 $5.5 \text{mmol H}_2/\text{gCOD}$；Han 与 Shin 同样利用污泥与餐厨垃圾混合在厌氧滤床中发酵，使餐厨垃圾发酵效率达到 58%。

餐厨垃圾成分复杂，含有较高的有机质，N、P、K 及大量的微量元素，是较好的产氢原料。Lay 等研究脂肪类（鸡皮和肥肉）、淀粉多糖类（土豆和米饭）、蛋白质类（瘦肉和鸡蛋）等不同组成成分的餐厨垃圾，在相同的条件下进行产氢发酵，结果显示，脂肪类、蛋白质类餐厨垃圾产氢能力仅是淀粉类垃圾产氢能力的 1/20。

一个稳定的发酵产氢体系内，各种生物代谢反应之间保持着一定的动态平衡，而这些平衡易受外部因素及运行条件的影响，使其发生偏移，甚至遭到破坏。这些影响因素既涉及了生物因素，又包括反应系统的操作参数，如 pH 值、温度、有机负荷、氢分压、水力停留时间（HRT）、生物固体停留时间（SRT）等。在厌氧发酵的整个过程中，这些因素均应受到重点关注，并采取合理的手段保证其在合适的范围内，使反应体系在稳定运行的前提下有利于制氢。

餐厨垃圾发酵产氢的研究目的在于提高餐厨垃圾发酵产氢产气效率、产气速度以及产气中氢气浓度，并逐步向工程应用迈进。随着其他相关学科的发展，餐厨垃圾发酵产氢系统可以采取更加直接有效的技术以提高产氢效率。主要有以下几个方面。

1）利用分子生物学的手段对产氢菌种或酶进行改造 现代分子生物学的发展已经可以操作电子呼吸链，因此通过基因工程手段改变电子呼吸链，从而大大提高产氢效率。

2）餐厨垃圾高效发酵产氢反应器的研制 发酵产氢离不开反应器，反应器直接影响着产氢效果。通过结构和功能的改变，研制新型高效发酵产氢反应器，提高餐厨垃圾厌氧发酵产氢过程中的传热、传质过程与降低产物抑制等，是未来餐厨垃圾发酵产氢工程化的主要研究课题。

3）餐厨垃圾产氢过程的动力学模拟研究与优化控制 餐厨垃圾发酵体系影响因素众多，工程中的优化控制难以实现。通过动力学模型的模拟为工程控制提供参考数据具有十分重要的意义。

现代生物技术的突飞猛进必将带动生物制氢技术的突破。我们有理由相信,具有清洁、高效、可再生等突出特点的氢气作为新能源在不远的将来取代石油能源进入我们的日常生活。产氢重要途径的生物制氢产业化进程也必将备受世人关注。该技术的推广应用必将带来显著的经济效益、环境效应和社会效应。就产氢的原料而言,从长远来看,利用廉价的有机基质产氢是解决能源危机、实现废物利用、改善环境的有效手段,是制氢工业新的发展方向。

8.4 餐厨垃圾制备有机肥新技术

8.4.1 生物有机肥新技术原理

餐厨垃圾转化生物有机肥是在传统堆肥技术的基础上,对生物转化设备、菌种、工艺进行升级,发展出的一些新型餐厨垃圾制备生物有机肥方法,主要的技术及设备如下所列。

8.4.1.1 采用高温好氧生物发酵技术

该工艺区别于传统常温下堆肥,采用高温嗜热微生物[1],利用辅助加热设备进行好氧发酵,温度高、发酵速度快,对餐厨垃圾等有机垃圾具有较好的处理效果。原理是在好氧高热条件下,利用好氧嗜热菌的作用,将餐厨垃圾中有机物分解,并彻底杀灭传染病菌、寄生虫卵和病毒,转化餐厨有机废弃物为腐殖酸肥分,产生的肥料可以用于园艺和农业用地,是一种无害化、减容化、稳定化的综合处理技术。将餐厨垃圾经过高温嗜热菌发酵成有机肥,既能减轻城市污染做到废物循环利用,施入农田还能培肥地力、提高农产品质量等,可谓一举多得。用有益微生物将餐厨垃圾发酵成有机肥就是一个很好的选择。嗜热的微生物肥料发酵剂属于改良的天然复合发酵菌剂,同时吸收国际高端微生物工程技术与工艺流程之精华,经高科技筛选提纯复壮等工艺流程精工研制而成,是由细菌、丝状菌、酵母菌、放线菌等多种天然有益微生物组成的复合菌群,具有极强的好氧性发酵分解能力,发酵功能强大,是符合国家环保和绿色食品生产资料要求的生产有机肥的专用微生物发酵菌剂。上海浦东新区有机垃圾综合处理厂生产好氧堆肥,处理量达 100t/d。中国台湾阜利生物科技公司与合肥市合作,将来自台湾的专利技术转化为生产力,采用微生物高温好氧发酵技术处理工艺,餐厨垃圾变成液态或固态有机肥。北京市高安屯餐厨垃圾资源化处理厂,是目前我国最大的餐厨垃圾处理厂,日处理能力为 400t,餐厨垃圾被倒入发酵罐,再喷上益生菌,餐厨垃圾经生物高温十几个小时好氧发酵,变成了肉松状、无异味的生物有机肥,制成腐殖酸肥料。

随着人们饮食方式和习惯的改变,我国餐饮行业迎来了巨大发展,而集中处置大量的餐厨垃圾成了一个亟待解决的难题。经过研究,发现餐厨垃圾的厌氧消化和好氧发酵是较为可靠安全的处理方式。厌氧消化条件复杂,对工艺设计、设备运行、实际操作都有非常高的要求,而好氧发酵工艺却可以安全地通过微生物的作用将餐厨垃圾转化为用于绿化甚至是农业生产的高效肥料。好氧工艺主要通过强化各类微生物对餐厨垃圾中有机物的降解作用实现餐厨垃圾的减量化及稳定化。因此,通过改善微生物的生存条件和生存环境,就可以达到提高好氧制备有机肥效率的目的。现阶段，研究影响微生物生存状态的条件主要方向是在提高微生物种群数量及类型，改善通风条件，调整辅料情况等方面。

（1）嗜热微生物的作用

传统堆肥法一般都是利用物料中的土著微生物来降解有机污染物，但存在发酵时间长、产生臭味且肥效低等问题。而通过嗜热菌剂接种可提高堆肥微生物数量，加速堆肥反应进程。通过接种细菌使生产时间缩短1～3d。许多学者已致力于研究好氧发酵不同阶段起关键作用的微生物，并在自然界进行优质高效菌群的筛选和接种技术的探讨。通过电镜扫描结果表明，接种细菌比不接种细菌的处理角蛋白降解更完全，生物被膜形成的更早。进行菌剂接种的堆料能迅速通过常温阶段，节省堆肥过程的起步时间。石春芝等和蒲一涛等在生活垃圾中接种固氮菌，堆肥的含氮量有一定提高，保证了腐熟后肥料的质量。沈根祥等报道了 Hsp 菌剂能迅速提高牛粪堆肥的发酵温度，有效杀灭粪中所含的杂草种子和虫卵病菌，具有快速堆肥腐熟和无害化的功效。某些特殊微生物分泌的生物酶还可以有效降低 NH_3 的排放，除臭效果明显。天津德汇利丰生物科技有限公司进行的研发试验充分证实了微生物分泌的酶制剂对有机肥生产过程中降解恶臭物质具有非常积极作用。试验在餐厨垃圾转化有机肥初始阶段、中期阶段喷洒来源于近 20 种不同微生物分泌的酶液。试验设计采用餐厨垃圾、餐厨和杂草混合有机物料，按不同比例混合成的 6 个封闭试验堆体。经过为期 30d 的数据收集和分析工作证明，喷洒酶液的堆体 NH_3 和恶臭物质排放量、排放浓度均明显低于对照组堆体。

（2）通风条件

传统堆肥工艺主要靠翻堆，自然供氧，但在高温嗜热菌堆肥过程中，氧气是影响堆肥进程的关键因素，是判断堆肥阶段的重要参数。氧气的供给影响到堆肥过程中微生物活动、温度控制、臭气产生、堆肥速度和质量等诸多方面。堆体氧气状况直接影响堆肥微生物的活性，从而影响碳的转化形式。强制通风[2]是改善高温嗜热菌好氧堆肥氧气状况的重要措施。通风量过低，堆体易出现厌氧区域，增加 CH_4 产生量；通风量过高会缩短 CH_4 的氧化时间，增加 CH_4 排放量。通风条件也会影响堆肥的质量。堆肥的稳定性是衡量堆肥质量的重要参数。不稳定的堆肥产品会抑制植物的生长和发芽，并带入有害物质与各种病原菌，导致植物患病。

（3）辅料的应用

传统堆肥常见的堆肥辅料主要有各类秸秆、木屑或一些植物类产品加工企业的下脚料等。高温嗜热菌堆肥可以选用结构稳固，具有较高的含碳量材料作为辅料。但结合堆肥成本和实际应用条件，一般在充分考虑以下因素的前提下，选用缺少进一步使用价值的农作物秸秆或植物类产品加工的下脚料。辅料的含碳量和纤维结构的不同，会使堆体在高温阶段停留时长不同。适当的高温时长可以杀死病原微生物，保证堆肥质量，但温度过高会导致氮素的流失。堆体的 C/N 是好氧微生物能够正常完成自身新陈代谢和分解有机物的一个重要指标。通过选择合适的辅料来调整堆体的 C/N，维持适当的高温阶段时长，可以减少总氮损失，提高堆肥效率和质量。植物秸秆辅料中含有大量的纤维素，它由 β-1,4 键的葡萄糖单元所组成，通常与半纤维素和木质素连接在一起，其非均质基团为各种己糖、戊糖、糖醛酸聚体，它们在物料中常与一些更难分解的物质相结合，分解难度大。有研究表明，在堆肥过程中，可以进行纤维素分解的菌群有中温好氧纤维素分解菌、高温好氧纤维素分解菌和高温厌氧纤维素分解菌。其中，中温好氧纤维素分解菌的数量在前 3 天上升，随后很快下降；高温好氧纤维素分解菌在前 6 天数量上升，随后开始下降，第 15 天达到最低值；高温厌氧纤维素分解菌在整个过程中数量不断增加。这说明在辅料的处理过程中，投入适当的纤维素分解菌群对辅料进行预处理，会很大程度上提高堆肥效果和质量。

8.4.1.2　厌氧发酵沼渣堆肥[3]

厌氧堆肥是在无氧条件下，借厌氧微生物（主要是厌氧菌）的作用来分解污泥中有机物，主要经历了酸性发酵和碱性发酵 2 个阶段。酸性发酵经历水解和酸化 2 个过程。在酸化过程中，酸化菌、产氢产酸菌将水解产生的小分子物质进一步转化为乙酸等挥发性脂肪酸，以及醇类、氨、二氧化碳、硫化物、氢、磷化氢和能量，并形成新的细胞物质。在分解初期，有机酸大量积累，pH 值逐渐下降。碱性发酵阶段则由甲烷菌等微生物开始分解有机物和醇，产物主要是甲烷和二氧化碳。随着甲烷菌的繁殖，有机酸迅速分解，pH 值迅速上升，这一阶段的分解叫碱性发酵阶段。

餐厨垃圾厌氧发酵处理技术是利用厌氧微生物将有机物向稳定的腐殖质转化的微生物反应过程。将有机物在特定的厌氧环境下，利用厌氧微生物将一部分碳素物质发酵水解成乙酸，再转化为甲烷和二氧化碳、甲烷作燃料（这一点已经在本书第 4 章讲述过了，本章不再赘述），残渣内含丰富的氮、磷、钾等营养元素，可作有机肥料。餐厨垃圾厌氧堆肥技术主要包括分选、破碎等预处理过程，以及厌氧发酵、沼气利用和残渣制肥等环节。餐厨垃圾厌氧发酵堆肥过程中碳、氮、磷都进行了生物转化。餐厨垃圾中碳素物质主要用于微生物活动的能源和碳源。有机物分解产生的能量一部分作为微生物活动、生长的能量，另一部分作为利用碳、氮、磷等元素合成新的细菌体能量来源。其分解的途径和路线如下：碳素化合物→单糖→有机酸→二氧化碳、甲烷、微生物多糖及能量。有机物先通过发酵细菌生物转化生成大量的小分子有机酸，这些有机酸一部分被甲烷菌转化为二氧化碳、甲烷，另一部分形成腐殖酸物质。腐殖酸物质主要是由胡敏酸和富里酸组成的。在堆肥过程中，微生物首先利用易降解的有机物和简单有机物进行新陈代谢和矿化。这些易被降解的有机物主要是可溶糖、一些有机酸和淀粉等。其次开始分泌特殊的水解酶水解较难降解的有机物，反应主要发生在这些物质的表面并且受其溶解速度的影响，通常比较缓慢。有机物分解产生的能量，一部分作为微生物活动、生长的能量，另一部分作为利用碳、氮、磷等元素合成新的细菌体的能量来源。在堆肥最初阶段，酸化菌繁殖较快，其产生的有机酸较多，使 pH 值下降，同时含氮有机物所产生的氨使 pH 值回升，并稳定在较高的水平。氮是微生物原生质的主要物质。污泥中氮元素主要以有机氮（如蛋白质、尿素、胺类物质等）为主，还可能以氨氮、亚硝酸盐、硝酸盐等无机物质的形式存在。堆肥过程中，氮转化主要是微生物利用过程的结果，并决定最终堆肥产品的腐熟度。氮转化主要包括氮的固定与释放。氮的固定主要是氨氮作为微生物合成的氮源；氮的释放指的是有机物在微生物的作用下生成氨氮。从蛋白质的厌氧分解过程来看，氨基酸可以通过氨化细菌的氨化作用，使氨基脱下，生成氨氮。由有机氨转化的氨氮，不仅可作为微生物新细胞合成必要物质氮源的供体，而且具有缓冲作用。在堆肥初期，氨化细菌呈现增加趋势。反硝化指的是污泥中硝酸盐在缺氧条件下，可在反硝化细菌作用下还原成亚硝酸，再转化为氮气的过程。反硝化细菌种类很多，多数为异养并兼性的。它们在缺氧情况（DO<0.3~0.5mg/L）下利用 NH_3-NH_2 的氧，氧化有机物，借以获得能量。堆肥污泥中有机氮主要分布在不同的微生物群落和腐殖质中。微生物细胞富集无机态氮，并参与微生物的新陈代谢过程，同时合成腐殖质。餐厨垃圾中的磷以各种磷酸盐的形式存在，它们分为无机磷（正磷酸盐、缩合磷酸盐等）和有机结合的磷酸盐。磷是生物必需的元素之一，在生物氧化过程中伴随生成的 ATP 以及 ATP 转化成的 ADP 中都含有磷。在无氧条件下，一部分磷酸盐可被微生物作用而还原，类似于反硝化过程：$H_3PO_4 \rightarrow H_3PO_3 \rightarrow H_3PO_2 \rightarrow PH_3$。一方面，堆肥过程中，随着有机物的分解会产生小分子有机酸，并在腐熟过程中形成腐殖酸物质，而这些新形成的腐殖酸具有较强的络合能力，活性较强。大量研究表明腐殖酸和小分子有机酸对无机磷只有强活化作用，能明显抑制土壤对水溶性磷酸盐的固定作用，减少其向难溶磷方向的转化，而且对难溶磷酸盐也具有较强的溶解能力。另外，腐殖酸还可通过金属离子（Fe^{3+}、Al^{3+} 等）架桥与磷酸盐形成三元复合体，这种复合体（腐殖酸-金属-磷）与 KH_2PO_4 中的磷一样可被植物吸收。这种络合作用大大活化土壤中潜在的磷，防止土壤对磷的固定，又易被植物所吸收，从而提高污泥施肥的效果。另一方面，难被植物吸收利用的有机磷酸盐，可以随着有机物的分解转变为植物较易吸收的有机磷形态。另外，污泥中无机磷有较大部分也被转化为有机磷，提高磷的利用率。从两方面看，经过堆肥后，不仅污泥中磷在土壤中具有较高的移动性和生物有效性，而且污泥可活化土壤中磷，增加植物对磷的有效利用，从而起到提高磷的利用率和减少磷的固定作用。例如重庆黑石子餐厨垃圾处理厂，日处理餐厨垃圾 500t，内蒙古鄂尔多斯市传祥生活垃圾处理厂日处理生活垃圾 400t（其中餐厨垃圾 60t），均是采用厌氧发酵工艺生产沼气，同时沼渣再经简单处理成为良好的有机肥。厌氧发酵制备有机肥的过程具有很强的杀毒作用，刘刚、毕相东等在研究蓝藻厌氧发酵过程中发现，厌氧发酵可以有效去除藻毒素。也有研究表明，在污泥厌氧发酵过程中，微生物类群的数量变化与毒性有机物的含量呈正相关关系。通过微生物的生物作用，使最终产品中的毒性降低。

8.4.1.3　箱式餐厨垃圾堆肥处理机

此设备是利用生物降解法好氧发酵工艺分解餐厨垃圾的一种机械设备。能够快速、及时、高效地将餐厨垃圾降解成有机肥，通常采用好氧发酵工作原理，利用特殊菌种通过加热、机械搅拌和强制通风等手段，反应器内设有加热搅拌以及抽气装置，使餐厨垃圾分解。一部分有机物在微生物作用下分解为二氧化碳和水蒸气，经抽气装置排出，剩余的有机物烘干后制成肉松状的有机肥料。目前，国内由国外引进或自行研制生产这种设备，宜兴国豪公司生产的垃圾处理机引进日本 BIO-TECH21 微生物菌群，采用好氧工作原理，通过加热、机械搅拌和强制通风等手段，在 60~80℃的高温下，经过 24~48h 的快速发酵和干燥、脱水、除臭、排毒，有效降解餐厨垃圾中的盐分、脂肪，将动植物蛋白转化为菌体蛋白，作为园林、花卉的高效有机肥料。

8.4.2　生物有机肥新技术制备存在的问题

餐厨垃圾通过有益微生物转化，获得稳定、有效的生物堆肥产品，可作为土壤改良剂施于农田、果园等地，能有效增加贫瘠土壤的有机质含量，长期保持土壤肥力，提高农作物的产量。实现有机质的循环利用，通过对不同来源有机废弃物的有机组分进行好氧或厌氧微生物转化处理，还可以去除其中的有害成分，提供稳定有效的生物有机肥物料。此外，采用生物转化方法可有效实现餐厨废弃物减量化，通常好氧的处理工艺可以实现餐厨垃圾减容50%~70%，而厌氧生物转化餐厨垃圾的过程中还可以制备生物燃气。因此，生物转化是实现餐厨废弃物减量化和资源化的一种有效途径。但新型的餐厨垃圾制备生物有机肥工艺和使用过程中仍然存在一些不足，主要有以下几个方面。

（1）社会认知水平不高，生物肥料应用的宣传与普及工作不到位

尽管科研机构、农业部门和企业已经认识到生物肥料的市场价值和潜力，但受生物肥料特性、技术培训不够等众多因素的影响，用户对生物肥料的认识尚未到位。据资料显示，目前中国化肥用量（实物量）约 $1.3×10^9$ t，生物肥料用量仅为 $1×10^7$ t 左右。市场占有率低，只占化肥用量的 7% 左右，所占比例很小，短期内投入产出比不高。据用户反馈，由于目前国内生物肥料尚不能很好地在短期内实现高产，成本高，而化肥可以实现短期的高投入产出比，因此使用生物肥料的积极性不高。而且近年来随着登记产品数量增加，少数企业在宣传上夸大或者误导使用效果，使用不正当经营手段，给农民造成损失，降低了生物肥料的声誉。

（2）产品质量有待提高

餐厨垃圾制备的生物肥料，产品稳定性不高。

① 质量稳定性较差，未经分类的餐厨废弃物中含有较多不易分解的杂质，不仅难以获得质量较高的生物肥产品，同时大量有害物质还会随着生物肥产品进入土壤，造成二次污染，不同批次和时间的生物肥料产品稳定性不一致，保质期内的菌种变化情况无法直观预测，影响使用效果。

② 应用效果稳定性差。生物肥料作为一种活菌制剂，产品的作用效果受施用方法、地域、气候、作物种类等方面的限制，餐厨垃圾中的含盐量较高，盐分随堆肥产品进入土壤，容易引起土壤盐碱化；产品的作用效果不是非常稳定，这也影响了生物肥料产品的进一步推广和应用。

③ 菌种和产品单一化、重复化，菌株和菌系同质化、产品组合相对单一。业内人士表示，多数企业所用的菌种来源相同，产品中的菌种针对性不强，市场上菌种类型单一，菌种产权保护力度不够。生物肥料具有不同地区的生态适应性，因此必须深入研究其施用的土壤条件、作物类型、耕作方式、施用方法、施用量以及与之相应的化肥施用状况等，有针对性地筛选功能菌种，这样才能保证生物肥料施用的有效性。

④ 部分生物肥料生产企业规模小，设备不配套、生产工艺不合理等问题突出，并且餐厨垃圾的含水率较高，导致供氧量不足，致使厌氧环境中微生物代谢不完全，因此需添加额外的填充剂，导致生物肥生产成本高，市场价格高。

⑤ 生物有机肥制备过程中产生的污水和恶臭会对环境造成严重的污染，而且餐厨垃圾中富含的大量油脂会抑制微生物的生长、繁殖以及有机物的降解速度和程度，因而会制约餐厨垃圾生物堆肥的处理效果。

（3）产品使用技术有待完善

生物肥料作为特殊功能的肥料产品，对气候环境、土壤类型、施用方法有一定的要

求。需要深入了解生物肥料产品的特点、功能和作用，针对不同的区域、作物等设计科学合理的施用方法。各项农业生产技术与生物肥料配合使用，实现技术整合，发挥综合效果。但目前，大部分生物肥料使用方法简单，尚未建立与其他施肥技术、土壤改良技术、农业生产模式等相应配套的使用技术规程，没有充分发挥协同功效。同时，缺乏对生物肥料产品使用效果实用有效的评价方法和体系。这些需要进一步加强研究，为生物肥料的推广应用提供完善的技术支撑。

虽然餐厨垃圾制备生物有机肥技术存在很多不足之处，但随着生物学研究的深入以及机械自动化设备的研究开发，生物堆肥技术的工艺控制由传统的粗放型向精准型转变，也使以餐厨垃圾为原料，利用生物堆肥工艺制备高品质生物肥料成为可能，生产制造的有机肥料也更具商业价值。

8.4.3　生物有机肥的发展趋势

近年来，化肥在农业的过量使用经由媒体网络的广泛传布，已经被公众所关注，并且引起有关部门的重视。农业部、环境保护部新近出台一系列的标准及技术导则，为引领新型农业发展起到一个规范的作用，也是奠定未来土壤环境修复事业良好发展的基础。生物肥料无毒无害，不污染环境，通过特定微生物的生命活动，增加植物的营养或产生植物生长激素，促进植物生长。它符合农业部、环保部发展保护性农业的宗旨，在满足日益增长的粮食需求的同时，最小化农业对生态的影响，从而实现经济、生态、社会意义上的农业可持续生产。目前，根据生物肥料对改善植物营养元素的不同，生物有机肥主要向 5 个类别发展。

1）根瘤菌肥料[4]　能把豆科植物根上形成根瘤，可同化空气中的氮气，改善豆科植物的氮素营养，有花生、大豆、绿豆等根瘤菌剂。

2）固氮菌肥料　能在土壤中和很多作物根际固定空气中的氮气，为植物提供氮素营养；又能分泌激素刺激植物生长，有自生固氮菌，联合固氮菌等。

3）磷细菌肥料　能把土壤中难溶性磷转化为作物可以利用的有效磷，改善作物磷素营养，有磷细菌、解磷真菌、菌根菌等。

4）硅酸盐细菌肥料[5]　能对土壤中云母、长石等含钾的铝硅酸盐及磷灰石进行分解，释放出钾、磷与其他灰分元素，改善作物的营养条件，有硅酸盐细菌、其他解钾微生物等。

5）复合菌肥料　含有两种以上的有益微生物（固氮菌、磷细菌、硅酸盐细菌）和其他一些细菌，它们之间互不拮抗，并能提高作物一种或几种营养元素的供应水平，且含有生理活性物质。

施用生物肥料，就是通过人工接种方法，把生物肥料中大量有益微生物加入到农作物根际和土壤中。通过它们的活动来提高土壤肥力，刺激作物生长和抑制有害微生物的活动。因此，生物肥料中有效活菌的数量是微生物肥料质量的重要标准之一，必须符合农业部质量标准。目前在我国商业化的生物肥料种类繁多，效果各异，如肥力高、EM 菌、菌根等，可作基肥、追肥或拌种。由于微生物肥料对施用技术、环境条件要求很严格，故使用时应严格按使用说明的要求操作，否则效果很不稳定。从保护生态环境，发展无公害农业的长远观点出发，生物肥料对减少有害物质含量，改善农作物品质均有明显效果。因此，研制和应用生物肥料前景广阔，要积极推广应用。

为了提高生物肥料的利用率，减轻环境污染提高作物产量，促进现代生态农业的发展。各地区可以从以下 6 个方面着手培训农业从业人员。

① 全面了解生物肥料的基本资料，如生产日期、保质期、施用量、施用方法等。如果不是现买现用，则要按照说明进行储存，注意避光、通风和干燥。

② 了解生物肥料中微生物的主要作用，适用作物等。如根瘤菌肥料适用于豆科作物，作为结瘤、固氮的接种剂；磷细菌肥料可把土壤中难溶性磷转化为有效磷和无机磷等。

③ 掌握施用时间和施用技术。可以用"早、近、匀"3 字来概括，即施用时间要赶早，一般作为基肥、种肥和苗肥来施用；施肥时与作物根系的距离要近；种子和苗肥需拌匀。

④ 与其他专用肥同时施用，以提高肥料效果。

⑤ 施肥后立刻覆土，以免被太阳直射，其中的微生物被杀死，降低其利用率。

⑥ 不宜与化肥、杀菌剂类农药混用，这样会抑制生物肥料中的微生物生长，甚至杀死微生物，从而影响肥效。

8.5 餐厨垃圾饲料化技术

餐厨废弃物用作畜禽饲料在我国有着久远的历史，由于其营养物质种类多、含量高，在种植业不发达、粮食供需经常出现缺口的年代，曾为畜牧业的发展做出过重要贡献，特别是对于我国早期的养猪业发展，是以庭院养殖为基础的。传统农家小院，可以养两头猪，剩菜剩饭来喂猪，院子邻近农田，猪粪就近还田用作肥料，形成一个微型循环圈。20 世纪 90 年代，我国生猪出栏总量中来自农户庭院养殖的占到 94.6%，专业化养殖户和商业化养殖场的出栏量只占 5.4%。在庭院养殖方式中，猪的饲料来源多样、饲料配方多样。其中，工业化配合饲料的使用规模非常有限，而餐厨废弃物（俗称泔水）以及食品厂下脚料的使用非常普遍，需要特别指出的是，利用泔水养猪养殖成本低廉，能有效促进农民增收，因而在一段时期内深受养殖农户欢迎。泔水养猪还曾作为城郊畜牧业重要发展模式加以推广，并帮助部分城郊养猪农户实现发家致富目标。但是，由于餐厨废弃物的来源日趋复杂，餐厨废物所含成分也来越来越复杂，富含有机质、水分的餐厨垃圾极易为各种病原微生物及各种携带病原微生物的蝇虫提供适宜的繁殖环境。由于回收的餐厨垃圾一般都未经高温等无害化处理，直接饲喂，在很大程度上增加了猪的患病风险。有关资料表明，用餐厨垃圾喂养的猪发病率比正常饲养的猪高 30%～50%。据某疾病控制中心分析检测，发现餐饮泔水中含有沙门氏菌、金黄色葡萄球菌、结核杆菌等病菌，饲喂了这样泔水的泔水猪对动物性食品造成安全隐患，很可能引起人畜共患病的发生，所以泔水养猪已经被政府明令禁止。那么，如何合理正确处置和有效利用餐厨废弃物，是否需要将其饲料化，以及能否将其无害的饲料化，就成为当前政府以及研究所等面临的重要课题[6]。

随着我国养殖业的发展，饲料资源尤其是蛋白饲料原料短缺，是我国饲料行业面临的一个严峻问题。以往的蛋白饲料原料主要有植物蛋白质资源和动物蛋白质资源两种，植物蛋白质资源包括大豆饼粕、棉籽饼粕、菜籽饼粕、花生饼粕、玉米蛋白粉等；动物蛋白质资源包括鱼粉、肉骨粉、血粉、羽毛粉等；另外还有一种 20 世纪 60 年代兴起的单细胞蛋白饲料，目前用的较为广泛的就是淀粉工业废液，以及造纸厂工业水解液作底物液态发酵生产出的菌体蛋白，以及糟渣等工业副产品作底物发酵出的菌体蛋白，这种单细胞生物体营养丰富，富含必需氨基酸，蛋白质含量可达 40％～80％，生物效价高，相当于酪蛋白的 70％。单细胞蛋白除了营养丰富外，还具有一些开发生产上的优势：生产速度快、周期短、效率高、功能性高，除了能够提供动物必要的蛋白质营养物、丰富的维生素、胞外酶，还能够提高动物群体的抵抗力，促进动物生长发育。由于是工业化生产，其生产过程容易控制，不易受外界条件影响，可以大规模连续生产，产率高，原料来源广泛。除了上面提到的淀粉工业废液以及造纸厂工业水解液外，废酒精、啤酒糟、废糖蜜、果皮渣、豆腐渣、农产品生产废弃的秸秆等，均可以作为单细胞蛋白生产的原料。而餐厨垃圾因富含各种营养成分，采用饲料化处置，可以充分利用其中的营养成分。餐厨垃圾饲料化技术主要有 3 种形式：a. 直接作为动物饲料，由于环境安全不达标，国外大多数国家明令禁止该方式；b. 经过适当预处理后，制备动物饲料，国内外均有较多的研究；c. 饲养蚯蚓，制备蛋白饲料，是目前经济效益最高的处置方式。

日本首推餐厨垃圾饲料化，专门出台了《食品废弃物循环再生法》，规定餐厨垃圾食品废物做饲料的标准，首先不能变质，其次不能混进有害的物质，接下来是如何保证卫生安全问题。国外这些技术在我们国家都要辩证引进。国内和国外相比，垃圾组成、政策导向和经济发展状况都有一定的区别，所以技术路线也有一定的区别。

8.5.1　餐厨垃圾湿热处理制备饲料技术

餐厨垃圾因其含水率高、营养成分含量高、极易腐败变质，需要进行单独处理和处置。湿热工艺是一种新型有效的餐厨垃圾资源化处理方法，它是在含水环境中对餐厨垃圾进行有控制的加热，改善垃圾结构和性能的物理化学过程，与其他方法相比，在实现资源化的同时，它更容易实现消毒灭菌。20 世纪末，日本和新加坡公司提出有机垃圾加热实现饲料化，我国清华紫光集团曾利用湿热工艺处理粪便，这些是湿热工艺的雏形。湿热处理是在含水环境中通过热水解反应处理餐厨垃圾，使其结构和性能发生物理化学变化，促进固体脂肪溶出的方法。反应完成后，上层为油相，下层为固相。固相可通过过滤后处理，最终可制成饲料或肥料，而上层油脂也可进一步回收利用。与其他方法相比，它不仅实现了资源化，而且更容易实现消毒灭菌。如图 8-1 所示。

北京工商大学任连海教授对餐厨垃圾湿热处理的影响因素温度、加热时间、加水率等进行了研究，分析了各因素对湿热产物的影响机理[7]。结果表明，各因素对处理产物还原糖含量、有机质含量的影响显著性从高到低的顺序为温度、加热时间、加水率；对总能影响较显著的因素为加水率；最适宜的工艺条件为温度 120℃，加热时间 80min，加水率 50％；随着温度的上升和加热时间的延长，产物 pH 值呈大致下降趋势，可溶性有机物和还原糖含量明显升高，有机质含量、总能变化不显著，产物脱水性能有所改善，说明湿热处理对餐厨垃圾的营养结构和脱水性能具有较大影响，为构建系统的餐厨垃圾湿热工艺提供技术依据。

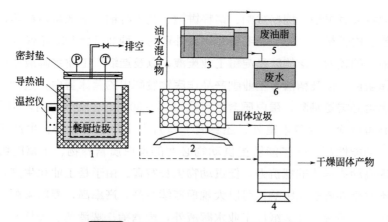

图 8-1 餐厨垃圾湿热处理实验流程简图

1—湿热处理装置；2—离心脱水机；3—油水分离器；4—干燥装置；5—储油罐；6—储水槽

8.5.2 餐厨垃圾高温干化灭菌制备饲料技术

高温干化灭菌技术是将餐厨垃圾经过分拣、破碎、脱水、脱油、脱盐等预处理后进行烘干，制备饲料原料，在干燥的同时可实现灭菌。烘干温度一般为 100～110℃，可得到含水率＜10％的饲料。基本的工艺流程如图 8-2 所示。

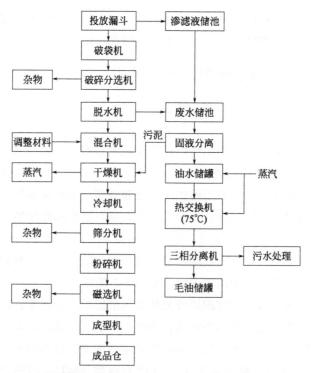

图 8-2 高温干化灭菌技术基本工艺流程图

进入投放漏斗的餐厨垃圾经过布满 ϕ10mm 左右孔径滤板过滤，降低含水率；破碎机破碎餐厨垃圾中的塑料袋，剔除石头、金属等异物；脱水机将餐厨垃圾挤压脱水至含水率 73％左右，脱除的高油脂废水进入油水分离系统，提取油脂；餐厨垃圾与调整原料（花生壳、稻壳等）按比例混合，达到合适的 C/N；启动干燥机进行干燥，使混合物料含水率降值 10%以下。

该方法优点在于工艺步骤少，所需设备简单；但缺点在于畜禽难以吸收该法制得的蛋白大分子，动物体的消化效率会受到严重的影响，物料比及饲料转化率也会被限制，另外该种饲料的适口性较差。罗宁等利用机械粉碎技术和微波干燥灭菌技术，对餐厨垃圾进行预处理、油相分离、固液分离、微波干燥灭菌、粉碎等，最终制成动物饲料，不仅工艺简单，而且便于操作。干燥法制饲料的技术核心是高温干燥灭菌过程，不同企业及加热工艺的加热温度和持续时间不同。干燥法处理过程主要采用物理方法，并未改变餐厨垃圾中牛、羊等动物物质的种属，高温也并不能保证杀死所有病原体。因此，其产品作为饲料使用时存在同源性安全隐患。由于脱水后的餐厨垃圾导热性能较差，传热速度慢，直接干燥容易造成受热不均，加剧碳水化合物焦糖化等非酶型褐变反应，而且物料与氧气直接接触，加快了油脂氧化酸败的速度。此外，由于微生物的抗热性随水分的减少而增强，因此干热消毒所需的温度和时间偏高，对营养物质特别对维生素等热敏性物质破坏显著。干热处理不能从根本上改善物料的脱油性能，需要单独配备脱脂设备去除油脂，提高了生产成本，而且也无法解决餐厨垃圾含盐量过高的问题。

另外，该技术由于不能完全消除废物中的病原菌及其他残存的微生物，存在一定的安全隐患。而餐厨垃圾中存在许多微量的有毒有害物质，当将预处理的餐厨垃圾作为动物饲料时，会以很短的周期和途径再次进入食物链，对动物和人类的健康安全带来安全隐患。

8.5.3 餐厨垃圾发酵及低等生物养殖制备蛋白饲料技术

餐厨垃圾发酵制蛋白饲料技术是利用微生物发酵餐厨垃圾中的有机物，使其转化为高蛋白含量的产物以制成蛋白饲料。与高温干燥工艺相比，微生物发酵生产餐厨废弃物蛋白饲料的加工工艺更为先进，两者之间最主要的区别在于：微生物发酵法在对物料进行干燥粉碎之前，先接种特定的微生物，通过微生物的厌氧发酵作用，起到杀灭有害微生物、产生有益微生物、浓缩物料蛋白类营养成分的作用，餐厨废弃物经过除杂处理后，与其他辅料混合匀浆后灭菌再接种特定微生物进行发酵，发酵后再进行干燥处理，粉碎打包。

餐厨垃圾利用益生菌进行发酵，使其中不利于动物体吸收的蛋白及无机氮源转化为菌体蛋白或肽类物质，从而促进动物体的消化吸收。微生物发酵法与高温灭菌干燥法的不同点就在于：在餐厨垃圾经过分选、油脂分离、固液分离、灭菌后，向其中添加了一定接种量的发酵菌种，这些菌种利用餐厨垃圾的有机质及无机营养成分进行大量繁殖，形成生物活性蛋白饲料。生物活性蛋白饲料是由益生菌群和发酵培养基残基共同组成的混合物，其最大的优点是富含各种蛋白质、氨基酸、维生素等物质，另外菌体经过发酵产生各种香味物质，使得其适口性好，这为餐厨垃圾饲料化打开了新的思路。

微生物发酵饲料所用菌种有以下几种原则需要把握。首先是安全，即菌体本身不产生有毒有害物质，不会危害环境固有的生态平衡，并且菌体本身具有很好的生长代谢活力，能有效降解大分子和抗营养因子，合成小肽和有机酸等小分子物质。其次是能保护和加强动物体内微生物区系的正平衡，主要是指能有效地提高和维护有益微生物在动物消化道中的数量优势，这个作用的实现可以通过两种方式来达到：一是菌种本身就是动物体内益生菌；另一种是接入菌的代谢产物能够抑制其他有害微生物的生长代谢，从而达到保护动物的目的。满足这些原则的常用发酵饲料微生物种类如下。

1) 乳酸菌　顾名思义，能够将碳水化合物发酵成乳酸。绝大多数乳酸菌都是动物体内益生菌，能够帮助消化，有助动物肠脏的健康，因此常被作为添加剂添加于人类食品中和动物饲料中。目前生产中使用的乳酸菌至少有 30 多种，按乳酸代谢途径大致可以归纳为 4 种类型：同型乳酸发酵、专性异型乳酸发酵、兼性异型乳酸发酵、异型双歧杆菌乳酸发酵。它们主要靠摄取光合细菌、酵母菌产生的糖类形成乳酸。乳酸具有很强的杀菌能力，能有效抑制有害微生物的活动和有机物的急剧腐败分解。

2) 芽孢菌　可以分泌蛋白酶、淀粉酶、脂肪酶等多种酶系，具有较强的分解能力，在动物胃肠道酸性环境中高度稳定，并可在肠道上半部迅速复活转变成代谢中具有活性的细胞，而且在小肠中不增殖。目前在生产中应用的有近 10 种，以杆菌为主，主要为地衣芽孢杆菌、枯草芽孢杆菌和蜡样芽孢杆菌 3 种。

3) 霉菌　是丝状真菌的统称。构成霉菌营养体的基本单位是菌丝，分为基内菌丝和气生菌丝。霉菌属的很多种类都可用来发酵饲料，如木霉、曲霉、青霉、毛霉和根霉等，它们能产生淀粉酶、纤维素酶、果胶酶、蛋白酶等多种酶类，可以用来分解秸秆、糟渣中的纤维素等高分子化合物。其中，绿色木霉产生的纤维素酶含有纤维二糖及淀粉酶；根霉产生淀粉酶能力略强；黑曲霉能产生果胶酶、淀粉酶及分解直链纤维素的酶。霉菌的孢子在富含淀粉、纤维素、半纤维素等碳水化合物表面上，在适宜的温度、湿度条件下，能够发芽并由表及里的生长；在此过程中菌丝会分泌一些酶类，消化吸收原料，合成菌体及一些维生素；且霉菌本身菌体蛋白含量也较高，达到 20%～30%，因此霉菌在蛋白饲料生产中被广泛使用。

4) 酵母菌　是一类单细胞的真核微生物的通俗名称，其繁殖方式有无性繁殖和有性繁殖两种，属于兼性厌氧菌，在有氧和无氧的环境中都能成长。酵母菌大多为腐生，生活在含糖量高和偏酸性（pH 4.5～6）的环境中，酵母菌具有特别的色、香、味，适口性好，培养过程中不易被污染，回收率高。由于菌株本身菌体蛋白含量高达 50%～60%，富含 B 族维生素，可提高原料粗蛋白含量，改善适口性，提高饲料营养价值，还可以增加活菌数，有利于畜禽对饲料的消化和吸收，适于生产蛋白饲料的酵母菌主要有啤酒酵母、热带假丝酵母、产朊假丝酵母、白地霉、皮状皮孢酵母。

夏海华等将餐厨垃圾的去油液相补充糖蜜配成液体发酵培养基，添加活性酵母制成种子液，与高压蒸汽灭菌的餐厨垃圾固相，发酵制成生物活性蛋白饲料，该法将餐厨垃圾的液相及固相充分利用，减少了废水污染。此方法处理餐厨垃圾的周期较短，产率高且耗能低，是一种比较理想的餐厨垃圾处理方法。

以餐厨垃圾为原料生产生物活性蛋白饲料的研究也不在少数，陈园等利用假丝酵母、啤酒酵母、米曲霉三种菌对餐厨垃圾加以辅料进行发酵，4d 后（发酵条件：含水率 55%，接种比例是 1∶1∶2，接种量 15%，发酵温度为 30℃，尿素添加量为 1.5%）饲料中粗蛋白含量在 27.89%，完全符合蛋白饲料标准。王梅等利用黑曲霉、热带假丝酵母、枯草芽孢杆菌这三种菌对餐厨垃圾进行发酵，其发酵条件为：尿素添加量 1.5%、含水量 70%、菌种配比为 2∶2∶1、接种量 1%、发酵温度 28℃、发酵时间 48h。发酵结果表明：粗蛋白 26.97%、粗脂肪 3.05%、灰分 8.97%、粗纤维 26.04%、水分 12.69%，发酵产物具有酒香；通过后续对生长猪和育成猪的饲喂试验可知，该生物活性蛋白饲料适口性好，无毒副作用。王星敏等利用白地霉、解酯亚罗酵母、康宁木霉这 3 种菌对餐厨垃圾进行发酵，最终发酵产物的粗蛋白质含量提高到 24.58%。

生物活性蛋白饲料的营养价值及安全性在实际生产中得到广泛认可，这也从侧面肯定了餐厨垃圾发酵生产生物活性蛋白饲料作为肉鸡饲料的可行性。目前，已有利用此项技术处理餐厨垃圾的工厂建成使用。如图 8-3 所示为餐厨垃圾生产单细胞蛋白饲料的工艺流程。

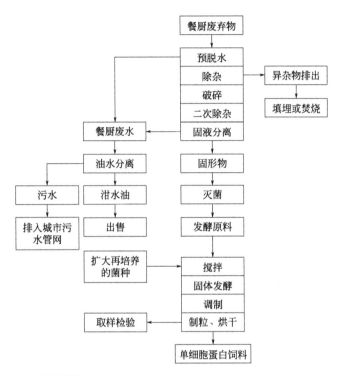

图 8-3 餐厨垃圾生产单细胞蛋白饲料的工艺流程

餐厨垃圾中丰富的有机质成分可以作为昆虫养殖的优良饲料。近年来，一些欧洲国家和我国部分地区已经开展了利用餐厨垃圾养殖昆虫或无脊椎动物的探索工作，养殖的低等生物被再利用生产高蛋白的禽畜饲料。在餐厨垃圾饲料化方面代表性的工艺是黑水虻养殖和蚯蚓养殖。黑水虻是一种原产于美洲的腐生性水虻科昆虫，适宜在南北纬 40°之间的气候条件下养殖，黑水虻能够取食禽畜粪便和生活垃圾、餐厨垃圾中的有机成分，因其繁殖速度快、食性广泛、吸收转化率高，可高密度养殖、饲养成本低等特点，成为与黄粉虫、蝇蛆、大麦虫等齐名的资源昆虫，在全世界范围内得到推广。黑水虻的幼虫和蛹可以制造高价值的动物蛋白饲料，联合国粮食及农业组织（FAO）2013 年 10 月推出的《可食用昆虫报告》，列举了世界范围内可用于替代畜禽蛋白饲料的昆虫种类，黑水虻是其中很具有应用价值前景的一类昆虫。近些年黑水虻[8]的养殖技术已经传入我国陕西、上海、云南、台湾、湖南等地，广州、陕西等地都有开展利用黑水虻养殖进行餐厨垃圾分解的试点工作。蚯蚓属环节动物门（Annelida）寡毛纲（Oligochaeta）陆生杂食性动物，是较好的渔业饵料，同时也具有一定的药用价值。已知的蚯蚓种类有 2500 多种，除沙漠、海洋和终年积雪的冰川地带，陆地上的大部分地区都有它们的种属分布。养殖的饵料方面，除了玻璃、塑胶和橡胶等化学有机或无机合成材料不吃，其余腐烂的有机物，如落叶杂草、动物昆虫粪便、土壤细菌、真菌等以及这些物质的分解产物蚯蚓都可以消化。

专利 CN200810040112.4 提供了一种利用蚯蚓处置餐厨垃圾生产动物蛋白饲料的方法。先对餐厨垃圾进行分选去除杂质、脱除油脂和氯化钠的预处理，得到油脂含量为 1%～8%，氯化钠含量为 0.1%～0.6% 的餐厨垃圾；再将该餐厨垃圾铺撒在处置场中，并撒播蚯蚓，蚯蚓密度为 0.3～0.5kg/m² 餐厨垃圾，保持处置场内 18～25℃ 和相对湿度 50%～75%。对每天清出的蚯蚓粪，进行简易堆肥，得到植物营养土。清出的蚯蚓粪后按蚯蚓∶餐厨垃圾＝1∶(1.5～4) 份湿重量比每天向处置场地内添加餐厨垃圾。80～85d 后蚯蚓开始产卵，7～10d 后蚯蚓卵孵化繁殖出数量为撒播蚯蚓 9～10 倍的新蚯蚓，取出 80%～90% 的蚯蚓进行烘干、粉碎、造粒，得到动物蛋白饲料。本发明的基建和运行成本低廉，无环境污染，具有可贵的经济和社会效益。

西欧、北美等发达国家推行个人利用养殖蚯蚓处理庭院有机垃圾的案例，近年来，我国上海、江苏、四川等地也有企业或个人尝试利用经过脱盐、脱水等处理的餐厨垃圾当养殖蚯蚓的饵料。采用了新的饲养工艺，结合餐厨垃圾的有效预处理，可以将餐厨垃圾转化为昆虫或低等生物饲料，丰富基层食物链，不失为一种餐厨垃圾资源化利用的新方法。

利用养殖昆虫及软体动物处理餐厨等有机垃圾产业潜力巨大。首先，昆虫属杂食物种，食物原料规模易获得，营养门槛较低（蛋白含量＞8%）且食谱极广，因此可用于饲养的原料包括厨余垃圾、过期食品、食品加工下脚料、屠宰废弃物、养殖废弃物（猪粪、鸡粪、牛粪等）、农贸市场废弃物等绝大多数含氮较高的有机废弃物，原料的规模庞大和易获得性，能够预期其产业规模在短期内迅速放大，从而使得市场的培育时间缩短，快速激活相关的产品研发及服务市场，为产业的成长性提供较好的保障条件。其次，昆虫及软体动物的大规模人工饲养依赖于集约化的管理模式，以及相配套的能够标准化的工艺和设备，虽然目前尚没有大规模集成的案例出现，但从原理上来说，其标准化工艺并无原则上的技术瓶颈，最终实现只是时间问题。应用市场的多元化是另外一个明显优势，任何一个产业的发展都应符合供求关系的规律，在目标市场有限、容易出现产能过剩的领域，投资就会变得非常谨慎。昆虫及软体动物的大规模饲养为市场提供了大宗廉价而营养丰富的动物性产品（昆虫及软体动物蛋白、昆虫油脂等）。作为一种基础性原料，能够被广泛应用于饲料生产、生态养殖、营养保健、医药及工业领域，其对应的终端产品极其多样，行业属性也差异明显，因此具备了良好的市场缓冲能力，其潜在能够开发的市场空间也十分可观，在可预见的未来，其产业的成长性都不会受到明显的阻碍。低成本饲料原料供应的稳定性及易获得性，使得任何一个大型养殖项目都能够在较低的成本状态下运行，而相对于其他养殖品种而言，昆虫及软体动物的养殖周期短，因此相对应的场地、设施、人工、资金周转等成本亦大幅降低，而投资规模小、资金周转快和高盈利则意味着资本周期短和风险低，对于一个新兴的产业而言，能够在早期就获得资本的青睐无疑是有利的，至少为产业化的快速推广奠定了一个良好的基础。

餐厨垃圾处置企业是否具备清晰的盈利模式，对于行业的可持续发展有举足轻重的意义，事实证明，即使有政策的大力倡导，缺乏盈利能力的行业也难以从市场吸引到优质的资源（特别是共性资源，如资金和土地），而优质资源的流向实际上已经决定了行业的发展最终是走向繁荣还是衰落。昆虫及软体动物的市场潜力也是十分巨大的。首先，餐厨垃圾处置领域的强力需求，如果说昆虫及软体动物作为一种全新的动物源蛋白，在众多的市场领域还需要有一个认可和接受的过程，这种市场兼容性的不足毫无疑问会被环保市场的紧迫需求所抵消。餐厨垃圾的末端处置市场已经由于政策的催促而开始呈现出非理性投资的现象，"十二五"期间全国百余个餐厨垃圾厌氧产沼发电项目启动，虽然地方政府明知该技术路线存在诸多弊端，但也只能饮鸩止渴，暂时缓解燃眉之急，因此昆虫及软体动物的生物转化技术在此时的成熟和推广，对于有机固废的处置可谓雪中送炭，存在爆发性增长的可能性。其次，生态养殖市场迫切需求的饲料行业唯一的大宗动物源蛋白来自于鱼粉，优质鱼粉大多来自于秘鲁的进口鱼粉（我国每年进口鱼粉约 $2 \times 10^6 \sim 3 \times 10^6 t$），但是随着饲料行业的发展，单一的鱼粉配方饲料已经难以满足多样化的养殖需求，特别是动物免疫力下降的普遍性，迫切需要营养价值之外的功能性添加剂。而作为鲜活饵料，黑水虻幼虫除了满足动物的营养需要外，还能提供包括多种维生素、抗菌肽、丰富的脂肪酸、有机酸、功能性酶等复杂的功能性成分，这种优势特别表现在水产养殖的育苗领域。对于多种以食肉为主的高端养殖品种，昆虫及软体动物以其低廉的价格、鲜活的特性和就地生产的便利性，在石蛙、金鲳、笋壳鱼、甲鱼、南美白对虾等领域已经显现出不可替代的优势。

8.6 餐厨垃圾制备生物塑料技术

目前普遍使用的以聚乙烯、聚丙烯等聚合物为主要成分的塑料制品极难降解，即便是埋在地下一二百年也不会腐烂变质。有研究表明，采用 PHAs 制作的香波瓶在自然环境下 9 个月后基本上被完全降解[9]。

聚羟基脂肪酸酯是一种在细胞体内合成的天然高分子生物材料，由于其具有可降解性，因此可以代替传统塑料，已被广泛应用于生产生活中。聚羟基脂肪酸酯（polyhydroxyalkanoates，PHA）是广泛存在于微生物体内的一类高分子生物聚酯。在生物体内主要作为碳源和能量的储藏物质。PHA 具有良好的生物相容性能、生物可降解性、紫外稳定性、生物组织相容性和塑料的热加工性能、光学活性、压电性、抗潮性、低透气性等特殊性能，可代替以石油为原料的普通塑料，在日常生活、医学、农业、工业、环境保护等各个领域有着巨大的应用研究价值。PHA 采用廉价碳源可大大降低生产成本。

1999 年，日本学者 Shirai 提出了通过餐厨垃圾发酵生产乳酸，进而合成可生物降解塑料的技术，为餐厨垃圾的资源化和降低乳酸生产成本开辟了一条新的途径。王旭明等利用选择性培养基 MRS、SL、Elliker 从厌氧发酵的餐厨垃圾中分离出 260 株乳酸细菌（LAB）发酵餐厨垃圾，结果表明，接种乳酸菌株能促进餐厨垃圾乳酸发酵，提高乳酸产生量，其中 FD173 的乳酸产生量最高，35℃厌氧发酵 4d，可得到 30.09g/L 的乳酸。孙晓红等也对餐厨垃圾乳酸发酵菌种的筛选、提取和精制，乳酸聚合成聚乳酸的工艺优化以及发酵残渣利用等方面进行深入研究。

由于地沟油的回收价格低、含碳量高，因此可作为微生物培养的有效碳源。利用地沟油为碳源合成 PHA 不仅能有效降低 PHA 合成成本，同时又可以解决其带来的废水及废气等污染问题，实现资源再利用。餐厨垃圾乳酸发酵可解决城市垃圾排放量大且难处理及其造成的环境污染问题，制成的生物降解塑料可望成为通用塑料的替代品，为塑料工业提供丰富的原料来源，并解决白色污染问题。利用餐厨垃圾等可再生资源生产生物降解塑料必将成为研究发展的热点。影响 PHA 生产成本的主要因素有菌种、原料、操作方式以及提取方法等，现在的研究成果集中在富含淀粉类的食物废物的利用上，对于脂肪、蛋白质类食品废物的利用很少涉及。但由于生产成本较昂贵，所以实现 PHA 大规模工业化目前尚有困难。

8.7　固态发酵生产生物农药技术

餐厨垃圾的成分适于微生物的发酵，采用微生物发酵生产生物农药也成为当前的研究方向之一。生物农药[10]防治虫害的效果好、无残留，而且不污染环境、对人畜安全无毒，也不会杀伤害虫天敌和有益动物。使用生物农药，害虫和病原还难以产生抗药性。

目前最常用的菌种为苏云金芽孢杆菌（Bt），其有效成分为伴孢晶体或杀虫蛋白，伴孢晶体在昆虫的碱性肠道中能被活化形成 δ-内毒素，破坏肠壁的上皮细胞，引起致死的败血病，从而造成昆虫全身麻痹致死。

北京固废产业技术联盟成员单位研发了苏云金芽孢杆菌（Bt）生物农药新工艺，所采用固态发酵法比国内 Bt 生产企业采用液体深层发酵技术更为绿色环保。在这项工艺中，餐厨垃圾收集之后，用专用运输车输送到干燥车间，经真空干燥后，进行粉碎得到餐厨垃圾干燥粉。以餐厨垃圾干燥粉为原料，按照比例调配装入混料罐中，混合均匀后得到固态发酵培养基。在高温蒸汽灭菌、自然冷却后，将其与准备好的菌种均匀混合，装入固态发酵设备中。发酵完成后，经过真空干燥、气流粉碎，得到 Bt 生物农药原粉。再加入添加剂得到可湿性粉剂，经过压制最后得到泡腾片剂。此过程中，干燥所产生的气体还被进行脱臭处理，使废气排放达到标准，确保空气环境质量合格。

生物农药对人畜无害，对环境影响很小，是新型的绿色农药。随着人们生活水平的提高，绿色蔬菜、绿色粮食正在走进人们的生活。以农副产品的下脚料为原料生产生物农药，将其用于田间生产绿色农副产品供人们消费。用 Bt 固态发酵处理餐厨垃圾，设备要求较低，工艺简单，产品具有巨大的经济效益和应用前景，且可实现餐厨垃圾的无害化、资源化处置。

8.8　高温炭化处理技术

该技术是在 400~500℃的高温和几乎无氧的条件下烧蒸餐厨垃圾废渣，再将产生的气体在 800℃的高温下（二噁英在此温度下分解）进行二次加温 20h，使餐厨垃圾变为炭化物。炭化物可被用作地板除湿剂、土壤改良剂、白蚁驱除剂和建材石板等，以实现餐厨垃圾处理的资源化。

日本东京一中学从 2001 年 6 月开始，使用民间企业开发的 70mm 炭化处理机，对学校的残羹剩饭进行炭化实验，炭化处理器每次电耗 500 日元，可把约 50kg 的食品垃圾转变成 1.5～2kg 的炭。处理技术无臭且产品易于保管，也不需要对餐饮废渣彻底分解。

在专利 CN201320167352.7 中，林新菊发明了一种餐厨垃圾炭化装置，尤其是利用加热装置及裂解装置将餐厨垃圾重新利用。它在壳体上部加装开口、盖体及裂解装置下部加装加热装置。加热装置为裂解装置供热，内部加装搅拌装置，搅拌装置的转轴与盖体连接，转轴的下端安装搅拌桨，壳体下部加装出料口，出料口连接炭化装置，装置充分利用了餐厨垃圾，实现了餐厨垃圾的可再生利用。

解决餐饮废渣的资源化，首先应努力进行废渣处置的多元技术的研发及其相应处理设备的设计，并通过统筹规划，合理布局处理设施，通过加强法规建设，促进市场管理机制，将餐饮废渣进行科学处置。

8.9　餐厨垃圾制备化工原料技术

餐厨废油用于生产化工原料也是一个很有前景的资源化方式。国内有学者对脱色后地沟油皂化产物用于生产无磷洗衣粉的工艺做了探索。以地沟油脱色后的皂化产物、对环境无害的新型无磷复配洗涤助剂和表面活性剂为原料，在 100℃ 恒温下慢慢滴加 30% 氢氧化钠溶液（氢氧化钠与地沟油质量比为 1∶2），进行 4h 皂化反应，皂化产物凝固析出后，取出置于烘箱中，在 (105±2)℃ 烘干。研细至全部通过 0.8mm 筛，装入瓶中备用（以下称地沟油脱色后的皂料），皂料可直接作为生产洗衣粉的原料。制成无磷洗衣粉，脱色后地沟油制取的皂料与 LAS、AEO-9、TX-10 具有良好的复配性，加入各种助剂后配成的洗衣粉，具有去污性能较高、粉质柔软、泡沫小、易漂洗等优点，而且主要技术指标达到专业标准，为有效地避免废油脂回流入食用油市场危害人群健康，减少废油脂对水环境的污染，实现废油脂综合利用提供了一条有效途径。

参 考 文 献

[1] 杨朝晖，刘有胜，曾光明，等. 厨余垃圾高温堆肥中嗜热细菌种群结构分析[J]. 中国环境科学，2007，27(6)：733-737.
[2] 邱珊，赵龙彬，马放，等. 不同通风速率对厌氧残余物沼渣堆肥的影响[J]. 中国环境科学，2016，36(8)：2402-2408.
[3] 许文江，章明清，洪翠云，等. 城市沼渣堆肥工艺及其施肥技术的优化[J]. 华侨大学学报(自然版)，2016，37(3)：325-329.
[4] 万玉萍，向往，万勇. 根瘤菌肥在大豆栽培中的应用效果初报[J]. 湖南农业科学，2015(6)：56-57.
[5] 连宾，傅平秋，莫德明，等. 硅酸盐细菌解钾作用机理的综合效应[J]. 矿物学报，2002，22(2)：179-183.
[6] 袁世岭，李鸿炫，毛捷，等. 餐厨垃圾饲料化处理的研究进展[J]. 资源节约与环保，2013，(7)：78.
[7] 宁娜，任连海，王攀，等. 湿热-离心法分离餐厨废油脂[J]. 环境科学研究，2011，24(12)：1430-1434.
[8] 柴志强，朱彦光. 黑水虻在餐厨垃圾处理中的应用[J]. 科技展望，2016，26(22).
[9] 孙媛媛，许鹏，刘丽清，等. 餐厨垃圾资源化技术研究探析[J]. 环境科学与管理，2014，39(2)：174-177.
[10] 邹惠，张文毓，姜林，等. 餐厨垃圾半固态发酵产 Bt 生物农药及其稳定性[J]. 农业工程学报，2016(5)：268-273.

第 9 章

◀◀◀◀ ◀◀◀◀

餐厨垃圾综合利用政策与管理

9.1 概述

随着经济的增长，居民消费水平的提高，人们在餐饮方面的消费也与日俱增。在餐饮业高速发展的同时，餐厨垃圾也迅速增长。绝大多数城市的餐厨垃圾与生活垃圾混合堆放，带来垃圾资源化效率低的问题；以焚烧和填埋处理为主，存在二次污染的问题。餐厨垃圾不断增大的产生量和不完善的处理处置方式，在危害生态环境和人们身体健康的同时，也给地方财政带来沉重负担。建立完善的管理体系、加强各级政府部门重视程度和投入力度、推进餐厨废弃物资源化利用，有助于从源头解决食品安全、生态安全和环境卫生等问题，实现社会效益、环境效益和经济效益的统一，这是发展循环经济的要求，也是建设生态文明城市的重要内容。本章从餐厨垃圾的处置原则、相关政策标准及管理研究进展等几个方面，对餐厨垃圾综合利用政策与管理现状进行阐述。

9.2 餐厨垃圾管理研究进展和政策标准

9.2.1 国外餐厨垃圾管理研究进展和政策标准

（1）国外餐厨垃圾管理研究进展

国外由于人口密度的限制，餐厨垃圾一般与厨余垃圾、过期食品等有机垃圾共同处理，因此直接研究餐厨垃圾管理系统的不多，一般是将餐厨垃圾作为固体有机废物的一种来进行研究。

1968 年，Anderson 首次提出固体废物管理系统经济最优化的概念。1995 年，Chang针对经济投入和环境影响之间的冲突进行系统分析指出，固体废物的处理过程易受一些不可预测因素的影响。2000 年，Anand 对城市固体废物的管理体制和运营机制进行了研究。

2003 年，Costi 和 Hokkanen 等认为人们在研究固体废物管理系统时往往会考虑到采用多目标决策分析。Cheng 等在确定各处理厂的位置时指出，在采用不确定整数线性规划模型，以经济投入最小为目标得出物流分配之后，再考虑生态环境方面的限制，能更准确地确定处理厂的具体位置[1]。2003 年，Marina 指出，如果将城市固体废物安全处置并合理利用，将实现良好的资源与环境效益。2009 年，Cui 等介绍了日本当今固体废弃物处理处置特点，并指出固体废弃物可应用于资源回收和再利用。2009 年，Narayana 深入研究了固体废物处理方式，环境质量的改善不能仅依赖于处理，要转换角度到资源化[2]。

另外，国外在垃圾收运上也做了不少管理研究工作。Tung 和 Pinnoi 通过解决车辆路径问题来详细地分析垃圾收运问题，找到了最佳的路径，节省了运输成本和时间。Tarantilis 和 Kiranoudis 使用空间决策支持系统中的数据库管理系统、地理信息系统等办法分析了每个垃圾站点，之后应用可回溯式门槛接受法来解决各个站点的车辆路径问题，提升运输效率。Ruiz 和 Maroto 通过具体的问题引入，运用模型来分析垃圾运输车辆的路线问题，获得较好的路径方案[3]。

为发展循环经济，国外大多注重对垃圾资源化的研究，最早提出垃圾资源化的观点是在 1962 年美国女生物学家蕾切尔·卡创作的《寂静的春天》中，她提出"我们必须与其他生物共同分享我们的地球"，深刻地阐述了资源和环境成为经济发展的牺牲品，引起了人们对环境保护的重视。国外为了减轻餐厨垃圾对环境造成的污染，主要着重于对餐厨垃圾资源化利用以及制定法律实现规范化管理两方面。国外很早就开始通过颁布法律使对餐厨垃圾的管理走向规范化的轨道[4]。

（2）国外餐厨垃圾管理政策标准

由于国外对餐厨垃圾处理关注得比较早，因此各国很早就制定了相关法律法规及配套的管理政策。以下是日韩及欧美等发达国家餐厨垃圾管理政策的介绍，为我国餐厨垃圾的管理及政策制定提供了很好的借鉴意义。

1）韩国　市政府在公布的计划中提出了 3 种"从量制"计费方式：a. 由政府统一制作餐厨垃圾袋，居民使用的垃圾袋越多则付费越多；b. 在各小区设置智能餐厨垃圾桶，居民在倒餐厨垃圾前必须先刷卡，垃圾倒入时自动测定重量并按重量计费；c. 电子标签方式，即居民统一使用规定的容器排放餐厨垃圾，排放时必须在容器上粘贴向政府购买的电子标签，政府在收取垃圾的同时回收电子标签。各区政府可选择任意一种适合本地实际情况的方式实行。其中，首尔市自 2011 年起选定了 8 个区开始针对餐厨垃圾进行"从量制"收费试点，到 2013 年开始在全市 25 个区对住宅普遍实施餐厨垃圾"从量制"收费。

在收费的同时，由政府投资建成食物垃圾处理厂，每天可处理百吨以上食物垃圾的处理厂有 20 余家，不同的食物垃圾使用不同的方法处理，取得了较好的收益。韩国运用这样一套机制，不但保证了投入环保工作的企业有利可图，积累了资金，还使餐厨垃圾的产生量减少了 37％。

2）英国　英国环保部门对于餐厨垃圾的处理办法有 2 种：a. 将餐厨垃圾或油脂倒入指定容器中，由政府认可的公司负责收集；b. 将餐厨垃圾倾倒在政府提供的设施里面，无论数量多少，都不允许将餐厨废油倒入水槽。英国环境、食品与农村事务处规定，英国在动物口蹄疫爆发之前，对利用餐厨垃圾（动物源，如肉类、骨类）饲养牲畜实行许可证制度，餐厨垃圾在饲喂前必须要进行蒸煮杀菌。2001 年爆发口蹄疫后，用未蒸煮的或未充分蒸煮的餐厨垃圾喂猪被认为是导致口蹄疫的因素之一。英国对采用餐厨垃圾喂猪加强了管制，只有不到 100 家的农场获得许可证，大约有 8 万头猪还在用餐厨垃圾进行饲喂。从 2001 年 5 月后，他们禁止采用餐厨垃圾喂养家畜，含有肉类的垃圾或与肉类有联系的垃圾，无论是否经过蒸煮都在限制之列，被限制使用的餐厨垃圾不包括烹饪后的食油和工业副产品，如酿造废渣、淀粉加工废渣、与肉无关的食品加工副产品等均不在限制之列。但从 2004 年后，英国政府规定餐饮场所餐厨垃圾不再用作动物饲料，食品生产用油和未使用用过的烹调油可以继续用作动物饲料。任何人若用餐饮场所餐厨垃圾喂食动物将被视为违法。

英国在制定相关政策鼓励企业将餐厨垃圾通过简单处理进行资源化利用有一系列的实践，值得我们学习。英国的一家公司出资购买了一块闲置土地，在土地上把收集的餐厨垃圾处理成有机肥，然后把施过肥的土地分配给社区居民种菜，政府对公司进行了一系列的补贴和扶持。目前，这个公司正协助地方政府做好餐厨垃圾的处理工作，计划到 2025 年将餐厨垃圾循环利用率提高到 70%。近年来，英国在餐厨垃圾处理方面最具轰动效应的当属利用餐厨垃圾发电。2011 年，英国废物处理公司建设了全球首个全封闭式餐厨垃圾发电厂，利用餐厨垃圾进行发电。目前，这家发电厂平均每天可以处理 12×10^4 t 垃圾，发电 1.5×10^6 kW·h，可供应数万户家庭 24h 用电。

3）日本　在 20 世纪 50 年代，日本政府就意识到了生活垃圾的危害性，为治理生活垃圾颁布了《公共清洁法》，加大了对固体废弃物的管理。由于日本国土面积小、人口多，传统资源的开发探究面临巨大压力，而且使用传统能源已经引发了许多环境问题。在这种背景之下，日本政府对餐厨废物开展资源化、无害化的研究和管理十分严格。餐厨垃圾这座潜在的资源宝库在日本得以充分的开发利用，环保再生产业已经处于世界前列。

日本城市餐厨垃圾分类收集已很普及，尤其是 2001 年 5 月 1 日《食品回收处理法》实施后，国民对餐厨废弃物资源化利用的意识很强。为了能促进生活垃圾资源化，日本政府制定了《包装容器再生利用法》《循环型社会形成推进基本法》和《废弃物处理修改法》。这些法律的主要目的是控制和防止固体废物污染，保护公众健康和环境，促进资源的循环利用。在日本，生活垃圾分类要在家庭中完成，一般将生活垃圾分为以下 4 大类。

① 一般垃圾，包括厨余类、纸屑类、草木类、包装袋类、皮革制品类、容器类、玻璃类、餐具类、非资源性瓶类、橡胶类、塑料类、棉质白色衬衫以外的衣服毛线类。

② 可燃性资源垃圾，包括报纸（含传单、广告纸）、纸箱、纸盒、杂志（含书本、小册子）、旧布料（含毛毯、棉质白色衬衫、棉质床单）、装牛奶饮料的纸盒子。

③ 不燃性资源垃圾，包括饮料瓶（铝罐、铁罐）、茶色瓶、无色透明瓶、可以直接再利用的瓶类。

④ 可破碎处理的大件垃圾，包括小家电类（电视机、空调机、冰箱/柜、洗衣机）、金属类、家具类、自行车、陶瓷器类、不规则形状的罐类、被褥、草席、长链状物（软

管、绳索、铁丝、电线等）。

每一种垃圾都有不同的收集时间，一般垃圾每周 2 次，其他类垃圾每月 2 次。每到收集垃圾的日子，居民便将装着垃圾的透明塑料袋放到指定的地点。

日本在做好餐厨垃圾管理的同时，大力发展餐厨垃圾处理技术，使得餐厨垃圾再生利用总体实施率从 2001 年的 37％增加到 2014 年的 69％。日本城市餐厨垃圾再生利用率非常高，其中堆肥化为 39％，饲料化为 35％，其他方法利用为 26％。

与此同时，日本政府制定了一系列政策减少餐厨垃圾的产生。日本于 2000 年颁布了《食品再生法》，明确浪费食品是违法行为，号召全社会要杜绝严重的食品浪费现象，并且规定对不可避免的食品垃圾要进行回收和再利用。而在《食品废弃物循环法》中规定，大型超市及餐厅等餐饮业有义务对食物垃圾再资源化，并设法抑制垃圾的产生。对严重浪费食物及不当处置餐厨垃圾的行为依法采取严厉的惩罚措施，对于犯罪情节轻微的，处以罚款以示惩戒；对于犯罪情节较为恶劣的行为，除了将受到较为高额的罚款外，还会受到 5 年以下的有期徒刑。通过这些较为全面的法律规定和相关的配套措施，使得餐厨废物的管理取得了显著效果。

4）美国　美国联邦政府没有强制回收利用餐厨垃圾的统一要求，但在各州对餐厨垃圾处理都有不同规定。如迈阿密规定烹调废油不允许倒入水槽或厕所，因为油脂会阻塞管道、污染水源和破坏生态环境。回收大量用过的食用油时必须在当地饭店的帮助下，倒入油脂垃圾桶之后回收。对于不能回收或再利用的废弃食用油，如果量少，可倒进密封容器，丢弃至住宅垃圾收集处；如果量较多，则应放置到家用化学物收集中心。佐治亚州则规定废油搬运工必须在州环境保护部门或当地主管机构登记。该法案还要求运输废油的卡车必须每年由注册所在地的政府机关审查和颁发许可证，注册许可证在州内有效。这凸显了美国政府并没有针对餐厨垃圾制定非常严苛的法律法规。

据统计，2001 年美国的餐厨垃圾约为 0.26×10^9 t，而在 2010 年，其餐厨垃圾排放量达到了 0.34×10^9 t，餐厨垃圾已经成为美国城市垃圾中仅次于纸张的第二大垃圾。因此，美国实行了严格的垃圾处理收费制度，通过经济手段来控制餐厨垃圾的产生，并强制居民在自己家中安装家庭餐厨垃圾处理器，解决了倾倒家庭食物垃圾和存放的烦恼。

5）德国　德国是最早提出发展循环经济思想的国家。从 1972 年德国制定了第一部《垃圾处理法》到现在，德国为治理垃圾共制定了 800 多项法律，足见其立法之精致。德国将垃圾管理的理念确立为"避免—利用—处置"。首先避免垃圾的产生，对已经产生的垃圾首先考虑的应该是利用它，对于最后无法避免、依然存在的垃圾，再进行处置。

德国将城市生活垃圾管理提高到"可持续发展的垃圾经济、保护资源和气候"的战略高度对待，从完善城市生活垃圾管理法规体系、源头控制减少生活垃圾产生、积极推进生活垃圾分类收集分类回收、提高全民环保意识以及科学进行分类处理和管理等措施来推进城市生活垃圾减量化、资源化、无害化处理，从而使垃圾总量呈逐年下降的趋势。

政府将垃圾分为塑料包装垃圾、有机垃圾及纸类垃圾等。垃圾都是分门别类地投放在庭院门口的各种颜色的垃圾桶内，由专业人员定期来收运。在巴伐利亚州，垃圾桶分为 3 种颜色：黄色、黑色和绿色。在汉堡垃圾分得更细，分为 4 类，在黄、黑、绿三种的基础上，添加了一个棕色垃圾桶盛放自然垃圾。更有甚者，全国除法兰克福外，各城均设有专门放玻璃瓶的垃圾桶。这样既有利于降低垃圾处置难度，也有利于提高垃圾中的资源回收利用率。一般德国将生活垃圾分为以下几类进行收集。

① 有机垃圾、包装等垃圾的回收　黄色桶是用于收集塑料等轻型的包装垃圾，如塑料袋、塑料盒等轻型包装，所谓轻型包装是指上面有绿色点标识的包装，此标志多存在于用完一次即可丢弃的包装，也是可以再次被回收利用的。负责回收垃圾的工作人员每个月来收 1 次黄色桶内的垃圾。黑色桶用于收集有机垃圾。有机垃圾如食物残渣、菜根菜叶和植物残枝等，它们占据了生活垃圾的很大一部分。居民可以将这些有机垃圾堆肥利用，否则必须将有机垃圾丢到指定的有机垃圾桶内。同时居民也可在院内放置有机垃圾桶，清运费用根据垃圾桶的容量而定。在德国，通常有机垃圾每隔两周清运 1 次。由于有机垃圾容易腐烂变质，6～11 月中旬每周清运 1 次。绿色桶是用于回收纸类垃圾的，如报纸、纸箱等，一个月回收 1 次。

② 旧玻璃瓶的回收　德国人的生活与玻璃瓶的关系相当密切，大量玻璃瓶的回收主要通过两种系统来实现：一是押金系统，一些食品与饮料的玻璃瓶或塑胶瓶上会印有特殊的标志，表示在购买饮料或食品时已经预付了押金，如将旧瓶退回超市即可取回押金，通常这些商品价格相对便宜一些；二是定点回收，消费者在购买时不需预付押瓶费。在德国的许多学校及单位内都设有饮料的自动贩卖机，在其附近或者一些固定地点，如学生餐厅等，通常都设有回收玻璃瓶的箱子。厂商通过将玻璃瓶回收清洗再利用，从而达到循环使用的目的。另外在一些城市甚至对透明、褐色以及绿色的玻璃瓶、罐进行单独回收。

③ 家具及特殊垃圾的回收　对于像冰箱、沙发、床垫等大型的家具垃圾，可送到垃圾回收场，不收取费用。德国每年有专门处理大型旧家具的日子。主人会事先将不用的家具垃圾准备妥当，到了那一天，将其在规定的时间内摆在屋外。有心想利用这些旧家具的人便在这时到处物色，将中意的东西搬回家，被拣剩的家具最后由大垃圾车搬走。对于有可能污染环境的垃圾，德国特别规定：凡可能污染环境的物品，用毕或过期后必须交回商店，或丢弃于特别设置的垃圾箱，以集中特别处理，不可随意丢弃。

在加强立法与餐厨垃圾管理的同时，政府对餐厨垃圾的监管工作也一直做得很到位。整个餐饮业受到政府全过程的监管控制，餐饮企业必须与政府事先签订合同，内容上要注明回收废弃油脂的单位、回收处理的方式等，一旦出现问题，政府可直接找到责任者，从而有效地减少了餐厨垃圾的产生量与不当利用的问题。

6）法国　法国自 20 世纪 90 年代，政府开始逐渐重视餐厨垃圾的管理，开始制定一系列的相关政策。政府将餐厨垃圾分为无害、中性、危险 3 个级别，并进一步细分为 20 个门类，以此决定是回收、深埋还是焚烧处理。此外，餐厅也不能把用过的餐厨废油直接倒入下水管道，或当普通垃圾扔掉。如果因为处置废油不当造成下水道堵塞等情况，餐厅会被处以高额罚款，对于多次违规的餐厅，还将追究经营者的刑事责任。从而有效避免了餐厨垃圾的随意排放，提高了回收效率。

综上所述，发达国家经过多年的研究和实践，已经建立起较为完善的城市固体废物管理系统，从其研究历程来看，主要经历了从简单优化到复杂优化的过程。主要是通过立法、监管和经济手段来开展餐厨垃圾的管理和利用；对于餐厨垃圾的收集、运输、处理，整个过程都有较为严格的管理，与循环经济结合，达到可持续发展目标，实现经济最优化，对于我国餐厨垃圾管理有重要的借鉴意义[5]。

9.2.2　国内餐厨垃圾管理研究进展和政策标准

（1）国内餐厨垃圾管理研究进展

餐厨垃圾处理在国内刚刚起步，多个试点城市还处于观望或调研阶段，能正常进行收运处理的城市屈指可数。国内学者对于固体废弃物管理问题进行了一系列的研究，陈炳禄等通过构建广州市固体废物多目标动态规划管理方案结合了层次分析方法半定量确定权重的优点，为环卫管理部门管理固废的决策提供了技术支持。郭广寨等建立了多目标规划模型并应用到上海浦东新区生活垃圾处置系统中，实现系统成本最小化和城市管理需求最大化。陈祥荣等研究了城市生活垃圾管理规划并加以应用。李劲等初步构建了具有 GIS 支持的城市固体废物规划管理智能决策系统。贾娜规划合理的车辆调度计划，对于城市生活垃圾收运系统的效能进行了整体评估。王莉等以石家庄为例构建研究餐厨垃圾逆向物流体系。席北斗等建立了城市固体废物优化管理模型，并对影响成本的因素进行分析。赵岩等提到可将循环经济的宏观层面应用于中国城市垃圾处理方面，并探讨了规划和实施方案[6]。但目前这些研究大多还停留在理论阶段，真正能够得到政府、广大市民认可并实施的还很少。需要广大科技工作者进一步研究，尤其针对不同城市的气候、环境和文化特点，设计有针对性的餐厨垃圾法律法规及管理措施，是未来餐厨垃圾管理研究的重点。

（2）国内餐厨垃圾相关政策和标准[7]

① 国家层面　近年来，随着我国城市餐厨垃圾的产生量越来越多，国家对于餐厨垃圾的"无害化、资源化"处置非常重视。国家首先在国内大中型城市开展对餐厨垃圾的资源化利用进行尝试。经过探索，初步形成了宁波模式、西宁模式、苏州模式、上海模式等餐厨垃圾的资源化利用模式。因各城市的气候环境及饮食习惯等因素不同，所以几种模式虽然具体运作方式有所区别，但共同的特点都是"政府唱主角"。随后在北京、重庆、西宁、乌鲁木齐等十多个城市推出了相应的管理办法，同时制定了针对餐厨垃圾处理的技术标准，如《餐厨废油资源回收和深加工技术标准》《餐厨垃圾资源利用技术要求》等。另一方面，相关法律法规如《国家餐厨垃圾管理条例》也将适时启动。逐步搭建起一套对餐厨垃圾无害化、再利用和资源化的政策及管理体系。

同时国家各部委建立了餐厨废弃物资源化利用和无害化处理试点城市 33 个，国家发展改革委、财政部印发了《关于印发循环经济发展专项资金支持餐厨废弃物资源化利用和无害化处理试点城市建设实施方案的通知》（发改办环资〔2011〕1111 号），提出了利用循环经济发展专项资金支持餐厨试点工作的具体支持内容、支持方式和实施程序等。安排循环经济发展专项资金 6.3 亿元，对 33 个试点城市（区）给予支持，为我国餐厨垃圾管理及资源化利用技术的发展提供了充分的保障。

在给予政策及经济支持的同时，政府根据餐厨垃圾处理中存在的问题，多次发出应对通知、意见及各项法律法规。我国餐厨垃圾资源化利用和无害化处理的法规制度如表 9-1 所列。

时间	文件名称	发布单位	主要内容

表 9-1 餐厨垃圾资源化利用和无害化处理的法规制度

时间	文件名称	发布单位	主要内容
2010 年 7 月	《国务院办公厅关于加强地沟油整治和餐厨废弃物管理的意见》	国务院办公厅	开展试点,探索餐厨垃圾资源化利用和无害化处理工艺及管理模式,提高餐厨垃圾资源化利用和无害化处理水平
2010 年 5 月	《关于组织开展城市餐厨废弃物资源化利用和无害化处理试点工作的通知》	国家发展改革委、财政部、住房城乡建设部会同环境保护部、农业部	要求选择部分具备开展试点条件的城市或直辖市市辖区先行试点,集中处理餐厨垃圾,避免其直接作为饲料进入食物链,并对首批 33 个试点城市(区)给予了 6.3 亿元循环经济发展转型资金支持
2011 年 3 月	中华人民共和国国民经济和社会发展第十二个五年规划纲要	第十一届全国人民代表大会第四次会议	大力发展循环经济,按照减量化、再利用、资源化的原则,减量化优先,以提高资源产出效率为目标,推进生产、流通、消费各环节循环经济发展,加快构建覆盖全社会的资源循环利用体系。明确提出要健全资源循环利用回收体系,完善再生资源回收体系,建立健全垃圾分类回收制度,完善分类回收、密闭运输、集中处理体系,特别提出推进餐厨废弃物等垃圾资源化利用和无害化处理
2011 年 5 月	《循环经济发展专项资金支持餐厨废弃物资源化利用和无害化处理试点城市建设实施方案》	国家发展改革委、财政部	利用循环经济发展专项资金支持餐厨废弃物资源化利用和无害化处理试点城市建设工作

② 地方政府层面　餐厨垃圾大量堆积带来的严重环境污染引起了地方政府的重视,地方政府也纷纷采取措施加快了对餐厨垃圾处理的步伐。试点城市在餐厨垃圾管理方面取得的一系列成果使得在国家层面上将餐厨垃圾统一立法成为可能,也为有关餐厨垃圾的立法形成一个统一体系奠定基础。国内主要试点城市在餐厨垃圾管理方面所做出的成绩及一些相关政策和法律法规见附录。

9.3　我国餐厨垃圾管理的主要问题和政策建议

9.3.1　主要问题

由于我国餐厨垃圾还处于管理前期,餐厨垃圾资源化获得的收益远远小于投入,目前政府以补贴形式承担餐厨垃圾规范化收运及处理的成本差额,由政府分别支付给收运单位和处理单位。

由于国内尚没有完善的餐厨垃圾管理流程,餐厨垃圾补贴费用核算基本参照已有的数值,并没有科学设计管理流程,餐厨垃圾管理、收集及监管效率低下。总而言之,目前国内大多数餐厨垃圾的无害化处理尚处于起步阶段,面临的主要问题有如下几点。

(1) 关于餐厨垃圾管理的法律法规不健全

虽然在国家层面的《中华人民共和国固体废弃物污染防治法》和《中华人民共和国循环经济促进法》等法律涉及对餐厨垃圾的管理,但这些法律的规定都过于原则化,操作性不强。从目前我国社会的发展现状来看,经济发展迅速,人们外出就餐频率增加,餐厨垃圾产生量只增不减，为了美化城市环境，避免成为垃圾围城，在国家层面上将餐厨垃圾统一立法显得尤为必要。国家应该制定餐厨垃圾管理的具体细则，包括将餐厨垃圾的概念进行统一，对餐厨垃圾分类回收的主体、方式做出明确规定，违反餐厨垃圾管理行为的惩罚标准做出规定。

由于各地饮食习惯的差异，导致餐厨垃圾在成分含量有所不同，所以，可以"在贯彻统一的法律精神"基础上，由各地环保部门起草本地生活垃圾分类管理与综合利用的实施细则，并交由环保部批准备案实施；或者由环保部制定生活垃圾管理的实施办法，再由地方环保部门参考本地区情况出台细则。这就需要有一部统一的立法作为指导，各个地区再根据具体情况制定相应的法规。

（2）在餐厨垃圾管理方面政府职责未全面履行

1）政府各部门职责不明确　在对餐厨垃圾的管理中，政府起的主导作用不明显以及职责不明确是造成餐厨垃圾堆积成山局面的原因之一。餐厨垃圾的有效处理与居民的居住环境和经济的健康发展息息相关。治理餐厨垃圾是一项迫在眉睫的工作。餐厨垃圾的管理是一项系统工程，它的管理是从产生、运输、回收、处理等多个环节，这其中会涉及环保部门、工商部门、卫生部门的责任，多个部门监管不同环节，它需要工商、城管、环保、质监等多个部门的协调配合，这其中容易造成职权交叉、权利冲突的现象。这样会使得工作部门工作效率低下，最终使餐厨垃圾监管的目标难以实现。

2）餐厨垃圾监管体制不完善　首先，由于目前在国家层面上缺乏对餐厨垃圾管理有具体、针对性的规定，使得在餐厨垃圾的一些监管方面仍然处于空白状态，影响了对餐厨垃圾的有效管理和资源化利用。其次，根据不同部门颁布的规章，政府部门的职权存在交叉冲突的现象，这使得政府部门在出现意外时相互推卸责任。例如在 2010 年卫生部颁布的《餐饮服务食品安全监督管理办法》中规定，餐饮服务的监管职责属于食品药品监督管理局，而根据国家工商总局颁布的《个体饮食业监督管理办法》，工商部门负责监管从事餐饮、食品销售的个体工商户的经营活动，同样对餐厨垃圾处理有监管的权利。如此多部门的监管模式容易导致各部门之间及各部门与消费者之间信息交流不畅，各部门各自发布自己职权范围内的信息，相互之间缺乏交流沟通，导致有时发出的信息存在毫无关系甚至相互冲突的局面，使得消费者不知如何去遵守，同时也对政府的权威性产生质疑。再次，监管范围不够全面，我国目前只有一些城市针对餐厨垃圾的治理进行了立法，也没有涉及到对城镇及农村产生的餐厨垃圾的监管。加之目前在食品监管中只设立到县级，执法队伍也较为薄弱，而"地沟油"的制作销售大都在人口密集的城乡结合部进行，这就导致了监管上的空白，并为不法商贩留下可乘之机。

（3）餐厨垃圾管理制度不健全

餐厨垃圾分类回收是实现餐厨垃圾资源化的前提，餐厨垃圾可以分为废弃油脂和厨余垃圾，二者在源头、成分、处置方式上存在明显差别，所以对餐厨垃圾分类回收十分必要。但是由于目前我国对餐厨垃圾的管理尚未形成一个完整的体系，餐厨垃圾分类回收面临很多障碍，在《固体废弃物污染防治法》和《中国 21 世纪议程》中都提到要求垃圾分类的问题，但都过于原则化，操作性差。对于餐厨垃圾分类回收的实施细则还比较少。餐厨垃圾分类的奖惩规定上还存在不足，在发达国家，对积极将餐厨垃圾分类的个人及单位实行奖励制度，而对没有将餐厨垃圾分类的单位或个人实行严厉的惩罚制度，例如在英国，如果餐饮单位将餐厨垃圾私自卖给不具有资格回收餐厨垃圾的企业，一旦发现，就会面临停业的惩罚。而在我国尚未形成这种鲜明的奖惩力度，这也是餐厨垃圾难以实现分类回收的原因之一。例如《上海市餐厨垃圾处理管理办法》规定：将餐厨垃圾与其他非餐厨垃圾分开收集，要将厨余垃圾与废弃食用油脂分别单独收集。但对于做到分类收集好的单位或者是未做到分类回收的单位没有做出具体奖励或者惩罚的规定。此外，公民的环境保护意识比较淡薄也是餐厨垃圾难以分类回收的重要原因。在发达国家，几乎每个家庭都安装餐厨垃圾粉碎机，一些餐厨垃圾可以直接粉碎打入下水道，而且每个家庭会把家庭中产生的废弃油脂放入密封容器再扔进垃圾箱。而我国尚没有形成餐厨垃圾是一种有用资源的认识，大多数人会将餐厨垃圾与生活垃圾一起扔进垃圾箱。发达国家的餐饮企业由于惧怕停业的惩罚手段，会自觉地将餐厨垃圾交给政府批准的餐厨垃圾回收公司，而在中国对私自卖出餐厨垃圾的行为惩罚较轻，而且餐饮企业可以获得可观利益，受利益的驱使，使得餐厨垃圾落入不法商贩手中，导致一些餐厨垃圾处理厂因无法收集到餐厨垃圾而面临停业状态。现建议如下。

① 城市餐厨垃圾的无害化处理是一个循序渐进的过程，不但需要国家制定相关法规和标准，同时也需要政府相关部门根据当地的实际情况逐步完善餐厨垃圾的收集、运输、处理等环节。

② 通过宣传教育、举报奖励等方式，让人民群众认识到餐厨垃圾的危害，对非法利用餐厨垃圾牟利的现象进行社会监督。同时政府加大惩处力度，对餐厨垃圾产生企业按规定缴纳餐厨垃圾处理费，保障餐厨垃圾收集和运输体系顺利运行。

③ 加强对非法生产、经营、使用餐厨垃圾的地下窝点和养殖企业的处罚力度，必要时通过立法等手段将之列为刑事案件范畴。

9.3.2　政策建议

针对目前我国城市餐厨垃圾管理及相关政策上存在的问题，以及对发达国家相关经验的总结，可以为我国各城市餐厨垃圾管理政策及相关法规的完善提供一些建议。希望以此对国内各城市餐厨垃圾管理所存在问题的改正和完善我国相关的法律制度、丰富餐厨垃圾管理的形式提供参考。总体借鉴和建议如下[8]。

（1）规范餐厨废弃物处置

制定和完善餐厨废弃物管理办法，要求餐厨废弃物产生单位建立餐厨废弃物处置管理制度，将餐厨废弃物分类放置，做到日产日清；以集体食堂和大中型餐饮单位为重点，推行安装油水隔离池、油水分离器等设施；严禁乱倒乱堆餐厨废弃物，禁止将餐厨废弃物直接排入公共水域或倒入公共厕所和生活垃圾收集设施；禁止将餐厨废弃物交给未经相关部门许可或备案的餐厨废弃物收运、处置单位或个人处理。不得用未经无害化处理的餐厨废弃物喂养畜禽。

（2）加强餐厨废弃物收运管理

餐厨废弃物收运单位应当具备相应资格并获得相关许可或备案。餐厨废弃物应当实行密闭化运输，运输设备和容器应当具有餐厨废弃物标识，整洁完好，运输中不得泄漏、撒落。

（3）建立餐厨废弃物管理台账制度

餐厨废弃物产生、收运、处置单位要建立台账，详细记录餐厨废弃物的种类、数量、去向、用途等情况，定期向监管部门报告。创造条件建立餐厨废弃物产生、收运、处置通用的信息平台，对餐厨废弃物管理各环节进行有效监控。

参 考 文 献

[1] 刘立凡，廖永伟，梁捷，赖舒婷. 我国餐厨垃圾处理技术与研究进展[J]. 广州化工，2014，42(4)：41-43.

[2] 王能杰. 基于循环经济的城市餐厨垃圾优化管理研究——以宁波市为例[D]. 杭州：浙江工业大学，2015.

[3] 胡新军，张敏，余俊锋，张古忍. 中国餐厨垃圾处理的现状、问题和对策[J]. 生态学报，2012，32(14)：4575-4584.

[4] 李来庆，张继琳，许靖平. 餐厨垃圾资源化技术及设备[M]. 北京：化学工业出版社，2013.

[5] 谢瑞林. 餐厨废弃物资源化利用与政府监管的研究[D]. 苏州：苏州大学，2012.

[6] 赵岩. 循环经济理论下城镇生活垃圾综合管理模式研究[D]. 武汉：华中科技大学，2006.

[7] 李旭. 餐厨垃圾国家政策及地方法规研究和思考. 环卫科技网，2015.

[8] 苗珍珍. 餐厨垃圾管理的法律对策研究[D]. 济南：山东师范大学，2015.

第 10 章

◀◀◀◀ ◀◀◀◀

餐厨工程技术与案例

10.1 贵阳市餐厨废弃物资源化利用和无害化处理项目[1]

10.1.1 项目概况

本项目建设地点位于贵阳市白云区麦架镇马堰村，占地面积 48507.8m²，总投资 15440.76 万元，服务范围为贵阳市区，处理规模为：餐厨垃圾 200t/d，地沟油 15t/d。项目采用厌氧工艺即湿式、单相、连续、高温厌氧消化技术。

10.1.2 工艺流程 (图 10-1)

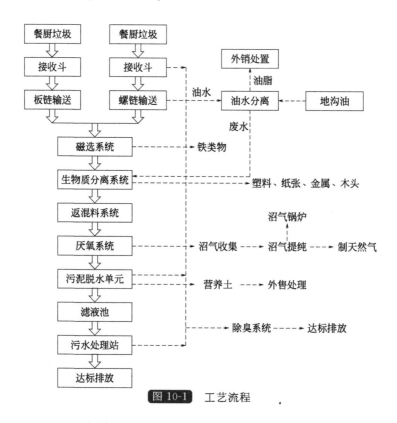

图 10-1 工艺流程

本项目采用湿式、单相、连续、高温厌氧消化技术，厌氧发酵产生的沼气首先满足厂内自用，富余沼气经脱碳后制 CNG；产生的沼渣经脱水后进行堆肥；生产中产生的废水处理达标后部分用于回流，其余排入附近水体；餐厨垃圾中的油脂进行分离后，作为化工原料外售，产生部分经济效益。整个餐厨垃圾处理工艺包括以下几个工艺系统：a. 餐厨垃圾接收及预处理系统；b. 厌氧发酵系统；c. 沼渣脱水及处置系统；d. 沼气净化系统；e. 污水处理系统。

10.1.2.1 预处理系统

专用的餐厨垃圾收运车辆进厂后，首先通过电子汽车衡称重并记录，然后直接驶入预处理卸料车间，在指定位置将餐厨垃圾卸入接料系统。

本项目预处理系统设置两条餐厨垃圾接收及输送线。

（1）预处理线一流程

接料斗底部采用平板给料机，后接皮带输送机，实现系统的均匀给料。平板给料机上设有格栅及破袋机，可过滤除去大块物料，并实现破袋及初步破碎功能。

（2）预处理线二流程

通过螺旋输送装置输送到后续的处理系统，螺旋输送装置设置一定的倾角，垃圾中的水分在输送过程中能靠重力自流，进一步实现固液分离，分离出来的油水进入油水分离系统。

固液分离系统分离出的油水混合物与经过预处理的地沟油一起进入油水分离系统，提取出的油脂作为化工原料外卖，其余的物料进入磁选系统。

磁选系统的作用是分离去除餐厨垃圾中的金属。经磁选后的餐厨垃圾进入生物质分离系统，实现有机质和无机质的有效分离。分离出的塑料、纸张等无机质回收利用，分离出的有机浆液进入后续厌氧单元。

10.1.2.2 厌氧发酵系统

本项目厌氧发酵工艺借鉴 OWS 公司的 Dranco 处理工艺，并进行优化。优化后的工艺如图 10-2 所示。

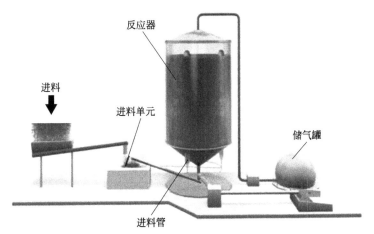

图 10-2 优化的 Dranco 工艺示意（图片来源：中国市政工程华北设计研究总院）

分选后的垃圾在返混箱内与发酵沼液及蒸汽混合均匀并加热到厌氧消化需要的温度后，再通过进料泵提升至厌氧反应器进行厌氧消化。厌氧消化产生的沼气进入后续的处理及利用单元，厌氧产生的沼液一部分进入返混料箱，另一部分进入后续处理单元。

（1）优化 Dranco 工艺的优点

① 采用顶部进料方式，与常规底部进料相比，可以有效避免常见的厌氧罐顶部浮渣问题。

② 底部采用锥斗形式，物料通过降流式的方式从顶部运行至底部，厨余垃圾中的细砂等杂质等可以从底部顺利排出，不存在砂石的累积导致反应器无法正常运行的现象。

③ 采用泵返混的方式，与机械搅拌及气体搅拌相比较，不存在机械设备故障及检修的问题，该搅拌设计避免了干发酵反应罐内有机物固含量浓度很高导致搅拌十分困难的发生，可确保反应器稳定运行。

④ 系统抗冲击负荷能力强，进料含固率适应范围 10%～40%。

⑤ 污水产生量少，降低后续污水处理费用。

⑥ 对进料的要求低，适合于多种物料的处理。

（2）工艺参数

发酵罐内部设置检测装置通过自动控制系统对发酵罐内部温度、压力、液位、搅拌频率、甲烷以及二氧化碳含量等指标进行测定和监控。此外，在发酵罐侧壁设取样口，定期取样发酵液，对更多的指标（pH 值、挥发性脂肪酸、氨氮、含固率等）进行实验室测试，测试结果及时反馈，以便操作人员利用这些测量、分析结果及时调整发酵罐运行参数，保证厌氧消化过程的持续和稳定。

消化罐内部是一个综合反应体系，各参数间相互制约，实现联动反馈控制。进料泵分别装设变频器，将返混料箱中的垃圾提升到厌氧罐中。每个厌氧罐入口管道上装有流量计，此处流量信号在控制室有实时显示，同时可通过控制室的计算机对此流量计的数值进行设定，并根据此设定值来控制变频器的运行，从而使进料泵的转速得到相应的调整，使进入两个厌氧罐的垃圾流量始终稳定在设定的流量值。最终使罐内消化反应稳定运行。

工艺设计参数如表 10-1～表 10-3 所列。

表 10-1　分选后餐厨垃圾理化性质表

项目	指标	项目	指标
物料量/(t/d)	201.00	物料粒径/mm	≤8
总固体物质/%	10.70	有机物损失率/%	≤5
有机干物质/%	10.61	pH 值	3.5～6.0
含水率/%	89.30		

表 10-2　厌氧反应器控制参数

项目	指标	项目	指标
物料量/(t/d)	210.44	进料有机负荷/[kgVS/(m³·d)]	4.39
总固体物质/%	10.13	停留时间/d	23
有机干物质/%	10.22	温度/℃	53
含水率/%	89.78	pH 值	6.5～7.5

表 10-3　厌氧反应器出料设计参数

项目	指标	项目	指标
物料量/(t/d)	191.51	厌氧罐出气甲烷含量/%	50
温度/℃	53 左右	沼气平均产量/(m³/d)	16463
总固体物质/%	1.3	每吨垃圾产沼气量/(m³/t)	82.32
挥发固体降解率/%	78	沼气密度/(kg/m³)	1.15
单位分解的挥发固体产甲烷量	500		

10.1.2.3　沼渣脱水及处置系统

（1）沼渣脱水系统

厌氧罐出来的沼渣是未完全降解的有机质，还有较高的利用价值，可以进一步堆沤制成肥料，但由于含固率比较低，首先需要脱水。发酵沼渣粒径较大，难以满足离心脱水机通常要求的 6mm 以下的粒径范围，故将发酵沼渣先经螺压脱水机脱水，并将 6mm 以上粒径固体去除，剩余沼渣再经离心脱水机脱水。污水处理系统的剩余污泥也进入脱水系统，因其粒径较小，可直接与螺压脱水后的发酵沼渣混合进入离心脱水机进行脱水。混合污泥经过脱水之后进入堆肥工艺阶段，发酵数周后成为优质肥料。其工艺流程如图 10-3 所示，螺压脱水机见图 10-4。

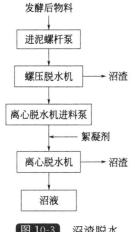

图 10-3　沼渣脱水系统工艺流程

图 10-4　螺压脱水机（图片来源：中国市政工程华北设计研究总院）

（2）沼渣处置系统

为保证对沼渣无害化处理的可靠性，在厂内建设沼渣堆肥车间堆肥，腐殖土用于花卉、农作物或园林绿化，可以改良土壤物理、化学和生物特性，熟化土壤，培肥地力。若堆肥产品无销路，还可进入厂区生活垃圾填埋场作为覆盖用土。

本系统对残渣处理采用条堆间歇态好氧堆肥的处理工艺。采用园林垃圾、秸秆或者锯末作调和剂，可以调碳氮比、孔隙率、水分。其工艺流程如图 10-5 所示。

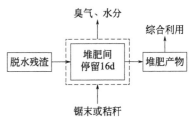

图 10-5　残渣稳定化工艺流程

10.1.2.4 沼气净化系统

本工程产生的沼气分两部分利用，沼气经脱硫后一部分用于锅炉使用，产生蒸汽供物料加热作为热源，另一部分经净化提纯生产车用天然气出售。其处理工艺为：原料沼气经脱硫→压缩→干燥脱水→加热→膜系统→CNG 压缩机→CNG 储罐等处理。其流程如图10-6 所示。

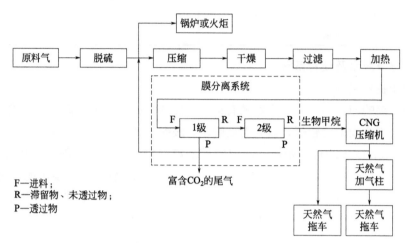

图 10-6 沼气净化处理流程

（1）脱硫

采用干法脱硫技术，沼气自下而上通过脱硫剂，H_2S 被脱硫剂化学吸附，实现脱硫过程。其中脱硫剂以氧化铁为主要活性催化组分，并添加多种助催化剂与载体，在常温常压下运行。其硫容量大，脱硫精度高，采用三塔串并联工艺。干法脱硫装置投资少，设备少，能耗小，流程简单，生产过程中不产生废液、废气。

（2）压缩

压缩工艺采用气缸活塞为无油润滑的往复式压缩机，减少机油进入沼气中造成气体污染。压缩机将沼气压缩到 10～20bar，满足进膜的压力要求。沼气压缩机采用"1 用 1 备"的配置，定期切换。

（3）干燥脱水

可采用冷干机或吸附式干燥机来脱除沼气中的水分，以满足产品气的露点要求。本工程采用操作更简便的冷冻干燥机来脱水。

（4）加热

由于膜系统运行时需要有最佳的操作温度，因此通过加热器对进膜前的沼气进行加热。根据工艺要求加热器的目标温度为 30～60℃。本工艺采用的是电加热器来给沼气加热。

（5）膜系统

膜系统可设两级分离膜模块。

第一级：中空纤维膜模块将经过预净化的、压力 10～20bar 的原料沼气分离为富含甲烷的渗余物和含二氧化碳的透过物。

第二级：进行气体组分的更精密的分离。将第一级的渗余物进行第二次分离，这样可以得到要求的甲烷纯度，在此渗余物是产品气（膜分离产品气压力与进气压力接近，压力降＜0.5bar），产品气被输送到 CNG 压缩机。透过物返回到工艺的压缩工段。

（6）CNG 压缩和储存

产品气被 CNG 压缩机压缩到 200～250bar 后，经加气柱加气或储存在 CNG 储罐。

10.1.2.5　污水处理系统

餐厨污水属于氨氮含量较高的有机废水，脱氮和对 COD 的去除是污水处理的两大主要内容。本项目选择"厌氧＋MBR 系统＋膜深度处理"处理工艺，其工艺流程如图 10-7 所示。

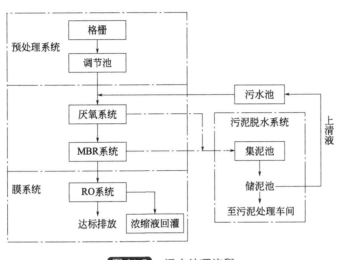

图 10-7　污水处理流程

10.1.3　环境效益、经济效益

该项目采用厌氧工艺即湿式、单相、连续、高温厌氧消化技术，预计可产生 CNG $1.536 \times 10^6 \mathrm{m}^3/\mathrm{a}$；粗油脂 3832.5t/a；改良土 3960t/a。该项目的建设推动了贵阳市餐厨垃圾资源化利用和无害化处理，变废为宝，化害为利，促进循环经济发展，加快建设资源节约型和环境友好型社会。

10.2　昆明市城市餐厨废弃物处理示范项目[2]

10.2.1　项目概况

本项目建设地点位于昆明市东郊白水塘村的原垃圾填埋场内，占地面积 33706.8m²，投资 13977.38 万元，服务范围为盘龙、五华、官渡、西山四区。处理规模为：近期 200t/d，远期 500t/d。生产规模为：生物柴油 30t/d。

本项目采用厌氧工艺即湿式、单相、连续、高温厌氧消化技术。整个餐厨垃圾处理工艺主要包括餐厨垃圾接收及预处理系统、湿热及除油系统、厌氧发酵系统、发酵残渣处理系统、沼气提纯系统、生物柴油制取系统、污水处理系统等。

10.2.2 工艺流程

本项目采用湿式、单相、连续、高温厌氧消化技术，厌氧发酵产生的沼气厂内自用；产生的沼渣经脱水后作为堆肥原料；生产中产生的废水处理达标后部分用于回流，其余排入附近水体；餐厨垃圾中的油脂进行分离后，与厂外收集的粗油脂采用两步脂化法生产生物柴油，产生部分经济效益。整个餐厨垃圾处理工艺包括以下几个工艺系统：a. 餐厨垃圾接收及预处理系统；b. 湿热及除油系统；c. 厌氧发酵系统；d. 发酵残渣处理系统；e. 沼气提纯系统；f. 生物柴油制取系统；g. 污水处理系统。其工艺流程及物料平衡如图 10-8、图 10-9 所示。

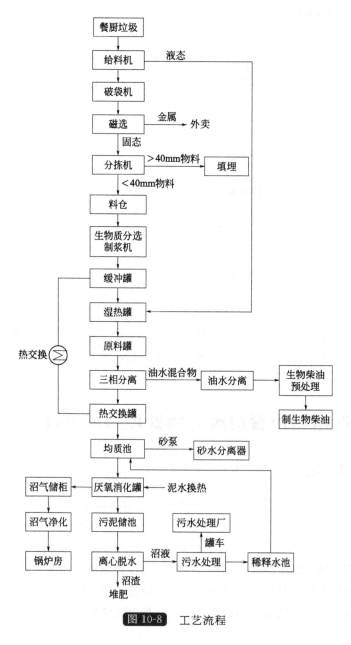

图 10-8　工艺流程

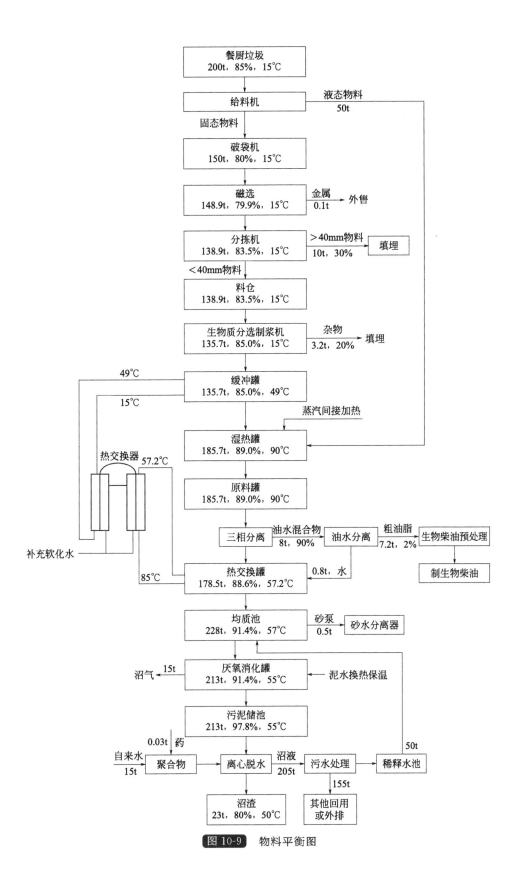

图 10-9　物料平衡图

10.2.2.1 预处理系统

（1）预处理的目的

① 具有一定的储存量，满足高峰期进料的要求并保证后续处理的稳定。

② 去除餐厨垃圾中的杂质（塑料袋、酒瓶等物质和重金属）、保证预处理设备的安全、稳定运行。

③ 对餐厨垃圾进行固液分离，对固态物破碎，使餐厨垃圾达到一定的粒径范围，为后续厌氧发酵创建良好的条件。

④ 对餐厨垃圾进行油脂分离，为后续废油深加工提供保证，实现油脂最大程度的资源化。

（2）预处理系统设备及设施

餐厨垃圾的预处理系统主要包括接收、固液分离、输送、分拣、破碎及制浆、湿热油水分离、除臭、电气控制及自动控制。

该系统设备及设施主要包括给料机、分拣机（图 10-10）、板式输送机、螺旋输送机、缓冲料仓、生物质分选及制浆机、破碎泵、泥/泥热交换器、离心机及配套的提升泵等。

图 10-10　大杂质分拣机（图片来源：中国市政工程华北设计研究总院）

（3）工艺流程

① 餐厨垃圾运至本厂后首先进行地磅斤检，然后进入预处理车间，将餐厨垃圾卸入接收料斗内进行卸料，收集车将车内的固态和液态垃圾一同卸入接料系统内，接收系统底部给料机设有漏水筛网，可以将垃圾中的游离水集中收集，进入接料系统底部的渗滤液池，固态物料经倾斜输送机输送至破袋机。

② 进入破袋机的固态物经破袋后由板式输送机输送至分拣机，板式输送机为密闭结构，并在上方设置磁分选设备选出其中的磁性金属。

③ 进入分拣机的垃圾在分拣机内对垃圾进行自动分选，分拣出的 $\phi40mm$ 以上粗杂物料可进行回收或填埋；分拣出的小于 $\phi40mm$ 筛下物料落入分拣出料螺旋输送机，输送至料仓内，再经无轴螺旋输送机输送至生物质分选及制浆机，分拣机整体壳罩密闭设计，并设有观察孔、抽气孔。

④ 生物质分选及制浆机将餐厨细料中尚存的重物质和轻物质分离，制好的浆液存于

底部浆液储存斗内，破碎后物料颗粒粒径小于12mm，制好的浆液出料需要通过多孔格栅板进一步过滤出杂质，分离杂质后的浆液经该设备底部的提升泵打入缓冲罐，为保证浆料的粒径进一步对物料进行破碎，在输送管道上设置管道破碎机对浆料进一步破碎。

⑤ 缓冲罐内物料通过泵打入湿热罐，物料含水率控制在85%左右，进料时先打开第一个罐的阀门，当进料完毕后，启动蒸汽加热，再打开第二个的罐阀门开始进料，完毕后加热，依次类推。物料由初始温度加热1.5h左右达到90℃，并维持2h后出料，物料加热完毕再由泵输送至后续原料罐，原料罐内物料出料温度约为90℃。

⑥ 原料罐内物料经泵输送至离心机，经过二级离心分离后，分离出餐厨垃圾中的油脂、水和渣，油脂进入暂存罐暂存并进行保温，水和细渣进入热交换罐，经过泥/泥热交换与缓冲罐内物料进行热交换，换热后的物料进入后续均质池。

⑦ 进入均质池的物料经除砂，调整含固率后经泵提升进入厌氧消化罐。

10.2.2.2 湿热、除油系统

（1）湿热系统

餐厨垃圾中，油脂主要以可浮油、分散油、乳化油、溶解油、固相内部油脂等5种形式存在。其中，可浮油滴粒径较大，静置后能较快上浮，以连续相油膜的形式漂浮于水面；分散油以粒径大于$10\mu m$的微小油珠悬浮分散在水相中；乳化油粒径大小为$0.5\sim1.5\mu m$；溶解油以分子状态分散于水中，与水形成均相体系，分离较难；固相内部油脂含于垃圾固相细胞内或其他微观结构中，传统方法难以分离。

为了提高固相内部油脂的回收率，需先将这部分油脂从固相内部浸出，进入液相，变成可浮油，然后利用油水分离的方式分离出来。湿热处理正是基于这一原理，通过控制餐厨垃圾的温度、加热时间等参数，从而提高固相内部油脂的分离回收效率。

湿热系统工作流程如下：先打开第一个罐的阀门，当进料完毕后，启动蒸汽加热，再打开第二个的罐阀门开始进料，完毕后加热，依次类推。物料进料约0.5h，由初始温度加热1.5h左右达到90℃，并维持2h后出料，整个进料、加热、保温及排料时间共计约4.5h，排料温度仍在90℃左右。每个湿热罐容积为20m³，处理量在15~20t之间，按照每天14h的工作时间计算，需湿热罐6个，见图10-11。

图 10-11　湿热罐（图片来源：中国市政工程华北设计研究总院）

（2）除油系统

湿热完后的物料由泵输送至原料罐进行缓存，原料罐中浆料经单螺杆泵输送入第一级

三相分离机，其主要功能是：最大限度地回收油脂，使分离出的水基本无油，分离出的水和固体渣合在一起，收集在热交换罐中，与原料罐中的物料进行换热后泵送入均质池。第一级三相分离机回收的油脂（毛油）进入第二级三相分离机。

第二级三相分离机的主要功能是：对毛油进一步提纯，去除毛油中的水分和固相杂质。第二级三相分离机的分离出水可能会带有少量油脂，视具体情况，分离出水或可返回第一级分离机，提高油脂回收率。分离出的少量固体，收集起来，由于数量很少，可由人工定期转移。分离出油脂输至储存罐，储存罐要求能保温，防止油脂冻结。第一级三相分离机和第二级三相分离机都需要配备热水（65～80℃），供每次停机前对分离机内部清洗，以及每次进料前对分离机进行预热。第一级三相分离机每次清洗需要热水的量约 $2m^3$/台，第二级三相分离机每次清洗需要热水的量约 $0.5m^3$/台。如图 10-12 所示。

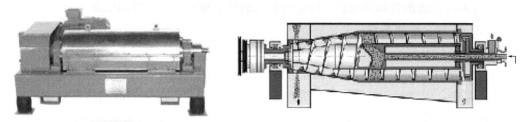

图 10-12　三相分离机（图片来源：中国市政工程华北设计研究总院）

10.2.2.3　厌氧发酵系统

厌氧消化的主要途径大致分为水解、产酸和脱氢、产甲烷三个阶段，由兼性细菌产生的水解酶类，将大分子物质或不溶性物质分解为低分子可溶性有机物，水解形成的溶性小分子有机物被产酸细菌作为碳源和能源，最终产生短链的挥发酸，如乙酸。产甲烷的厌氧生物处理过程中，有机物的真正稳定发生在反应的第三阶段，即产甲烷阶段。产甲烷的反应由严格的专性厌氧菌来完成，这类细菌将产酸阶段产生的短链挥发酸（主要是乙酸）转化成甲烷和二氧化碳。

（1）厌氧消化工艺

1）高温厌氧消化罐（见图 10-13）　厌氧消化罐是厌氧消化系统中最重要的装置，本工艺选用的厌氧消化罐为完全混合式圆柱形发酵罐，底部为平面，罐体为碳钢防腐密封结构，内部保持轻微的过压状态，发酵罐上部安装有浮渣去除装置，对产生的浮渣进行去除。此外，顶部还设有沼气罩，包括安全阀、观察检测窗等设备。全厂设置发酵罐 3 座，近期设置 2 座，罐体有效容积约为 $5475m^3$，直径 20.2m，高 19.2m，介质深度为 17.5m，浆料在罐内停留时间为 25d。

为了实现消化物质的均一化，避免抑制物质的浓度聚集、死区和泥渣形成；提高物质与细菌的接触，从而提高接触到可利用营

图 10-13　厌氧发酵罐（图片来源：中国市政工程华北设计研究总院）

养物质的容易程度，加速有机垃圾进料的分解；帮助去除与分散微生物产生的副产物；在消化罐内设置机械搅拌装置，即在消化罐顶部安装机械搅拌装置，搅拌器的轴上设有上下搅拌桨，搅拌桨低速旋转；同时在消化罐罐面位置可以设置一个高速旋转的破碎装置，将浮在顶部的浮渣泡沫均匀混合到消化池内。此外，顶部还设有沼气罩，包括安全阀、观察检测窗等设备。

2）pH值控制　pH值是餐厨垃圾厌氧消化最重要的参数之一，其最适范围为6.5～7.5，而餐厨垃圾本身酸化极快，pH值有可能降至4左右。当有机负荷增大，发酵罐内整体出现酸化时，此时可以通过外加碱性物质，调节pH值。具体做法是：当在线监控的pH值低至6.5左右时，就要严密注意挥发性脂肪酸（VFA）的含量，如果此时伴有VFA的大幅度增加，那么就需要外加碱性物质进行调节，使得发酵液pH值恢复至6.5～7.5。外加碱性物质的具体量要根据发酵液pH值的调节情况来确定。

3）温度控制　本工艺为高温厌氧消化工艺（图10-14），发酵罐内部温度需维持在55℃±3℃左右。发酵罐罐体外部表面设置保温隔热装置，防止热量散失。另外，在消化罐外设置循环回路，经过泥水热交换器，对循环污泥进行加热，以保证高温厌氧消化温度。换热器后端均设温度计显示温度，热水进水管上设电动调节三通阀，每台泵出口管线安装压力表，每座消化罐安装一台插入式温度计及压力表，以上数据于控制室实时显示并记录，同时可通过计算机对换热器后端温度计进行设定，根据此设定值来控制热水进水电动调节阀的开启度，以保证高温厌氧消化温度。

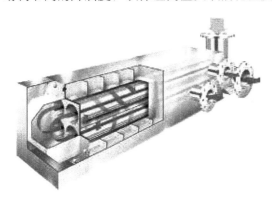

图10-14　泥/水换热器（图片来源：中国市政工程华北设计研究总院）

4）搅拌方式　为增加进料的均匀性，使物料在发酵罐内更好地混合均匀，并保持进料中微生物的浓度，使进料在消化起始阶段即处于最佳反应条件，本工艺设置机械搅拌装置，顶部安装的搅拌器在一根轴上设有上下搅拌桨，搅拌桨低速旋转，可以将消化罐内的水流形成由内到外、由上到下的高效循环流动，促进反应物料的混合、均质。另外在消化罐池面位置可以设置一个高速旋转的破碎装置，将浮在顶部的浮渣泡沫均匀混合到消化池内。

5）工艺参数监控　发酵罐内部设置检测装置，对发酵罐内部压力值、甲烷以及二氧化碳含量等指标进行测定和监控。整个发酵过程通过自动控制系统对发酵罐的进料、出料、搅拌频率、pH值、温度等参数进行在线检测和监控，此外定期取样发酵液，对更多的指标（挥发酸、氨氮等）进行实验室测试，测试结果及时反馈，以便操作人员利用这些测量、分析结果及时调整发酵罐运行参数，保证厌氧消化过程的持续和稳定。

6）含水率调节　为达到最佳的微生物降解条件，餐厨垃圾在进入发酵罐消化之前，需要进行必要的稀释、混匀，使进料达到工艺要求的含水率，需要的稀释用水为补充新水。

7）进料、出料　为保持产气的稳定，保证沼气处理系统的稳定运行，发酵罐采用连续方式进料。发酵罐中物料体积需保持恒定，因此发酵罐的排料时间、排料量与进料时间、进料量相同，即发酵罐中餐厨垃圾进料与发酵残渣排料同时进行，出料采用泵送的排料方式，排放出的发酵残渣进入消化后污泥储池，随后进入残渣脱水系统。

（2）工艺参数

工艺参数如表 10-4 所列。

表 10-4　工艺参数

(1)进料设计参数		(3)出料设计参数	
进料总含固率(TS)	8%～10%	含固率(TS)	3%左右
温度	约 55℃	温度	55℃
(2)过程控制参数		降解率	75%
进料有机负荷	3.2kgVS/(m³·d)	出料 C：N	约 12：1
停留时间	25d 左右	沼气产生量	12000～13000m³/d
pH 值	6.5～7.5	沼气密度	1.22kg/m³
温度	55～60℃	沼气中甲烷含量	45%～70%
NH₃-N	<3000mg/L	沼气中二氧化碳含量	30%～55%

10.2.2.4　发酵残渣处理系统

（1）沼渣脱水系统

发酵残渣周期性地从消化后污泥储池内提升入离心脱水机，同时设置聚合物加药系统，在管路中的残渣流中加入絮凝剂溶液，以改善离心式脱水剂的脱水能力；离心脱水机脱水后的残渣，经螺旋输送机提升落入收集箱内，由车外运进行处理，一期工程脱水残渣为 23t/d，总规模下脱水残渣为 57.5t/d，含固率为 20%。脱水后的上清液排入本厂的污水处理区内，进行处理后的上清液一部分用来作稀释水，其余部分达标外排。设置 3 台离心脱水机，近期 2 台（1 用 1 备），远期增加 1 台。设置聚合物加药系统，聚合物加入管路后和污泥有效混合。

（2）脱水后沼渣处理工艺

本系统为残渣处理条堆间歇态好氧堆肥的处理工艺。采用园林垃圾、秸秆或者园林垃圾作调和剂，可以调碳氮比、孔隙率、水分。随着科学技术的发展，将来不排除采用其他的新型材料作为调和剂。堆肥工艺如图 10-5 所示。

10.2.2.5　沼气净化系统

沼气预处理系统主要由过滤设备、沼气柜、升压风机、除湿冷凝设备、脱硫装置、精密过滤器等组成，同时还包括连接的管道、阀门、测量仪表及控制调节设备。系统工艺流程如图 10-15 所示。

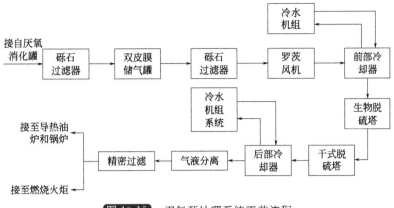

图 10-15 沼气预处理系统工艺流程

来自厌氧发酵罐的沼气通过管道输送进入沼气提纯处理系统后,首先进入砾石过滤器,沼气中的饱和水在此初步得到脱除,同时脱除沼气中的颗粒物;然后进入双皮膜储气罐将气体进行储存和缓冲,之后再经砾石过滤器进一步脱水。经脱水后的沼气经罗茨风机加压至 20.0～30.0kPa 后,再经前部冷却器将气体冷却,然后采用生物脱硫塔脱硫,再采用干式脱硫法脱硫,可将沼气中的 H_2S 脱至 $13\mu L/L$ 以下。脱硫后的沼气经后部冷却器将气体温度进一步冷却,然后再经气液分离器去除沼气中的饱和水,采用降温脱水方式将露点降到 10～15℃,最后经过精密过滤器,进一步去除过滤器内的杂质,使气体中的颗粒尺寸<3.0μm;经颗粒处理后的沼气接至生物柴油制取系统的导热油炉和厂区自备蒸汽锅炉。

当导热油炉或锅炉因故停止运行或不能完全接受产生的沼气时,富余的沼气送至沼气净化增压系统燃烧火炬进行燃烧。

主要工艺操作参数如表 10-5 所列。

表 10-5 主要工艺操作参数

进入系统沼气压力	2.5kPa	系统出口沼气压力	25.0kPa
进入系统沼气温度	55℃	系统出口沼气含水率	≤70%
罗茨风机后沼气压力	30.0kPa	系统出口沼气中 CH₄含量	>45%
一级换热器后沼气温度	35℃	系统出口沼气中 H_2S 含量	≤13μL/L
二级换热器后沼气温度	15℃		

10.2.2.6 生物柴油制取系统

生物柴油制取系统主要利用餐厨垃圾中的液相组分,变废为宝,制取高品质的生物柴油,它可以作为石化柴油的替代燃料,与石化柴油以任意比例混合燃烧,同时还能改善石化柴油燃烧产生的污染排放情况,是一种清洁的可再生能源。

本提取系统主要分为 5 个操作单元:a. 预处理单元,经过水洗、干燥后除去大部分杂质和水分;b. 酸催化反应单元;c. 碱催化反应单元;d. 油脂蒸馏单元;e. 甲醇蒸馏回收单元。

厌氧消化罐分离出来的原料油首先进入预处理单元，经过水洗分层、真空干燥，得到含水率≤0.5%的毛油，经过预处理的毛油，泵入生物柴油车间脂肪酸罐，通过两阶段转酯方式来处理，在前处理阶段，先以浓硫酸作催化剂将游离脂肪酸转换成脂肪酸甲酯，然后再于第二阶段中，采用甲醇钠作催化剂与三酸甘油酯完成转酯化反应。反应生成的粗甲酯经过中和水洗后，静置分层，并进行蒸馏、冷凝、提纯后得到产品生物柴油。

工艺中产生部分甘油及植物沥青副产品，另行收集；同时工艺中投加的过量甲醇通过蒸馏回收后循环使用；废酸碱、含油废水等污水去污水处理车间；蒸馏需要的热源由导热油炉（以提纯后的沼气为燃料）提供，油炉将导热油加热到 300℃，回油温度为 260℃。如图 10-16 所示。

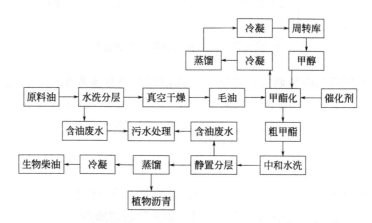

图 10-16 生物柴油制取工艺流程框图

10.2.2.7 污水处理系统

根据餐厨垃圾污水水质水量特点和处理要求，拟采用以"外置式膜生物反应器（MBR）＋曝气生物滤池（BAF）＋高级氧化（AOP）"为核心工艺的处理工艺，并辅以其他辅助处理工艺。

10.2.3 环境效益、经济效益

该项目采用厌氧工艺即湿式、单相、连续、高温厌氧消化技术，预计可产生生物柴油 9900t/a，甘油（工业级）1650t/a。该项目的建设推动了昆明市餐厨废弃物资源化利用和无害化处理，变废为宝，化害为利，促进循环经济发展，加快建设资源节约型和环境友好型社会，形成了合理的餐厨废弃物资源化利用和无害化处理的产业链，促进餐厨废弃物处理的产业化发展，提高餐厨废弃物区域覆盖率、资源化利用率和无害化处理水平。

10.3　徐州市大彭垃圾处理厂（餐厨）[3]

10.3.1　项目概况

本项目建设地点位于徐州市铜山区大彭镇，占地面积 29405m²，服务范围为徐州市主城区，即鼓楼区、云龙区、泉山区、贾汪区、铜山区。处理规模为 200t/d（一期），166t/d

（二期预留），地沟油处理规模为 30t/d。建设的主要内容有餐厨垃圾预处理间、厌氧消化系统、沼气净化及资源化利用系统、污水处理系统、生物柴油制取系统及配套辅助设施等。

10.3.2　工艺流程及方案

根据现有技术条件和技术水平，结合项目自身的特点，本项目餐厨垃圾处理一期采用"预处理＋厌氧消化＋沼气净化自用"工艺，地沟油采用"预处理＋两步酯化法制生物柴油"工艺，主体工艺流程如图 10-17 所示，物料平衡见图 10-18。

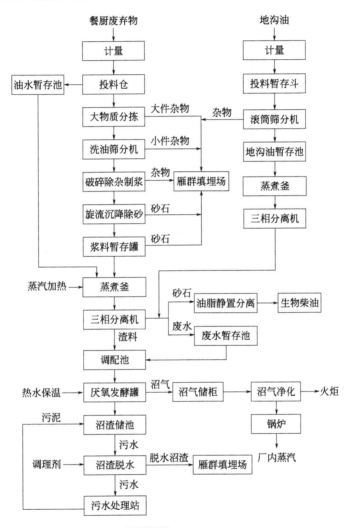

图 10-17　工艺流程

10.3.2.1　预处理系统

采用"大物质分拣＋破碎除杂＋旋流除砂"相结合的预处理技术工艺，为国内先进的餐厨垃圾处理工艺技术路线。本系统控制采用先进的 PLC 自动化控制技术，对各处理设备的运行、物流参数、温度等进行检测和监控，并实时对系统中各设备状态进行监视。可提高系统的自动化程度，使整套系统的运行更加经济合理。

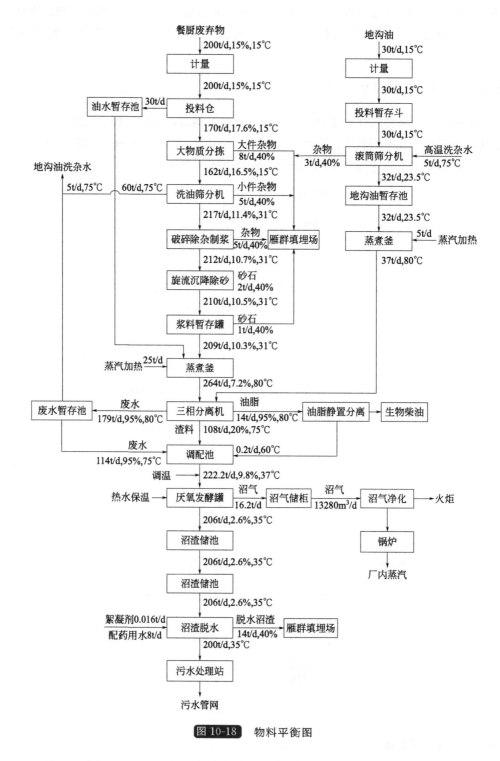

图 10-18 物料平衡图

通过预处理后，杂质去除率大于 95%，粗油脂提取率大于 85%，废油脂中含水率小于 5%，废水含油率小于 0.2%。

主要工艺参数如表 10-6 所列。

表 10-6   预处理主要工艺参数

(1)餐厨垃圾接收设备主要工艺参数		(2)地沟油接收设备主要工艺参数	
餐厨垃圾投料仓设计容积	$2 \times 20 m^3$	地沟油投料暂存斗设计容积	$10 m^3$
餐厨垃圾底部螺旋机输送能力	$\geqslant 2 \times 12.5 t/h$	地沟油底部螺旋输送机输送能力	$\geqslant 10 t/h$
餐厨垃圾投料仓日工作时间	8h	地沟油投料暂存斗日工作时间	8h
油水暂存池有效容积	$40 m^3$		

10.3.2.2 厌氧发酵系统

采用 CSTR 厌氧发酵工艺，其为完全混合厌氧发酵工艺。

经过除渣的有机料液排入缓冲池经由厌氧进料泵提升入厌氧发酵反应器，本项目设计采用中温 CSTR 厌氧发酵罐，发酵罐的停留时间为 25d，经过 CSTR 厌氧反应器充分发酵后产生的沼液通过重力自流进入沼渣储池，再通过泵提升至脱水机房进行脱水。

（1）CSTR 厌氧发酵的特点

① 完全混合式厌氧反应器，无传统的三相分离器，结构简单。

② 反应器内物料浓度高，耐物料浓度冲击负荷能力强。

③ 进料设计简单，进料后物料经过搅拌器混合物料，无需特殊设计进料补水装置。

④ 搅拌器可保障有效物料在反应器内均匀分布，避免分层，与微生物充分接触，从而保证有效物料反应完全，同时保证产气量。

⑤ 在厌氧罐液面位置设置一个高速旋转的破碎装置，将浮在顶部的浮渣泡沫进行破碎、去除。

⑥ 特殊设计的顶装式搅拌器，水封设计，无机械密封，在保证气密性的同时避免了机械密封易损坏、更换困难的缺点。

⑦ 高效节能的搅拌技术，能耗小于 $5W/m^3$ 反应器容积。

⑧ 底部设计多点自动排渣装置，避免无机沉渣在厌氧反应器内富集累积。

⑨ CSTR 罐体采用焊接成型技术，施工周期短，质量好。本项目设计的厌氧罐维护、清理时间为每五年一次；罐体内浆料保证能正常流动，防止局部结块，设有专门的沉砂排放、收集装置，该装置能满足使用要求，确保罐体进出物料通畅，不堵塞进出料口；罐体设有一键式关闭装置，能保证断电或发生泄漏时能马上关闭出料口。

⑩ 设计的两座厌氧罐进料管道互相连通，能满足两个厌氧罐同时或单独进料。同时设置水力冲洗系统对管道进行疏通。所有的物料进出及蒸汽管道设有反冲洗系统并配有专用、便捷、高效的冲洗设施。所有管道做保温处理，防止冬季结冰堵塞，见图 10-19。

（2）主要工艺参数

厌氧发酵系统主要工艺参数见表 10-7。

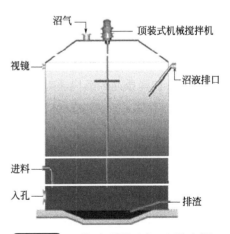

图 10-19   厌氧发酵罐示意（图片来源：中国市政工程华北设计研究总院）

表 10-7 主要工艺参数

日进水流量	222.2m³/d
设计厌氧温度	35℃（中温厌氧）
碳氮营养比例 C/N	足够
碳磷营养比例 C/P	足够
设计厌氧生物降解率	70%～80%
容积负荷	2.5～3.0kgVSS/(m³·d)
水力逗留时间（HRT）	25d
厌氧反应器有效容积（按水力停留时间计算）	2×3500m³（远期增加1座满足366t餐厨垃圾处理）
厌氧反应器总容积（按水力停留时间计算）	2×3750m³（远期增加1座满足366t餐厨垃圾处理）
甲烷产率	66.4m³/t
沼气中甲烷的含量	55%～60%
沼气产量	13280m³/d

10.3.2.3 沼渣脱水系统

采用高压隔膜脱水处理工艺，脱水设备采用高压隔膜压滤机。沼渣及污泥脱水工艺流程如图 10-20 所示。

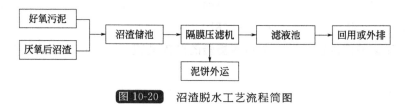

图 10-20 沼渣脱水工艺流程简图

10.3.2.4 沼气净化系统

工艺流程分为两个阶段。

① 来自厌氧发酵罐的沼气通过管道输送进入沼气净化系统，首先经过粗过滤器除去固体杂质和部分水分后，进入双膜沼气储气柜（1500m³），储气柜主要起缓冲及暂存作用；随后进入沼气增压风机（罗茨风机），沼气被增压至 14.0kPa 后进入脱硫系统，脱硫采用湿法脱硫与干法脱硫相结合的方式，利用含有络合铁催化剂的碱液和 Fe_2O_3 将沼气中的 H_2S 脱至 $13\mu L/L$ 以下，其中设置湿法脱硫系统 1 套，干式脱硫塔设置 2 台，既可串联又可并联交替运行；脱硫后沼气再经过精密过滤器进一步去除过滤器内的杂质，供锅炉房蒸汽锅炉和导热油炉燃烧使用。

② 当后续系统因故障或不能及时向下游沼气用户供气时，富余的沼气经罗茨风机送至火炬燃烧。

系统工艺流程及物料平衡如图 10-21 所示。

10.3.2.5 生物柴油制取系统

（1）生物柴油制取工艺

本提取系统主要分为 5 个操作单元：a. 预处理单元，经过水洗、干燥后除去大部分杂质和水分；b. 酸催化反应单元；c. 碱催化反应单元；d. 油脂蒸馏单元；e. 甲醇蒸馏回收单元。

厌氧消化罐分离出来的原料油首先进入预处理单元，经过水洗分层、真空干燥，得到

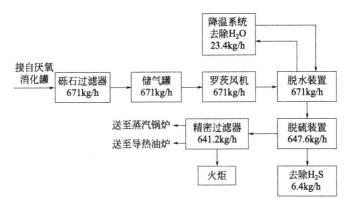

图 10-21 沼气净化工艺流程及物料平衡

含水率≤0.5%的毛油，经过预处理的毛油，泵入生物柴油车间脂肪酸罐，通过两阶段转酯方式来处理，在前处理阶段，先以浓硫酸作催化剂将游离脂肪酸转换成脂肪酸甲酯，然后再于第二阶段中，采用甲醇钠作催化剂与三酸甘油酯完成转酯化反应。反应生成的粗甲酯经过中和水洗后，静置分层，并进行蒸馏、冷凝、提纯后得到产品生物柴油。

工艺流程如图 10-22 所示。

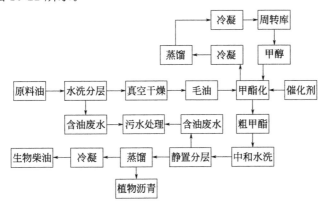

图 10-22 生物柴油制取工艺流程

（2）工艺特点

本工艺采用国内先进技术，对操作要求较高，具体体现在以下几点。

1）脱胶工序段生产效果　原料油中的胶质，一般以磷脂的形式存在，混入油中会使油色变深暗、浑油，同时磷脂遇热会焦化发苦，吸收水分促使油脂酸败，影响油品的质量和利用。本工序段利用其所含亲水基，加入一定量热水，使胶体水溶性脂质吸水膨胀、凝聚，进而产生沉降从油中进行分离。在操作中，应根据进料实际情况，清洗至油品清亮，确保胶质去除充分，以免影响后续操作。

2）预酯化反应段参数控制　为使后期酯交换反应不受游离脂肪酸影响，须在反应前采用预酯化工艺除酸。本系统预酯化反应段使用浓硫酸作催化剂，促使游离脂肪酸与甲醇反应，生成脂肪酸甲酯和水。现场技术操作人员在反应前先检测毛油酸价，并根据酸价参考化学方程式计算得出反应各项控制参数，对工作人员要求较高，需认真按参数要求控制反应进度，务求反应完全，以免对后续工艺段产生不良影响。

3）甲醇用量控制 在酯交换工艺段，发生的酯交换反应为可逆反应，为提高反应转化率，增加产品出产率，在实际投加甲醇时应过量，但过量甲醇的投加，又会使反应副产物甘油的分离更加困难，还会提高甲醇回收费用。现场操作人员应根据现场实际情况及理论参数计算结果严格控制甲醇用量，以使反应充分，得到最好的反应效果。

4）反应过程中皂化反应的控制 水和游离脂肪酸在碱性环境下，会产生皂化反应等副反应，减少产品产率，影响产品品质。在生产过程中，酯交换反应之前，应对反应物进行酸价及水分检测，避免残留脂肪酸及水分进入后期酯交换工艺段，影响反应结果。

5）各工艺段温度控制 本工艺在反应物的除水、产品甲酯的提纯、甲醇的回收等多工序段涉及蒸馏工艺，在蒸馏过程中，应注意控制反应温度，使反应充分的同时，避免液体暴沸溅出等情况的发生。同时，在反应物发生酯交换等化学反应时，根据工艺要求严格控制反应温度，以使产品产率最大化。

6）反应时间的控制 酯交换反应是可逆反应，时间短，反应将来不及达到平衡，造成转化率下降，产品收率降低；时间长虽然反应能充分达到平衡，但反而增大产品皂化的可能性，也会导致产品收率降低。因此，在酯交换工艺段，需按工艺要求严格控制反应时间，以便得到最好的反应效果。

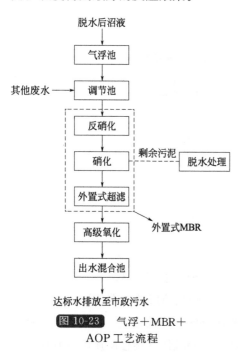

图 10-23 气浮＋MBR＋AOP工艺流程

10.3.2.6 污水处理系统

餐厨垃圾废水主要产生于餐厨垃圾处理工艺排水，其特点是污染物浓度高、成分复杂，属高浓度有机废水，氨氮含量高。根据此特点，本项目采用气浮＋MBR＋AOP污水处理工艺，其工艺流程如图 10-23 所示。

经脱水得到的沼液进入气浮池预处理后与其他污水在调节池混合均质，经过生化进水泵提升，经袋式过滤器过滤后进入膜生化反应器（MBR），去除可生化有机物以及进行生物脱氮。

经过外置式 MBR 处理超滤出水的 BOD、氨氮、重金属、悬浮物等已经达到排放标准，并且出水也没有悬浮物。但是难生化降解的有机物形成的 COD 和色度仍然较高，因此设计采用高级氧化对超滤出水进行深度处理，去除难生化降解的有机物。

10.3.3 环境效益、经济效益

该项目餐厨垃圾处理采用"预处理＋厌氧消化＋沼气净化自用"工艺，地沟油采用"预处理＋两步酯化法制生物柴油"工艺。预计可产生生物柴油 4066t/a，甘油（工业级）415.8t/a，植物沥青 323.4t/a。该项目的建设形成了合理的餐厨垃圾资源化利用和无害化处理的产业链，促进餐厨垃圾处理的产业化发展，提高餐厨垃圾区域覆盖率、资源化利用率和无害化处理水平。

10.4 重庆市黑石子餐厨垃圾处理厂扩建工程[4]

10.4.1 项目概况

重庆市黑石子餐厨垃圾处理厂扩建工程，位于重庆市江北区黑石子村大石马社，项目总投资 2.76 亿元，占地面积 65385.49m²，餐厨垃圾 500t/d，地沟油 40t/d，主要负责重庆市主城区的北部区域和中部区域的部分区域餐厨垃圾无害化处理和资源化利用。

该工程采用湿式、单相、连续、高温厌氧消化技术。工艺流程主要包括餐厨垃圾接收及预处理系统、厌氧发酵系统、消化残渣处理系统、沼气提纯系统、生物柴油制取系统（含地沟油预处理）、污水处理系统等。

10.4.2 工艺流程

确定厌氧工艺仍采用湿式、单相、连续、高温厌氧消化技术，厌氧发酵产生的沼气用于提纯制 CNG，产生部分经济效益；产生的沼渣经脱水后由重庆市固体废弃物处理有限公司处理；生产中产生的废水按相关要求进行处理后除部分用于回流外，其余排入市政管网；餐厨垃圾中的油脂进行分离后，与预处理后的地沟油采用两步酯化法生产生物柴油，产生部分经济效益。

餐厨垃圾、地沟油工艺流程及物料平衡如图 10-24 和图 10-25 所示。

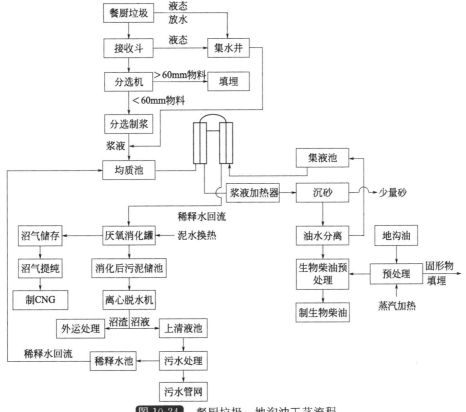

图 10-24 餐厨垃圾、地沟油工艺流程

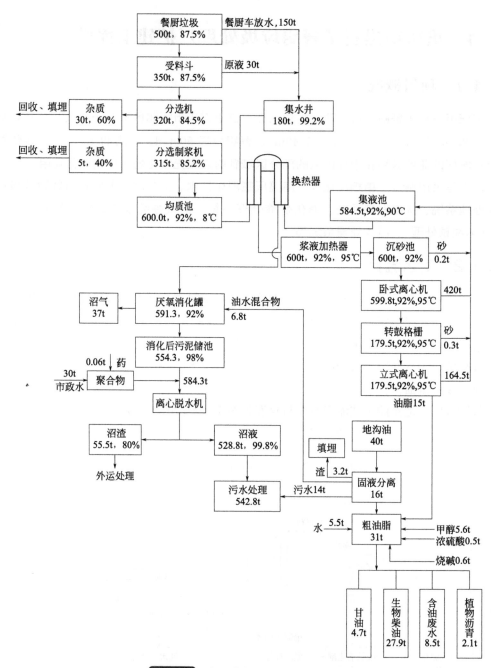

图 10-25 餐厨垃圾、地沟油物料平衡

（1）预处理系统

① 餐厨垃圾运至本厂后首先进行地磅斤检，然后进入预处理车间，收运车辆在指定位置将车内水箱内的游离水通过收集沟排入集水池，待放水完毕，再将餐厨垃圾卸入接收料斗内进行卸料，收集车将车内的固态和液态垃圾一同卸入受料斗内，再经设置在受料斗底部无轴螺旋输送机输送至分拣机进口，垃圾在输送过程中同时沥出部分游离水，如图 10-26所示。

② 进入分拣机的垃圾在分拣机内对垃圾进行自动分选：分拣出的 φ60mm 以上粗杂物料可进行回收或填埋；分拣出的小于 φ60mm 筛下物落入分拣出料螺旋输送机，输送至生物质分选制浆机，进行分选并制浆，如图 10-27 所示。

图 10-26 接料仓（图片来源：中国市政工程华北设计研究总院）

图 10-27 大物质分拣机（图片来源：中国市政工程华北设计研究总院）

③ 生物质分选制浆机将餐厨细料中尚存的重物质和轻物质分离，制好的浆液存于底部浆液储存斗内，破碎后物料颗粒粒径小于 12mm，制好的浆液出料需要通过多孔格栅板进一步过滤出杂质，分离杂质后的浆液经该设备底部的提升泵打入均质池，为保证浆料的粒径进一步对物料进行破碎，在输送管道上设置管道破碎机对浆料进一步破碎。如图 10-28 所示。

图 10-28 生物质分选制浆机（图片来源：中国市政工程华北设计研究总院）

④ 均质池内物料与后端高温浆液换热升温后进入浆液加热器加热至 95℃，进入沉砂池，分选出少量的砂石并进入泵池，再进入卧式离心分离机，分离出轻质液相、重质液相和固渣相，轻质液相出料流入集液池，经转鼓格栅去除颗粒物后，由泵输送至碟片离心机进行油水分离。立式离心机对物料进行两相分离，分离出油相和液相。油相输送至油箱储存，液相回流到集液池然后泵送入厌氧系统。卧式离心机固渣和重质水相以及立式离心机的液相由泵输送至泥/泥换热器降温后进入厌氧罐。经过泥/泥热交换可以回收热量，给制浆后的低温物料加热，回收热能。

（2）厌氧发酵系统

厌氧消化的主要途径大致分为水解、产酸和脱氢、产甲烷三个阶段，由兼性细菌产生的水解酶类，将大分子物质或不溶性物质分解为低分子可溶性有机物，水解形成的溶性小分子有机物被产酸细菌作为碳源和能源，最终产生短链的挥发酸，如乙酸。产甲烷的厌氧生物处理过程中，有机物的真正稳定发生在反应的第三阶段，即产甲烷阶段。

其处理工艺见10.3部分徐州市大彭垃圾处理厂（餐厨）中的厌氧发酵工艺。

工艺参数见表10-8。

表10-8　处理工艺参数表

(1)进料设计参数		沼气中甲烷含量	$45\%\sim70\%$
进料总含固率(TS)	$8\%\sim10\%$	沼气中二氧化碳含量	$30\%\sim55\%$
温度	约50℃	(4)主要设备表	
(2)过程控制参数		① 厌氧消化罐	
进料有机负荷	$3.2kgVS/(m^3 \cdot d)$	有效尺寸(DiaxH)	$24m\times19.2m$
停留时间	25d左右	数量	2座
pH值	$6.5\sim7.5$	材质	碳钢内衬防腐
温度	$55\sim60$℃	② 泥/水热交换器	
NH_3-N	<3000mg/L	数量	2台
(3)出料设计参数		供热介质	热水
含固率(TS)	2%左右	吸热介质	厌氧消化罐内的污泥
温度	55℃	热交换能力	950kW
降解率	75%	③ 机械搅拌器	
出料 C/N	约12∶1	安装位置	厌氧消化罐内
沼气产生量	约30000m³/d	数量	2台
沼气密度	$1.25kg/m^3$	功率	30kW

（3）厌氧消化残渣处理系统

厌氧消化罐沼渣含水率98%，每天产生约539t，本工程采用离心脱水机进行脱水。发酵残渣周期性从消化后污泥储池内提升入离心脱水机，并设置聚合物加药系统，在管路中的残渣流加入絮凝剂溶液，以改善离心式脱水剂的脱水能力；垃圾经离心脱水机脱水后的残渣，经螺旋输送机提升落入收集箱内，由车运到消化残渣处理系统进行处理，脱水残渣为55.5t/d，含固率为20%。脱水后的上清液排入本厂的污水处理区内，进行脱氮处理后的上清液一部分用来作稀释水，其余部分外排市政管网进行处理。设置3台离心脱水机，2用1备。设置聚合物加药系统，聚合物加入管路后和污泥有效混合。由于餐厨垃圾处理厂现状用地条件限制，拟配置污泥运输车4辆，外运委托重庆市固体废弃物处理有限公司处理。

（4）沼气提纯及资源化利用系统（见图10-29）

本项目是利用厌氧发酵产生的沼气作为原料气，原料沼气经厂区内沼气管线进入沼气提纯工段，原料沼气首先通过初级过滤器，以清除沼气中的颗粒物和一部分水汽，然后进入双膜气柜进行缓冲储存,再通过沼气风机将沼气增压至15～30kPa后送至生物脱硫塔和干式脱硫塔进行粗脱硫和精脱硫,最后经由沼气压缩机升压至0.6MPa。增压后的混合气体进入PSA脱碳装置和脱水装置,以脱去CO_2、H_2O,经净化提纯后的沼气进入压缩机压缩至25.0MPa,或存于储气瓶组,或直接通过加气柱给CNG拖车充气。

厂区内的蒸汽锅炉使用干式脱硫塔处理后的沼气作为热源燃烧供热,厌氧发酵产生的沼气应首先满足蒸汽锅炉的用量,富余沼气送入后续的提纯压缩系统。

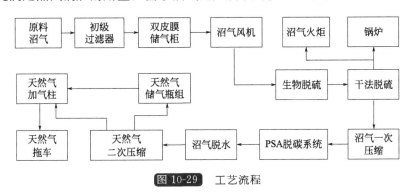

图 10-29 工艺流程

(5)生物柴油系统

其处理工艺见10.3部分徐州市大彭垃圾处理厂(餐厨)中的制取生物柴油的工艺。

(6)污水处理系统

根据餐厨垃圾污水水质水量特点和处理要求,采用"外置式膜生物反应器(MBR)"为核心工艺的处理工艺,并辅以其他辅助处理工艺。污泥处理工艺采用"离心脱水"工艺。

如图10-30所示,外置式膜生物反应器包括生物反应器和超滤(UF)两个单元。

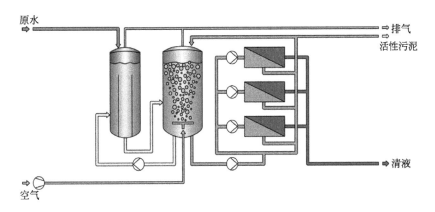

图 10-30 膜生物反应器工艺原理(图片来源:中国市政工程华北设计研究总院)

生物反应器为普通的好氧反应器或反硝化和硝化,就垃圾渗滤液而言,由于其中氨氮浓度较高,对其排放要求一般都很严格,即生物反应器需要具备良好的生物脱氮功能,因此生物反应器采用前置式反硝化,硝化后置。

膜生物反应器采用外置管式超滤替代了传统的二沉池,完全实现泥、水分离,使生物系统内的污泥浓度达到15～30g/L。由于生物反应器内污泥浓度较传统的活性污泥法高出

3～6 倍，并且渗滤液中盐分含量很高，如采用普通的曝气方式，氧的转移效率、空气扩散和气液搅拌混合效果等均受到极大的限制，不能满足高污泥浓度、高污染物负荷条件下的供氧要求，因此在膜生物反应器硝化池中采用特殊设计的射流曝气结构。

硝化池内曝气采用专用设备射流鼓风曝气，通过高活性的好氧微生物作用，污水中的大部分有机物污染物在硝化池内得到降解，同时氨氮和有机氮氧化为硝酸盐和亚硝酸盐，由于超滤膜分离净化水和菌体，在生物反应器系统中积累驯化产生的微生物菌群，对渗滤液中相对普通污水处理工艺而言难降解的有机物也能逐步降解。

在硝化池内，通过高活性的好氧微生物作用降解大部分有机污染物，同时氨氮和有机氮氧化为硝酸盐和亚硝酸盐，超滤进水兼有回流功能，即超滤进水经过超滤浓缩后，清液排出，而浓缩液回流至反硝化池中，在缺氧环境中还原成氮气排出，达到脱氮的目的，反硝化池内设液下搅拌装置。

10.4.3　环境效益、经济效益

该项目采用厌氧工艺即湿式、单相、连续、高温厌氧消化技术工艺。预计可产生生物柴油 10183.5t/a，甘油（工业级）1715.5t/a，植物沥青 766.5t/d，CNG 346.8×10⁴m³/a。该项目的建设形成了合理的餐厨垃圾资源化利用和无害化处理的产业链，促进餐厨垃圾处理的产业化发展，提高餐厨垃圾区域覆盖率、资源化利用率和无害化处理水平。

10.5　中新天津生态城餐厨垃圾多元化资源利用模式探索

10.5.1　生态城餐厨垃圾收运概况简介

生态城一直按照"大分流，小分类"的原则，开展垃圾分类管理及运行工作。其餐厨垃圾主要来源于两部分：一类是以集中饮食服务商业区及常驻单位食堂为主产生的餐厨垃圾，如商业街、二社区与三社区内的餐厅、生态城内所有学校食堂、企事业单位餐厅等；另一类是以分散的居民家庭产生的厨余垃圾。两类垃圾的收运采用两条不同的收运路线进行收集。以集中式饮食服务商业区及常驻单位食堂为主产生的餐厨垃圾采用餐厨垃圾专用车人工收运方式，环保公司共有专用餐厨垃圾收运车 2 辆，每天定点收集生态城内 65 点位餐厨垃圾。而分散的居民家庭产生的厨余垃圾则是采用黄色垃圾袋与其他垃圾区分，由居民自行投放到垃圾气力输送系统集中收集后，由专业人员分类收集后与餐厨垃圾共同集中处理。

10.5.2　生态城餐厨垃圾多元化资源利用模式探索 [5]

由于目前生态城人口较少且分散，所以生态城采取集中处理及分散处理相结合的方式，按照就近处理的原则，将餐厨垃圾进行多元化资源化利用方式进行处理。主要流程如图 10-31 所示。

（1）餐厨废弃油脂制备生物柴油技术 [6]

生态城在环卫之家试制一套生物柴油制备中试设备，开展餐厨垃圾废油油脂制备生物

柴油研究及示范，其主要技术优势在于利用固体新型催化剂代替传统的液态催化剂，避免对设备的腐蚀，降低生产成本，主要产品为生物柴油粗产品。其制备工艺如图10-32所示。

利用废油油脂制备生物柴油主要步骤如下。

1）油脂预处理 原料油经40目滤网过滤出大型固体杂质，进入计量毛油池，经真空吸入酯化脱水釜，加热到100℃，真空脱水30min，油脂水分含量<2%。

2）酯化反应阶段 油脂泵入酯化反应釜，升温至120℃，按比例加入催化剂，打开甲醇泵定量加入甲醇，反应釜维持120℃、1h，取样测定，达标后停止加入甲醇，反应结束，脱醇30min，酯化完成，多余甲醇经冷凝器回收进入废甲醇储存罐[3]。

3）酯交换反应 将酯化好的甲酯利用过滤泵进行增压过滤，滤出固体催化剂及杂质，进入酯交换反应釜进行酯交换反应。提前进行醇碱混合，将混合好的醇碱加入酯化反应釜内，反应温度控制在65℃左右，反应1h后，升温到95℃脱醇30min，酯交换反应完成，甲醇冷凝回收。

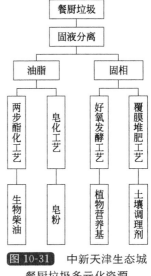

图 10-31 中新天津生态城
餐厨垃圾多元化资源
利用工艺及流程

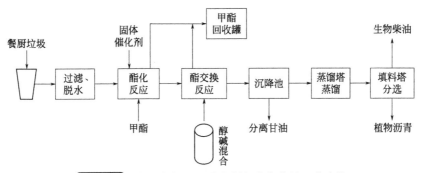

图 10-32 餐厨垃圾废弃油脂制备生物柴油工艺路线

4）蒸馏提纯成品 酯交换反应甲酯进入沉降罐，静置4h分离甘油，甘油下部排出，放入粗甘油池，粗甲酯等待蒸馏。粗甲酯经真空吸入蒸馏釜后，加热至200℃，真空下（-0.1MPa）进行前馏分蒸馏。前馏分经冷凝器冷凝回收进入前馏分储存罐。待前馏分蒸馏完成后关闭前馏分储存罐阀门，打开成品甲酯储存罐阀门，升温至270℃。经填料塔分选后，经冷凝器冷凝回收进入成品甲酯储存罐，得到精甲酯产品。

（2）餐厨废弃油脂制备皂粉技术

生态城在环卫之家试制一台废油油脂制备皂粉中试设备，开展餐厨垃圾废油油脂制备皂粉的研究及示范，其制备工艺如图10-33所示。

图 10-33 餐厨垃圾废弃油脂制备皂粉工艺路线

利用废油油脂制备皂粉主要步骤如下所述。

1) 预处理　过滤，除去其中杂质；加热除味。

2) 皂化　将预处理后的废油加热至 90℃，缓慢加入 40％的氢氧化钠溶液，搅拌，控制 pH 值在 8～9，反应 30min。

3) 盐析　首先加入体积分数大约是皂化液 15％的热水（水温与油温相同或略高于油温）；然后加入质量分数约为油量 10％的氯化钠，加热煮沸并搅拌 10min，静置 1h，除去下层废水，此时制得粗皂基。将皂化好的溶液倒入饱和氯化钠溶液中，使硬脂酸钠在盐溶液中分离出来，形成分层，上层是肥皂，下层是甘油、过量的碱以及氯化钠等。

4) 水洗　在制得的皂基中倒入皂胶量 1～1.5 倍的热水，加热搅拌，煮沸 3min，静置沉淀分离。

5) 干燥粉碎　将水洗过的皂胶晾干粉碎，即得皂粉。

目前餐厨垃圾资源利用制备产品：皂粉、植物生长基等，在生态城内开展垃圾分类活动作为小礼品发放给生态城内居民使用。

（3）餐厨垃圾好氧发酵制备植物营养基

生态城采用餐厨垃圾好氧机及覆膜堆肥对餐厨垃圾固液分离后的固相部分进行处理。根据生态城餐厨垃圾产量和气力输送系统分布情况，采用分散式餐厨垃圾资源化处理系统，其优势在于占地面积小、处理速度快、处理方式灵活等。

餐厨垃圾处理系统由投料和出料装置、热力供应系统、供氧与排气系统、驱动机构、电控系统等组成。工作时，由投料口投入预处理后的餐厨垃圾原料，同时投入好氧降解菌种。物料在驱动结构搅拌叶的搅动下，在发酵室内形成连续翻动的循环状态，保持物料受热的均匀度和充足的供氧条件。设备的换热装置为布风管提供干燥热空气，形成均匀的加热空间，使物料充分传热、除湿。整个发酵、脱水过程中，供氧排气系统不断为物料提供新鲜空气，满足其好氧发酵工作要求。作业完成后，物料向设备中部聚集，从设备底部的出料口出料。餐厨垃圾处理过程中，设备采用程序自动控制的方式，对发酵物料的温度、压力和供氧等进行严格的监测和控制，在规定的时间内完成物料发酵、干燥和冷却，直至生产出高有机质的有机肥产品，可用于土壤改良、种植植物等，实现餐厨垃圾无害化、减量化、资源化处理。

（4）餐厨垃圾覆膜堆肥制备土壤调理剂

生态城部分餐厨垃圾采用与城内园林垃圾、生活污泥覆膜共堆肥技术制备盐碱地改良剂。本技术的固体废弃物包括餐厨垃圾、绿化垃圾和污泥共三大类，主体工艺采用"垃圾预处理＋覆膜微曝气好氧混合堆肥发酵"，利用堆肥产品开展盐碱土壤改良研究。主要工艺及步骤如图 10-34 所示。

1) 堆肥原料　污泥＋园林绿化垃圾＋餐厨垃圾，调节含水率 40％～60％，有机物含量 20％～60％，C/N 为（20∶1）～（30∶1），堆体发酵温度 55～75℃，55℃至少维持 5d。堆体氧浓度＞10％；通风量 0.05～0.20m³/min。

2) 辅料　微生物菌剂、秸秆、木屑等干物质。

3) 系统设计　按物料不同配比及添加不同腐熟剂接种量，共设置堆肥处理，具体物料配比在检测完堆肥物料理化性质后确定，每个堆垛尺寸为 10m×（2m∶1m）×1m，即长×(底宽∶顶宽)×高，发酵周期约 4～6 周。如图 10-35 所示。

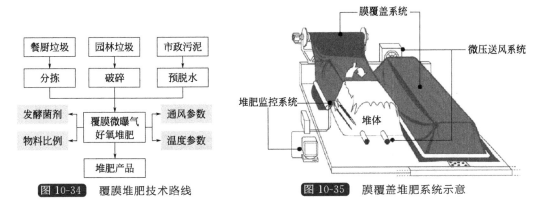

图 10-34 覆膜堆肥技术路线　　　　图 10-35 膜覆盖堆肥系统示意

4）材料及设备　覆盖膜 4 块；尺寸为 15m×5.0m（四边各 0.5m 裙边，长×宽）；通风管 8 根，10m 长，ϕ160mm；鼓风机 1 台，功率 1.5kW，电压 380V，转速 2800r/min，流量 860m³/h，风压 1020Pa；温度检测器 8 套及氧气浓度检测器 8 套；配电系统 1 套；其他翻拌工具。

堆肥 30d 后腐熟，在成品满足有机肥料标准 NY 525—2011 后，用于生态城内绿化用土及盐碱地改良。

参 考 文 献

[1] 中国市政工程华北设计研究总院贵阳市餐厨废弃物资源化利用和无害化处理项目设计说明书.
[2] 中国市政工程华北设计研究总院昆明市城市餐厨废弃物处理示范项目设计说明书.
[3] 中国市政工程华北设计研究总院徐州市大彭垃圾处理厂项目设计说明书.
[4] 中国市政工程华北设计研究总院重庆市黑石子餐厨垃圾处理厂扩建工程项目设计说明书.
[5] 盛金良，杨志强，朱强. 餐厨垃圾生态循环综合处置方案初探[J]. 2009，28(6)：242-246.
[6] 李菘，张曦，邓临新. 动物源性生物柴油制备方法[J]. 2009,24(2):250-254.

附录:

我国各地方餐厨垃圾管理办法和条例摘要

《北京市餐厨垃圾收集运输处理管理办法》

第一条 为加强对餐厨垃圾的管理,维护城市市容环境卫生,保障人民身体健康,根据《北京市市容环境卫生条例》和《北京市实施〈中华人民共和国动物防疫法〉办法》的有关规定,制定本办法。

第二条 本办法所称餐厨垃圾,是指宾馆、饭店、餐馆和机关、部队、院校、企业事业单位在食品加工、饮食服务、单位供餐等活动过程中产生的食物残渣、残液和废弃油脂等废弃物。

第三条 本办法适用于本市规划市区、郊区的城镇地区和开发区、科技园区、风景名胜区及其他实行城市化管理的地区内餐厨垃圾的收集、运输、处理及相关管理活动。

第四条 北京市市政管理委员会(以下简称市市政管委)负责本市餐厨垃圾收集、运输、处理的监督管理和本办法的组织实施。各区、县市政管理委员会负责本辖区内餐厨垃圾收集、运输、处理的日常管理。

第五条 餐厨垃圾的收集、运输和处理必须符合卫生、环保的要求。

第六条 鼓励和支持高新技术在餐厨垃圾收集、运输和处理中的研究和使用,积极推广先进的技术和设备。鼓励社会单位和个人参与餐厨垃圾的收集、运输和处理。

第七条 餐厨垃圾的产生者负有对其产生的餐厨垃圾进行收集、运输和处理的责任。

第八条 餐厨垃圾的产生者应当按照本市卫生、环保和市容环境卫生的要求,设置符合标准的收集、存放和处理餐厨垃圾的专用设施、设备。餐厨垃圾的产生者应当保证收集、存放专用设施、设备的功能完好和正常使用。

第九条 餐厨垃圾不得随意倾倒、堆放,不得排入雨水管道、污水排水管道、河道、公共厕所和生活垃圾收集设施中,不得与其他垃圾混倒。餐厨垃圾的产生者不得将餐厨垃圾交给无相应处理能力的单位和个人。

第十条　餐厨垃圾的处理采用集中处理和分散处理相结合的方式。餐厨垃圾产生者可委托专业企业进行集中处理。委托专业企业进行集中处理的，应当向受委托的专业企业支付餐厨垃圾运输处理费。具备相关技术、设备条件的餐厨垃圾产生者，也可自行处理餐厨垃圾。集中处理和自行处理都应当符合本市有关标准和规范。

第十一条　餐厨垃圾的集中收集、运输和处理，应当由具备专业技术条件的企业承揽。

不具备专业技术条件的，不得进行餐厨垃圾的集中收集、运输和处理。

第十二条　运输餐厨垃圾依法实行准运证制度。餐厨垃圾运输车辆必须具有市市政管委核发的准运证件，方可从事运输。运输餐厨垃圾应当使用专用密闭机动车辆。运输车辆应当保持功能齐备、完好和车身整洁。运输餐厨垃圾不得沿途泄漏、遗撒和倾倒。

第十三条　餐厨垃圾运输企业（包括自运单位）应当将餐厨垃圾运到区、县人民政府指定的处理场所进行消纳处理。

第十四条　任何单位和个人都有权对违反餐厨垃圾管理规定的行为进行举报。对单位和个人举报的违反餐厨垃圾管理规定的行为，有关行政管理部门应当依法及时处理。

第十五条　违反餐厨垃圾管理规定的，由城市管理综合行政执法机关按照《北京市市容环境卫生条例》和相关政府规章的规定进行处罚。

第十六条　本办法自 2006 年 1 月 1 日起施行。

《重庆市餐厨垃圾管理办法》

第一条　为了加强餐厨垃圾管理，保障食品卫生安全和人民群众身体健康，维护城市市容环境卫生，促进资源循环利用，根据国务院《城市市容和环境卫生管理条例》、《重庆市市容环境卫生管理条例》等法律法规，结合本市实际，制定本办法。

第二条　本市主城区的城市建成区和主城区以外的区县（自治县）人民政府所在地的城市建成区以及建制镇人民政府所在地的餐厨垃圾的收集、运输、处理及相关管理活动，适用本办法。

本办法所称餐厨垃圾，是指除居民日常生活以外的食品加工、饮食服务、单位供餐等活动中产生的厨余垃圾和废弃食用油脂。其中，厨余垃圾是指食物残余和食品加工废料；废弃食用油脂是指不可再食用的动植物油脂和各类油水混合物。

第三条　市市容环境卫生主管部门负责全市餐厨垃圾收集、运输、处理的政策制定、监督、管理和协调工作。其日常管理工作由所属的市环境卫生管理机构负责。

区县（自治县）市容环境卫生主管部门负责本行政区域内的餐厨垃圾收集、运输、处理的管理、监督和协调工作。

第四条　食品药品监督管理部门负责餐饮消费环节的监督管理，依法查处餐厨垃圾产生单位（含个体工商户，下同）以餐厨垃圾为原料制作食品的违法行为，并对餐厨垃圾产生单位的申报回执进行检查。

质量技术监督管理部门负责食品生产环节的监督管理，依法查处食品生产单位以餐厨垃圾为原料进行食品生产的违法行为。

工商行政管理部门负责食品流通环节的监督管理，依法查处销售废弃食用油脂的违法行为。

畜牧兽医行政管理部门负责畜禽生产场所的监督管理，依法查处使用未经无害化处理的餐厨垃圾饲养畜禽的违法行为。

卫生、环保等其他有关部门按照职责分工做好餐厨垃圾管理的有关工作。

第五条　餐厨垃圾管理实行减量化、资源化、无害化原则。

倡导通过净菜上市、改进食品加工工艺、文明就餐等方式减少餐厨垃圾的产生。

鼓励和支持餐厨垃圾处理技术开发和设施建设，促进餐厨垃圾的资源化利用。

对不能进行资源化利用的餐厨垃圾，必须进行无害化处理。

第六条　餐厨垃圾产生单位应当交纳餐厨垃圾处置费。餐厨垃圾处置费纳入城市生活垃圾收费体系，其征收管理的具体办法和标准由市财政和市物价部门会同市市容环境卫生主管部门另行制定，报市人民政府批准后实施。

第七条　餐厨垃圾实行统一收运、集中处理。

从事餐厨垃圾收集、运输、处理活动应当依法取得城市生活垃圾经营许可证。

区县（自治县）人民政府应当鼓励社会参与，积极探索餐厨垃圾收集、运输和处理的市场化运作模式，原则上应当通过招标等公平竞争方式在取得城市生活垃圾经营许可证的单位中确定本行政区域内的餐厨垃圾收集、运输和处理单位。

餐厨垃圾收集、运输、处理应当形成网络。设置餐厨垃圾处理场所应当符合城市总体规划和土地利用总体规划。

第八条　收集、运输、处理餐厨垃圾应当遵守下列规定：

（一）按照国家有关要求，采取防臭、防流失、防渗漏等措施防治环境污染；

（二）将餐厨垃圾与其他生活垃圾分类，实行单独收集、密闭储存；

（三）不得将餐厨垃圾排入雨水管道、污水排水管道、河道和厕所；

（四）不得将未经无害化处理的餐厨垃圾作为畜禽饲料；

（五）不得将废弃食用油脂或者其加工产品用于食品加工和销售。

第九条　餐厨垃圾产生单位应当遵守下列规定：

（一）每季度结束前10日内向所在地的区县（自治县）市容环境卫生主管部门申报下一季度餐厨垃圾的种类、数量等基本情况，并取得回执；

（二）自行设置符合标准的餐厨垃圾收集专用容器，保持收集容器完好、密闭、整洁；产生废弃食用油脂的，还应当按照环境保护管理的有关规定，安装油水分离器或者隔油池等污染防治设施；

（三）在餐厨垃圾产生后24小时内将其交给收运单位运输；

（四）不得将餐厨垃圾交由未经区县（自治县）人民政府通过招标等方式确定的本行政区域内的餐厨垃圾收运单位或者个人收运、处理。

第十条　餐厨垃圾收运单位应当遵守下列规定：

（一）每日（含法定节假日）至少到餐厨垃圾产生单位清运一次餐厨垃圾；

（二）在收集当日内将餐厨垃圾清运至餐厨垃圾处理单位处理；

（三）未经批准，不得停业、歇业；确需停业、歇业的，应当提前15日向所在地的区县（自治县）市容环境卫生主管部门报告并征得其同意；

（四）实行密闭化运输，不得滴漏、撒落；

（五）每月 10 日前将上月收运的餐厨垃圾的来源、数量、处理去向等情况向所在地的区县（自治县）市容环境卫生主管部门备案，并取得回执。

第十一条　餐厨垃圾处理单位应当遵守下列规定：

（一）按照国家有关规定和技术标准，对不能进行资源化利用的餐厨垃圾进行无害化处理；

（二）采取措施防止处理过程中产生的污水、废气、废渣、粉尘等造成二次污染；

（三）不得接收、处理未经区县（自治县）人民政府通过招标等方式确定的本行政区域内的餐厨垃圾收运单位或者个人运送的餐厨垃圾；

（四）按规定配备餐厨垃圾处理设施，保证设施持续稳定运行；确需检修的，应当提前 15 日向所在地的区县（自治县）市容环境卫生主管部门报告；

（五）按照规定设立安全机构或者配备安全管理人员，健全安全管理制度，配套安全设施，保证处理设施安全运行；

（六）每月 10 日前将上月处理的餐厨垃圾的来源、数量、产品流向、运行数据等情况向所在地的区县（自治县）市容环境卫生主管部门备案，并取得回执。

餐厨垃圾处理单位应当积极开展餐厨垃圾处理的科学研究和工艺改良工作，通过制造肥料、沼气、工业产品等方式提高餐厨垃圾的资源化利用率。

第十二条　市容环境卫生主管部门应当会同有关部门制订餐厨垃圾收集、运输和处理应急预案，建立餐厨垃圾应急处理系统，确保紧急情况或者特殊情况下餐厨垃圾的收集、运输和处理。

从事餐厨垃圾收运、处理的企业，应当制订餐厨垃圾突发事件污染防范的应急方案，并报所在地的区县（自治县）市容环境卫生主管部门备案。

第十三条　市容环境卫生主管部门应当通过书面检查、实地抽查、现场核定等方式对本行政区域内餐厨垃圾收集、运输、处理的下列情况进行监督检查：

（一）餐厨垃圾产生单位的申报情况；

（二）餐厨垃圾收运、处理单位的备案情况；

（三）餐厨垃圾收运、处理设施的运行、使用情况；

（四）餐厨垃圾分类收集、密闭储存以及无害化处理等情况。

市容环境卫生主管部门应当通过举报电话等方式，受理公众的举报和投诉，并在 15 个工作日内将调查处理结果告知实名举报人或者投诉人。

食品药品监管、畜牧兽医、环保、工商、质监、卫生等有关部门应当按照职责分工加强对餐厨垃圾收集、运输、处理有关工作的监督检查。

以上行政机关应当建立执法信息共享机制。必要时，按照市人民政府有关规定实施联动执法。

第十四条　违反本办法第七条第二款、第三款的规定，未取得城市生活垃圾经营许可证擅自从事餐厨垃圾收集、运输、处理的，或者未经区县（自治县）人民政府通过招标等方式确定擅自从事餐厨垃圾收集、运输、处理的，由市容环境卫生主管部门责令停止违法行为，处 5000 元以上 10000 元以下的罚款；情节严重的，处 10000 元以上 30000 元以下的罚款。

第十五条　违反本办法第八条第一项规定的，由环境保护管理部门按照有关法律法规规定实施处罚。

违反本办法第八条第二、三项规定的，由市容环境卫生主管部门责令限期改正；逾期不改的，处 200 元以上 1000 元以下的罚款。

违反本办法第八条第四项规定的，由畜牧兽医行政管理部门责令停止违法行为，处 1000 元以上 3000 元以下的罚款。

违反本办法第八条第五项规定的，由食品药品监督管理部门、质量技术监督管理部门和工商行政管理部门按照职责分工责令停止违法行为，处 5000 元以上 10000 元以下的罚款；情节严重的，处 10000 元以上 30000 元以下的罚款。

第十六条　违反本办法第九条第一项规定的，由市容环境卫生主管部门责令限期申报；逾期不申报的，处 200 元以上 1000 元以下的罚款。

违反本办法第九条第二、三项规定的，由市容环境卫生主管部门责令限期改正；逾期不改的，处 200 元以上 1000 元以下的罚款。

违反本办法第九条第四项规定的，由市容环境卫生主管部门处 1000 元以上 5000 元以下的罚款。

第十七条　违反本办法第十条第一、二、四、五项规定的，由市容环境卫生主管部门责令限期改正；逾期不改的，处 1000 元以上 5000 元以下的罚款。

违反本办法第十条第三项规定的，由市容环境卫生主管部门责令限期改正；逾期不改的，处 5000 元以上 10000 元以下的罚款。

第十八条　违反本办法第十一条第一款第一、二项规定的，由环境保护管理部门按照有关法律法规规定实施处罚。

违反本办法第十一条第一款第三、四、五、六项规定的，由市容环境卫生主管部门责令限期改正；逾期不改的，处 5000 元以上 10000 元以下的罚款。

第十九条　市容环境卫生、食品药品监管、畜牧兽医、环保、工商、质监、卫生等有关部门违反本办法规定，不依法履行职责的，由其上级机关或者监察机关责令改正；情节严重的，对直接负责的主管人员依法给予行政处分。其工作人员玩忽职守、滥用职权、徇私舞弊的，由有权机关依法给予行政处分；涉嫌犯罪的，移送司法机关依法追究刑事责任。

第二十条　本办法自 2009 年 9 月 1 日起施行。

《长沙市餐厨垃圾管理办法》

第一条　为加强餐厨垃圾管理，维护城市市容环境卫生，保障人民群众身体健康，根据《中华人民共和国固体废物污染环境防治法》《城市市容和环境卫生管理条例》等法律、法规规定，结合本市实际，制定本办法。

第二条　本市市区范围内餐厨垃圾的产生、收集运输、处置及其相关管理活动适用本办法。

第三条　本办法所称餐厨垃圾，是指从事餐饮服务、单位供餐、食品生产加工等活动的单位和个人（以下统称餐厨垃圾产生单位）在生产、经营过程中产生的食物残余、食品加工废料、废弃食用油脂（包括不可再食用的动植物油脂和各类油水混合物）等垃圾。

第四条　市城市管理行政管理部门是本市餐厨垃圾管理的行政主管部门，负责统一组织实施本办法。食品安全管理、环保、工商、食品药品监督、质监、卫生、畜牧、农业、财政、物价等部门按照各自职责，协同实施本办法。

第五条　市人民政府应当建立健全食用油和食品市场监管制度和体系，防止以餐厨垃圾为原料生产加工的产品进入餐饮消费和食品流通市场。食品药品监督行政管理部门负责餐饮消费环节的监督管理，依法查处餐饮服务、单位供餐活动中以餐厨垃圾为原料制作食品的违法行为。质量技术监督行政管理部门负责食品生产加工环节的监督管理，依法查处食品生产加工活动中以餐厨垃圾为原料进行食品生产加工的违法行为。工商行政管理部门负责食品流通环节的监督管理，依法查处销售废弃食用油脂或者以餐厨垃圾为原料制作的食用油的违法行为。畜牧行政管理部门负责养殖环节的监督管理，依法查处无证生产动物源性饲料产品以及使用未经无害化处理的餐厨垃圾饲养畜禽的违法行为。

第六条　本市餐厨垃圾管理坚持减量化、资源化、无害化的原则，实行统一收集运输、集中定点处置制度。

第七条　餐厨垃圾的收集运输由市、区财政予以补贴，具体办法由市城市管理行政管理部门会同财政、物价等行政管理部门另行制定，报市人民政府批准后执行。对在餐厨垃圾无害化处理和资源化利用等方面做出显著成绩的单位和个人，市、区人民政府应当给予奖励。

第八条　倡导通过净菜上市、改进食品加工工艺、合理用膳等方式减少餐厨垃圾的产生。鼓励和支持餐厨垃圾处置技术开发、利用，促进餐厨垃圾的资源化利用。

第九条　本市餐饮行业协会应当发挥行业自律作用，参与制定有关标准，规范行业行为，推广减少餐厨垃圾的方法，将餐厨垃圾的管理工作纳入餐饮企业等级评定范围。

第十条　从事餐厨垃圾收集运输、处置活动，应当取得餐厨垃圾收集运输、处置服务许可证。市城市管理行政管理部门应当会同有关部门通过公开招投标等公开竞争方式作出餐厨垃圾收集运输、处置服务许可的决定，并向中标单位颁发餐厨垃圾收集运输、处置服务许可证。市城市管理行政管理部门应当与中标单位签订餐厨垃圾收集运输、处置经营协议，约定经营期限、服务标准、经营区域等内容，并作为餐厨垃圾收集运输、处置服务许可证的附件。

第十一条　餐厨垃圾产生单位应当建立产生台账，真实、完整记录餐厨垃圾产生数量、去向等情况。餐厨垃圾收集运输单位应当建立收集运输台账，真实、完整记录收集运输的餐厨垃圾来源、数量、去向等情况。餐厨垃圾处置单位应当建立处置台账，真实、完整记录餐厨垃圾来源、数量、处置方法、产品流向、运行数据等情况。市城市管理行政管理部门应当定期对餐厨垃圾产生单位、收集运输单位、处置单位建立台账情况进行监督检查。

第十二条　餐厨垃圾产生单位应当遵守以下规定：

（一）餐厨垃圾应当单独收集、存放，禁止与一次性餐饮具、酒水饮料容器、塑料台布等其他固体生活垃圾相混合；

（二）设置符合标准的餐厨垃圾收集容器，不得裸露存放餐厨垃圾并保持收集容器及周边环境的干净整洁；收集容器应当保持完好和密闭，并标明餐厨垃圾收集容器字样；

（三）按照环境保护的要求设置油水分离器或者油水隔离池等污染防治设施，并保持其正常使用；

（四）及时将餐厨垃圾交由取得许可的餐厨垃圾收集运输单位收运，做到日产日清；

（五）法律、法规、规章作出的其他规定。

第十三条　餐厨垃圾收集运输单位应当遵守以下规定：

（一）每日至少到餐厨垃圾产生单位收运一次餐厨垃圾；

（二）配备规定的专用运输车辆及相关转运设施，并保持其完好和整洁；

（三）实行完全密闭化运输，在运输过程中不得滴漏、撒落，转运期间不得裸露存放；

（四）将收集的餐厨垃圾及时运送至已取得餐厨垃圾处置许可的单位进行处置；

（五）制定餐厨垃圾收集运输应急预案，并报市城市管理行政管理部门备案；

（六）法律、法规、规章作出的其他规定。

第十四条　餐厨垃圾处置单位应当遵守以下规定：

（一）按照要求配备处置设备、设施，保证设备、设施运行良好，正常检修需要暂停处置设施运行的，应当提前15天报告市城市管理行政管理部门；

（二）严格按照国家有关规定和技术标准处置餐厨垃圾，对不能进行资源化利用的餐厨垃圾应当进行无害化处理；

（三）在处置过程中严格遵守国家和本市环境保护的有关规定，采取有效污染防治措施，并达到国家规定的排放标准；

（四）实现资源化利用生产的产品应当符合相关质量标准要求，并依法报相关行政管理部门备案；

（五）制定餐厨垃圾处置应急预案，并报市城市管理行政管理部门备案。

第十五条　在餐厨垃圾产生、收集运输、处置过程中，禁止从事下列活动：

（一）将废弃食用油脂加工后作为食用油使用或者销售；

（二）将餐厨垃圾交由未取得许可的单位、个人收集运输、处置或者未经许可从事餐厨垃圾收集运输、处置；

（三）将餐厨垃圾排入雨水、污水排水管道等公共设施和河道等天然水体；

（四）使用未经无害化处理的餐厨垃圾直接饲养畜禽。

第十六条　餐厨垃圾收集运输、处置单位需停业、歇业的，应当提前6个月向市城市管理行政管理部门报告，经同意后方可停业或歇业，因不可抗力无法继续经营的情况除外。

第十七条　市城市管理行政管理部门应当通过书面检查、实地抽查、现场核定等方式加强对餐厨垃圾产生、收集运输、处置活动的监督和检查，并建立相应的监督管理记录。食品药品监督、质监、工商、环保、畜牧等行政管理部门应当采取法定方式，加强对餐厨垃圾收集运输、处置有关工作的监督检查。各相关行政管理部门应当建立执法信息共享机制，必要时可实施联动执法。

第十八条　市城市管理行政管理部门应当会同有关行政管理部门定期向社会公布下列信息：

（一）餐厨垃圾产生的种类和数量；

（二）核发收集运输、处置服务许可证的情况；

（三）餐厨垃圾的无害化处理情况；

（四）废弃食用油脂的资源化利用情况；

（五）餐厨垃圾产生单位、收集运输单位、处置单位的违法情况；

（六）餐厨垃圾管理应当公开的其他信息。

第十九条　任何单位和个人都有权对违反本办法的行为进行投诉和举报。市城市管理行政管理部门应当建立投诉举报制度，接受公众对餐厨垃圾产生、收集运输、处置违法活动的投诉和举报，并为投诉人或举报人保密。受理投诉或举报后，市城市管理行政管理部门应当会同有关行政管理部门及时到现场调查处理，并在受理投诉或举报之日起 15 个工作日内将处理结果告知投诉人或举报人。

第二十条　市城市管理行政管理部门应当会同有关行政管理部门制定全市餐厨垃圾收集运输、处置应急预案，建立餐厨垃圾应急处置系统，确保紧急或者特殊情况下餐厨垃圾正常收集运输和处置。

第二十一条　市城市管理行政管理部门、其他有关管理部门及其工作人员有下列行为之一的，由上级主管机关责令改正，并对其主管人员及直接责任人员依法给予行政处分；构成犯罪的，依法追究刑事责任：

（一）违反本办法规定的职权和程序，核发餐厨垃圾收集运输、处置服务许可证的；

（二）不依法履行行政监督管理职责的；

（三）其他滥用职权、玩忽职守、徇私舞弊行为。

第二十二条　违反本办法第十一条第一款规定，餐厨垃圾产生单位未按规定建立台账或者对台账弄虚作假的，由城市管理综合行政执法机关责令限期改正，逾期不改正的，对单位处 3000 元以上 5000 元以下罚款；对个人处 500 元以上 1000 元以下罚款。违反本办法第十一条第二、三款规定，餐厨垃圾收集运输、处置单位未按规定建立台账或者对台账弄虚作假的，由城市管理综合行政执法机关责令限期改正，逾期不改正的，处 5000 元以上 10000 元以下罚款。

第二十三条　违反本办法第十二条第（一）、（二）、（三）项规定的，由城市管理综合行政执法机关责令限期改正，逾期不改正的，对单位处 1000 元以上 5000 元以下罚款；对个人处 200 元以上 500 元以下罚款。

第二十四条　违反本办法第十三条第（一）、（二）、（三）、（四）项规定的，由城市管理综合行政执法机关责令限期改正，可处 5000 元以上 30000 元以下罚款。

第二十五条　违反本办法第十三条第（五）项、第十四条第（五）项规定，未制定应急预案的，由城市管理综合行政执法机关责令限期改正，逾期不改正的，处 3000 元罚款。

第二十六条　餐厨垃圾处置单位违反本办法第十四条第（一）项规定，未按要求配备处置设备、设施或者配备的设备、设施不能正常运行的，由城市管理综合行政执法机关责令限期改正，依法可处 30000 元以上 100000 元以下罚款。餐厨垃圾处置单位违反本办法第十四条第（二）、（三）、（四）项规定的，由环境保护、质监、工商行政管理部门依法进行处罚。

第二十七条　违反本办法第十五条第（一）项规定，将废弃食用油脂加工后作为食用油使用或者销售的，由食品药品监督、质监、工商行政管理部门依法进行处罚。违反本办法第十五条第（二）项规定，将餐厨垃圾交由未取得许可的单位、个人收集运输、处置的，由城市管理综合行政执法机关责令停止违法行为，对单位处 10000 元以上 30000 元以下罚款；对个人处 1000 元以上 3000 元以下罚款。违反本办法第十五条第（二）项规定，未经许可从事餐厨垃圾收集运输、处置的，由城市管理综合行政执法机关责令停止违法行为，对单位处 30000 元罚款；对个人处 3000 元罚款。违反本办法第十五条第（三）、（四）项规定的，分别由环境保护、畜牧行政管理部门依法进行处罚。

第二十八条　违反本办法第十六条规定，餐厨垃圾收集运输单位未经批准擅自停业、歇业的，由城市管理综合行政执法机关责令限期改正，依法可处 10000 元以上 30000 元以下罚款；餐厨垃圾处置单位未经批准擅自停业、歇业的，由城市管理综合行政执法机关责令限期改正，依法可处 50000 元以上 100000 元以下罚款。造成损失的，依法承担赔偿责任。

第二十九条　县（市）餐厨垃圾管理可参照本办法执行。城市排水、排污等公共管道中的废弃食用油脂（地沟油）的收集运输、处置及其管理活动参照本办法相关规定执行。

第三十条　本办法自 2011 年 6 月 1 日起施行。

《成都市餐厨垃圾管理办法》

第一条　（目的依据）为加强餐厨垃圾管理，保障食品安全和市民身体健康，维护市容环境卫生，促进资源循环利用，根据《中华人民共和国食品安全法》、《四川省城乡环境综合治理条例》、《成都市市容和环境卫生管理条例》等法律法规的规定，结合成都市实际，制定本办法。

第二条　（术语含义）本办法所称餐厨垃圾，属于生活垃圾范畴，是指除居民家庭日常生活以外的食品加工、餐饮服务、畜禽屠宰等活动过程中产生的厨余垃圾和废弃食用油脂等废弃物。前款所称厨余垃圾，是指食物残余（泔水）和食品加工废料；废弃食用油脂，是指不可再食用的动植物油脂和各类残渣、油水混合物。

第三条　（适用范围）本办法适用于本市中心城区和中心城区以外区（市）县人民政府所在地建成区以及建制镇人民政府所在地建成区的餐厨垃圾产生、收运、处理及相关管理活动。居民家庭日常生活中产生的厨余垃圾和废弃食用油脂等废弃物的产生、收运、处理及相关管理活动，不适用本办法。

第四条　（部门职责）市城市管理部门（以下简称市城管部门）负责本市餐厨垃圾的收运、处理的监督管理，其日常管理工作由所属的市生活固体废弃物管理机构负责。各区（市）县（含成都高新区）城市管理部门［以下简称区（市）县城管部门］负责本辖区内餐厨垃圾收运、处理的日常监督管理工作。

食品药品监督管理部门负责餐饮服务环节的监督管理，监督餐饮服务提供者建立并执行食用油采购查验和索证索票制度，依法查处以餐厨垃圾为原料制作食品等违反食品安全法律法规的行为，并对餐饮服务提供者餐厨垃圾产生登记工作进行监督检查。环保部门负责食品生产经营单位餐厨垃圾污染防治的监督管理，依法查处餐厨垃圾产生、处理单位的违法排污行为。

质监部门负责食品生产加工环节的监督管理，加强对食品加工企业产生的不可食用的残渣油脂处理情况的监督管理，依法查处以餐厨垃圾为原料进行食用油或食品生产加工的违法行为。

工商部门负责食品流通环节的监督管理，依法查处经营销售以餐厨垃圾为原料生产的食品的违法行为。农业部门负责禽畜养殖场所的监督管理；加强对以餐厨垃圾为原料加工的肥料产品的监督管理；依法查处无证生产动物源性饲料产品以及使用未经无害化处理的餐厨垃圾饲喂禽畜的违法行为；加强对除生猪以外其他畜禽屠宰过程中产生的不可食用的残渣油脂处理情况的监督管理。

商务部门应当做好餐饮服务提供者诚信经营的引导工作，督促餐饮服务提供者将餐厨垃圾交给取得收运、处理许可的企业收运和处理；并将餐厨垃圾的处理情况与企业的等级评定挂钩；加强对生猪屠宰过程中产生的不可食用的残渣油脂处理情况的监督管理。

公安机关应当加强对餐厨垃圾收运车辆的道路交通安全管理，依法查处收运、处理餐厨垃圾过程中的违法犯罪行为。发展改革（价格）、财政、水务、教育、旅游、卫生等相关部门按照各自职责做好餐厨垃圾管理的相关工作。市和区（市）县食品安全委员会办公室负责餐厨垃圾监督管理的综合协调工作。

第五条　（管理原则）本市餐厨垃圾管理实行"谁产生、谁负责"、"属地管理、统一收运、集中处置"和"减量化、资源化、无害化"原则。

第六条　（倡导规定）本市倡导通过净菜上市、改进食品加工工艺、合理膳食等方式减少餐厨垃圾的产生。本市鼓励餐厨垃圾收运和处理一体化，支持对餐厨垃圾收运、处理的科学研究和创新，促进餐厨垃圾的无害化处理和资源化利用。

第七条　（行业自律）餐饮行业协会应当发挥行业自律作用，参与制定有关标准，规范行业行为；推广减少餐厨垃圾的方法，将餐厨垃圾的管理工作纳入餐饮企业等级评定范围。

第八条　（产生单位责任）从事食品加工、餐饮服务、畜禽屠宰等活动的单位和个人（以下简称餐厨垃圾产生单位），应当按城管部门的要求分类收集餐厨垃圾，并将其交给经城管部门许可的单位收运、处理。

第九条　（处理费用）本市餐厨垃圾的收运、处理，不再新增收费项目。餐厨垃圾处理费用不足部分，由当地政府予以适当补贴。

第十条　（服务许可）从事餐厨垃圾收运、处理的单位应当依法取得城市生活垃圾经营性收运、处理服务许可。未取得餐厨垃圾经营性收运、处理服务许可的单位，不得从事餐厨垃圾经营性收运、处理活动。城市生活垃圾经营性收运、处理服务许可通过特许经营权出让的方式授予。市和区（市）县城管部门应当编制已取得许可的餐厨垃圾收运、处理单位名单目录，并定期向社会公布。

第十一条 （收运单位条件）申请从事餐厨垃圾收运的单位应当符合下列条件：

（一）具备企业法人资格，有规定数额的注册资金。

（二）配备符合国家相关标准和技术规范的餐厨垃圾专用密闭运输车辆，并按规定安装使用管理信息系统相关设备，具有餐厨垃圾专用运输车标识，依法取得道路运输经营许可证、《货运汽车城区道路行驶证》等许可证件。

（三）具有健全的技术、质量、安全和监测管理制度并得到有效执行。

（四）具有固定的办公及机械、设备、车辆停放场所。

（五）法律、法规、规章规定的其他条件。

第十二条 （处理单位条件）申请从事餐厨垃圾处理的单位应当符合下列条件：

（一）具备企业法人资格，有规定数额的注册资金。

（二）餐厨垃圾处理设施规划建设应当符合城乡总体规划、土地利用总体规划和市容和环境卫生事业发展规划。

（三）餐厨垃圾处理工艺和技术应当符合国家有关规定和技术规范。

（四）具有健全的工艺运行、设备管理、环境监测与保护、财务管理、生产安全、计量统计等方面的管理制度并得到有效执行。

（五）具有可行的餐厨垃圾处理过程中废水、废气、废渣处理技术方案和达标排放方案，并按规定安装使用管理信息系统等相关设施设备。

（六）法律、法规、规章规定的其他条件。

第十三条 （停业歇业）未经批准，餐厨垃圾收运、处理单位不得停业、歇业或停产检修；确需停业、歇业或停产检修的，应当提前十五日向市或区（市）县城管部门报告并征得其同意。因不可抗力无法继续运营的情况除外。城管部门在批准餐厨垃圾收运、处理单位停业、歇业或停产检修前，应当落实保障及时收运、处理餐厨垃圾的措施。

第十四条 （应急管理）餐厨垃圾收运、处理单位应当制定餐厨垃圾收运、处理应急预案，并按规定报区（市）县城管部门备案。市城管部门应当会同市级有关部门制定中心城区餐厨垃圾收运、处理应急预案，建立中心城区餐厨垃圾应急处理系统，确保紧急情况或特殊情况下餐厨垃圾的收运、处理；区（市）县城管部门应当会同当地有关部门制定当地餐厨垃圾收运、处理应急预案。

第十五条 （产生单位要求）餐厨垃圾产生单位应当遵守下列规定：

（一）设置餐厨垃圾贮存间等收集设施设备；使用符合标准、有醒目标识的餐厨垃圾专用收集容器；产生废弃食用油脂的，还应当按照环保部门的规定设置油水分离器或隔油池等污染防治设施，避免废弃食用油脂和油水混合物直接排放。

（二）保持餐厨垃圾收集、存放设施设备功能完好、正常使用、干净整洁。

（三）按规定分类收集、密闭存放餐厨垃圾。

（四）与取得经营许可的餐厨垃圾收运单位签订书面收运协议，并在餐厨垃圾产生后二十四小时内交其收运。

第十六条 （收运单位要求）餐厨垃圾收运单位应当遵守下列规定：

（一）免费为餐厨垃圾产生单位提供符合标准的餐厨垃圾全密闭专用收集容器。

（二）按照环境卫生作业标准和规范，在规定的时间内及时收运餐厨垃圾。每日至少到餐厨垃圾产生单位收运一次餐厨垃圾。

（三）在收运餐厨垃圾后二十四小时内，按照规定的时间和路线将餐厨垃圾清运至取得经营许可的餐厨垃圾处理单位处理。

（四）密闭化运输餐厨垃圾，并保持车况良好、车容整洁。

第十七条 （处理单位要求）餐厨垃圾处理单位应当遵守下列规定：

（一）按照要求配备餐厨垃圾处置设施、设备，并保证其运行良好，环境整洁。

（二）按照规定的时间和要求接收餐厨垃圾。

（三）按照国家有关规定和技术标准处理餐厨垃圾，对餐厨垃圾进行资源化利用所生产的产品，应当符合国家规定的用途；对不能进行资源化利用的餐厨垃圾应当进行无害化处理。

（四）使用微生物菌剂处理餐厨垃圾的，应当符合微生物菌剂使用环境安全相关规定，并采取相应安全控制措施。

（五）严格遵守环境保护的有关规定，采取措施防止处理过程中产生的废水、废气、废渣、粉尘、噪声等造成二次污染。

（六）对餐厨垃圾资源化利用生产的产品应当符合相关质量标准要求，并依法报质监部门或农业部门备案。

（七）按照要求进行环境影响监测，对餐厨垃圾处置设施的性能和环保指标进行检测、评价，并向城管部门和环保部门报告检测、评价结果。

第十八条 （台账制度）餐厨垃圾产生单位应当建立餐厨垃圾产生、交运台账，真实、完整记录餐厨垃圾的种类、产量和去向等情况。餐厨垃圾产生单位初次建立台账时，应当分别向区（市）县食品药品监督管理、质监、商务、农业等部门报告登记，并提交其与取得许可的餐厨垃圾收运单位签订的收运协议复印件。签订协议的餐厨垃圾收运单位发生变更的，应当自变更之日起十日内向相关部门变更登记。

餐厨垃圾收运、处理单位应当建立收运、处理台账，真实、完整记录收运的餐厨垃圾来源、数量、去向、处置方法、产品流向、运行数据等情况，并每月向市或区（市）县城管部门报告登记。

台账资料应当保存两年以上，以备核查。食品药品监督管理、质监、商务、农业、城管等部门应当对餐厨垃圾产生、收运、处理单位建立台账和报告登记情况进行监督检查。

第十九条 （联单管理）餐厨垃圾收运、处理实行联单制管理：

（一）联单由餐厨垃圾收运单位向区（市）县城管部门申请领取。

（二）餐厨垃圾产生单位交运时，应当如实填写联单有关内容，经收运单位验收签章后，留存联单第一联。

（三）收运单位应当按规定将餐厨垃圾随同余下的四张联单运抵处理单位。

（四）处理单位应当验收运来的餐厨垃圾，核实联单填写的内容，加盖公章后，将联单第二联交收运单位留存；将第三联自留存档；将第四联、第五联分别按规定报送区（市）县城管部门和食品药品监督管理、质监、商务、农业等部门备案。

第二十条 （禁止行为）在餐厨垃圾产生、收运、处理过程中，不得有下列行为：

（一）将餐厨垃圾裸露存放。

（二）将餐厨垃圾混入其他生活垃圾存放、收运。

（三）将餐厨垃圾随意倾倒、堆放或直接排放到公共排水设施、河道、公厕、生活垃圾收集设施等。

（四）收运途中滴漏、撒落餐厨垃圾。

（五）未经许可擅自收运、处理餐厨垃圾。

（六）将餐厨垃圾交由未经许可的单位或个人收运、处理。

（七）餐厨垃圾未经无害化处理直接饲喂畜禽。

（八）将餐厨垃圾或者其加工产品用于食品加工或食品销售。

（九）法律、法规、规章规定的其他禁止行为。

第二十一条 （联动执法）有关行政主管部门应当建立执法信息共享机制，必要时，按照市或区（市）县人民政府有关规定实施联动执法。

第二十二条 （计分管理）本市对违反餐厨垃圾收运、处理规定的行为，除依法给予行政处罚外，实行累计记分制度，并纳入城市管理信用评价监管系统管理。对累计记分达到规定分值的餐厨垃圾收运、处理单位，市或区（市）县城管部门可以解除与其签订的收运、处理协议；被解除协议的单位三年内不得参加本市餐厨垃圾收运、处理服务许可投标。具体的记分办法，由市城管部门另行制定。

第二十三条 （投诉举报）有关行政主管部门应当建立投诉举报制度，接受公众对餐厨垃圾产生、收运、处理活动的投诉和举报。受理投诉或者举报后，有关部门应当依法及时处理，并在十五个工作日内将调查处理结果告知实名举报人或投诉人。

第二十四条 （产生单位责任）对餐厨垃圾产生单位违反本办法的行为，按下列规定予以处罚：

（一）未按规定设置使用餐厨垃圾专用设施设备或者未保持其功能完好、环境整洁的，由城管部门责令限期改正，处二百元以上一千元以下罚款。

（二）未按规定将餐厨垃圾分类收集、密闭存放或者将餐厨垃圾混入其他生活垃圾存放的，由城管部门责令限期改正，处一千元以上五千元以下罚款。

（三）未按规定建立台账、对台账弄虚作假或未按规定报告登记的，分别由食品药品监督管理、质监、商务、农业等部门按照职责分工责令限期改正，对单位处一千元以上五千元以下罚款；对个人处二百元以上一千元以下罚款。

（四）将餐厨垃圾交由未经许可的单位或个人收运、处理的，分别由食品药品监督管理、质监、商务、农业等部门按照职责分工责令限期改正，对单位处五千元以上一万元以下罚款；对个人处二百元以上一千元以下罚款。

（五）随意倾倒、堆放、排放餐厨垃圾的，由城管、水务、林业园林等部门责令立即清除污染，对单位处二千元以上一万元以下罚款；对个人处二百元以上一千元以下罚款。

（六）未按规定实行联单管理的，由城管部门责令改正，对单位处一千元以上五千元以下罚款；对个人处二百元以上一千元以下罚款。

第二十五条 （收运处理单位责任）对餐厨垃圾收运、处理单位违反本办法的行为，按下列规定予以处罚：

（一）餐厨垃圾收运单位未向餐厨垃圾产生单位免费提供符合标准的餐厨垃圾收集容器的；未使用餐厨垃圾专用运输车或未按规定安装和使用管理信息系统相关设备的；未密

闭化运输或转运过程中裸露存放餐厨垃圾的；运输过程中滴漏、撒落餐厨垃圾或车容不整洁的，由城管部门责令限期改正；逾期不改正的，处一千元以上五千元以下罚款。

（二）将餐厨垃圾混入其他生活垃圾收运或随意倾倒、堆放，排放餐厨垃圾的，由城管部门责令立即清除污染，处五千元以上一万元以下罚款。

（三）餐厨垃圾收运单位未按规定标准和规范每天到餐厨垃圾产生单位收集、运输餐厨垃圾的，由城管部门责令改正，处一千元以上五千元以下罚款。

（四）餐厨垃圾收运单位将餐厨垃圾交给未经许可的单位或个人处理的，由城管部门责令限期改正，处五千元以上一万元以下罚款。

（五）餐厨垃圾收运、处理单位未按规定建立台账、对台账弄虚作假或未按规定申报的，由城管部门责令限期改正；逾期不改正的，处二千元以上一万元以下罚款。

（六）未按规定实行联单管理的，由城管部门责令改正，处一千元以上五千元以下罚款。

（七）未经许可擅自从事餐厨垃圾收运、处理的，由城管部门责令停止违法行为，对单位处一万元以上三万元以下罚款；对个人处二百元以上一千元以下罚款。

（八）未经批准擅自停业、歇业或停产检修的，由城管部门责令限期改正，处二万元以上三万元以下罚款；造成损失的，依法承担赔偿责任。

第二十六条 （其他责任）使用未经无害化处理的餐厨垃圾饲喂畜禽的，由农业部门责令停止违法行为，对单位处一千元以上五千元以下罚款；对个人处二百元以上一千元以下罚款。对违反本办法规定的行为，其他法律、法规、规章已有规定的，从其规定。

第二十七条 （责任追究）行政机关及其工作人员玩忽职守、滥用职权、徇私舞弊的，依法给予行政处分；构成犯罪的，依法追究刑事责任。

第二十八条 （施行日期）本办法自 2012 年 10 月 1 日起施行。

索　引

(按汉语拼音排序)